2025版 適用
Photoshop
Illustrator

印前製程

丙級檢定學術科應檢寶典

近年來政府大力推動證照制度，每位莘莘學子莫不為取得人生的第一張證照而努力，所以本研究室集合了多位教學與實務經驗豐富的基層高中、職教師，合力編輯了這本應試的武功密笈，期望考生不管是自行研讀或經由老師的指導都能夠真正了解「印前製程-圖文組版」的正確觀念，進而順利取得證照。

接觸設計與從事設計教學 20 多年，視覺設計的前端是創意的發想與實體版面的規劃，然後再將具體的版面構成傳遞給後端的圖文組版工作，後端的圖文組版工作就必須忠實正確的實現視覺設計的原貌。就目前勞動部勞動力發展署技能技定中心的規劃來看：「視覺傳達設計乙、丙級」在設計流程中應該屬於前端的角色，「印前製程乙、丙級」則屬於設計流程中後端的工作。當觀念釐清之後就不難了解「印前製程-圖文組版」職種「依照原稿呈現，不加入個人看法」的測驗精神。

本書共分為四大部分：第一部分為學科逐題詳解、第二部分為術科分解示範、第三部分為術科多媒體影音教學，再搭配碁峰資訊的線上測驗系統，如虎添翼般地全方位引領考生從認識圖文組版，到學會圖文組版，最後專精圖文組版。

本書能夠順利付梓，除了要感謝編輯團隊日以繼夜、焚膏繼晷的努力之外，最要感謝的是碁峰資訊提供了這個舞台，讓這本小書能順利推出，提供臺灣技職教育界的莘莘學子多一個學習的選項。最後祝福每一位考生都能順利取得證照！

技能檢定研究室
2025.03

目錄

PART 1　學科題庫解析

工作項目 01：原稿判讀與處理
　　重點整理 1-2
　　重點考題 1-6

工作項目 02：工具使用
　　重點整理 1-30
　　重點考題 1-34

工作項目 03：版面資料
　　重點整理 1-52
　　重點考題 1-56

工作項目 04：組版處理
　　重點整理 1-74
　　重點考題 1-81

工作項目 05：輸出
　　重點整理 1-108
　　重點考題 1-113

90006~90009 共同學科

　90006 職業安全衛生共同科目 不分級
　　　工作項目 01：職業安全衛生 1-142

　90007 工作倫理與職業道德共同科目 不分級
　　　工作項目 01：工作倫理與職業道德 1-149

　90008 環境保護共同科目 不分級
　　　工作項目 03：環境保護 1-160

　90009 節能減碳共同科目 不分級
　　　工作項目 04：節能減碳 1-168

PART 2　術科題庫解析

應檢規範及評審表 2-2
術科題庫解析－19101-980301
　　測試試題 2-20
　　參考成品 2-21
　　試題解析 2-22
術科題庫解析－19101-980302
　　測試試題 2-42
　　參考成品 2-43
　　試題解析 2-44
術科題庫解析－19101-980303
　　測試試題 2-64
　　參考成品 2-65
　　試題解析 2-66
術科題庫解析－19101-980304
　　測試試題 2-85
　　參考成品 2-86
　　試題解析 2-87

術科試題完成樣稿

試題編號：19101-980301
試題編號：19101-980302
試題編號：19101-980303
試題編號：19101-980304

範例下載說明

本書「術科完成檔、影音教學、測試參考素材」請至碁峰網站
http://books.gotop.com.tw/download/AER062100 下載，檔案為 ZIP 格式，
讀者自行解壓縮即可運用。
其內容僅供合法持有本書讀者使用，未經授權不得抄襲、轉載或任意散佈。

 PART 1　學科題庫解析

工作項目 01　原稿判讀與處理

重點整理

一、電腦影像的顯示

像素（Pixel）

組成數位影像（點陣圖）的最小單位，以一張標示 800x600 的圖片來說，它是由橫向 800 個點，縱向 600 個格點所組成，因此一張長寬為 800 × 600 大小的數位影像圖片，一共包含了 48 萬個格點（800 × 600 = 480,000），這些小格點就是點陣圖的最小單位，稱之為「像素」也有人稱為「圖素」。

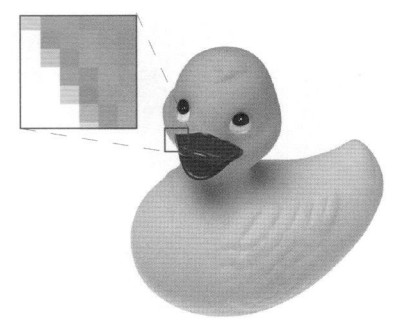

點陣圖與向量圖

圖形種類	點陣圖（Bitmap）	向量圖（Vector）
成像原理	由像素組合成圖形，在點陣軟體利用放大鏡將圖檔放大數倍，可明顯地發現圖形是一格一格的小方塊像素。	運用數學運算式來描述組成影像的目標位置和特性（如形狀、弧度、線條和色彩等）。
優點	可以細膩地表現影像連續階調、真實色彩及層次。	影像縮放不會失真，檔案小。
缺點	點陣圖放大後影像品質變差（有馬賽克格狀或色調不連續），存成的檔案會佔用較大的空間。	圖形靠數學運算式成形，所以無法表現出圖像裡豐富細膩的質感與色彩變化。
實例比較	a　　　　原尺寸　　點陣圖放大　　向量圖放大	

二、解析度

Ppi（pixels per inch，每英吋像素數），影像檔案、螢幕、相機所使用的解析度單位。

Dpi（dots per inch，每英吋墨點數）印表機所使用的解析度單位。

Ppi v.s Dpi　兩者所形容的單位大小相同，只是當數位圖像輸出為平面圖像時，像素點改由墨點表達。

三、圖片解析度

若以列印或沖印照片等輸出為目的，輸出的單位為 Dpi (Dot Per Inch)每一英吋可以容納幾個像素點。印表機的 DPI 值越高所印出的圖像就越細緻。一般相片的解析度約為 300 Dpi，如要沖洗 4×6 吋的相片，那麼所需的像素約為 200 萬畫素。

4（英吋）× 300（像素）	×	6（英吋）× 300（像素）	=	2,160,000（像素）
高	×	寬	=	所需像素

求圖像尺寸：長（像素÷解析度）×寬（像素÷解析度）= 圖像尺寸（英吋×英吋）。

求圖像列印尺寸：若有設定圖片解析度為 150 DPI，一張 300×600 像素大小圖片其列印尺寸應為
長（300÷150 DPI）× 寬（600÷150 DPI）= 2 英吋 × 4 英吋。

求圖像原始尺寸：圖像原始圖檔之列印尺寸為 4 英吋 × 6 英吋，而圖片解析度設定為 200DPI，可求出圖片的原始尺寸為：
長（?÷200 DPI）= 4 英吋 → 圖原始長度為 800 像素。
寬（?÷200 DPI）= 6 英吋 → 圖原始寬度為 1200 像素。

四、網線數

網線數 Lpi（line per inch，每英吋的網線數）

指印刷品在每一英吋內印刷線條的數量，而網線數決定圖像的精緻程度，網線數越多所印刷的畫面將愈精緻。

影像解析度與網線數

印刷品影像輸出品質決定於影像解析度與網線數之間的關係，通常設定影像解析度要為網線數的 1.5 倍～2 倍，也就是 175 lpi 的網線需要 175 × 2 = 350ppi 的解析度才能獲得平面清晰圖像。

> 影像解析度 = 網線數 × 1.5 倍～2 倍

常見的網線數

網線數	運用範圍
75～120 線	新聞紙等較低品質印刷品。
150～200 線	海報、雜誌等高級印刷品。
250～300 線	畫冊，要求精緻的印刷品。

五、位元換算

小寫 b 代表 bit（位元）

大寫 B 代表 Byte（位元組）

8 bit = 1 Byte（Byte 是紀錄一筆資料的基本單位）

1 KB (Kilo Byte) = 1,024 Byte

1 MB (Mega Byte) = 1,024 KB

1 GB (Giga Byte) = 1,024 MB
1 TB (Tera Byte) = 1,024 GB
1 PB (PetaByte) = 1,024 TB
1 EB (ExaByte) = 1,024 PB

資料單位由小到大依序為【bit】→【Byte】→【KB】→【MB】→【GB】→【TB】→【PB】→【BB】

六、色彩模式

1bit（位元）：就是 0 與 1，2 種顏色，單色光，稱為「黑白影像」。

2bit（位元）：2 的 2 次方，4 種顏色，CGA，用於 gray-scale 早期的 NeXTstation 及 Color Macintoshes。

3bit（位元）：2 的 3 次方，8 種顏色，用於大部分早期的電腦顯示器。

4bit（位元）：2 的 4 次方，16 種顏色，用於 EGA 及不常見及在更高的解析度的 VGA 標準。

5bit（位元）：2 的 5 次方，32 種顏色，用於 Original Amiga Chipset。

6bit（位元）：2 的 6 次方，64 種顏色，用於 Original Amiga Chipset。

7bit（位元）：2 的 7 次方，有 128 個組合。

8bit（位元）：2 的 8 次方
◎ 256 種顏色，用於最早期的彩色 Unix 工作站，低解析度的 VGA，Super VGA。
◎ 灰階，有 256 種灰色（包括黑白）。若以 24 位元模式來表示，則 RGB 的數值均一樣，例如 (200,200,200)。

12bit（位元）：4,096 種顏色，用於部分矽谷圖形系統，Neo Geo，彩色 NeXTstation 及 Amiga 系統於 HAM mode。

16bit（位元）：65,536 種顏色。

24bit（位元）：16,777,216 種顏色又稱全彩，能提供比肉眼能識別更多的顏色。

黑白模式

黑白模式的影像只佔用一個位元（bit），用一個位元來表現黑或白兩種，也就是所謂的 2 位元影像。這類型的檔案容量是所有類型中最小的，一般我們很少用來處理正常的圖像，除非是用作一些特殊的視覺效果。

灰階模式

是以 8bit 來表示數位影像的色階，就是 2 的 8 次方 256 個組合，可以表示 256 種色階。由 0（黑色）到 255（白色）共有 256 個灰色色階。灰階影像所呈現的結果，就好像我們的黑白照片一樣。

256 色模式

這類型影像模式能夠顯示 256 種顏色，也是 8 位元彩色影像。8bit 就是 2 的 8 次方 256 個組合，可以表示 256 種顏色。一般的情況下，256 色已經可以應付大多數的影像，除了一些比較細微的影像，必須用全彩的模式來呈現，不然對於某些人來說，視覺上是很難看出有什麼樣的差別。這個模式有相當多的人用於網頁上，因為他跟全彩模式的檔案資料量，差了 3 倍之多。

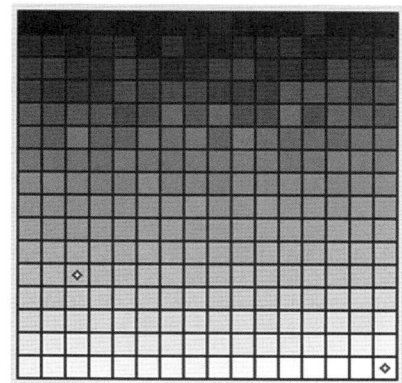

全彩模式

一張全彩的影像，主要是由紅色（Red）、綠色（Green）、藍色（Blue）三原色所混合而成，RGB 分別各佔 8bit 的空間，所以每個像素都佔了 24bit 的顏色空間。24bit 就是 2 的 24 次方，即 1,677 萬個組合，表示 1,677 萬種顏色組合。

RGB 色光混合模式

由紅色（Red）、綠色（Green）、藍色（Blue）三原色所組成的色彩模式，將色光三原色合在一起，就成為白色光，故稱加色混合。電腦螢幕上所看到的顏色，就是由 RGB 三種顏色所混合成的。RGB 模式中每一種顏色用 0～255 數值代表顏色的明暗度，0 最暗、255 最亮。例如：將紅色及綠色調到最強 255，而藍色調到最弱 0，就可混合成黃色光。

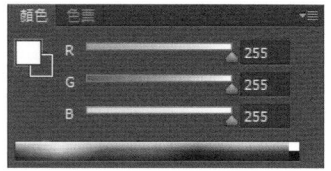

CMYK 色料混合模式

印刷時所用的基本顏色，也就是所謂的印刷四色。分別是指青（Cyan）、洋紅（Magenta）、黃（Yellow）、黑（Black），顏色的表示方式為百分比 0%～100% 代表，百分比愈高顏色愈暗，百分比愈低顏色愈亮。與 RGB 模式不同的地方是，CMYK 模式是用減少四種顏色中的某些顏色，達到產生其他顏色的目的，屬於減色模式。

HSB 模式

這個模式是利用色相（Hue）、彩度（Saturation）及明亮度（Brightness）三種顏色屬性所組成的。色相是指顏色，以 0 度和 360 度之間的度數表示，例如，0 度是紅色、240 度是藍色。飽和度指的是顏色強度，以 0% 代表灰色，沒有飽和度，100% 為最鮮明的狀態。亮度則為顏色的明亮，以 0% 代表黑色，100% 是白色。

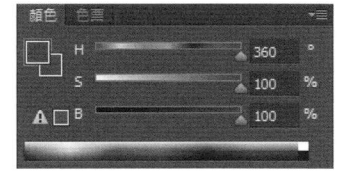

Lab 模式

L 代表明亮度，其值的範圍從 0 到 100，a 代表從深綠色到灰色再到粉紅色，b 代表從藍色到灰色再到黃色，a 與 b 為兩個顏色的通道。將色彩混合後會產生其他的色彩，是用來描述人類眼中可見到的所有顏色。

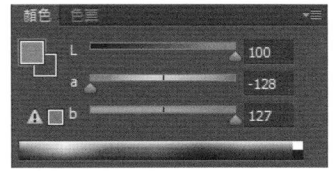

重點考題

1. ( ) 下列哪一種尺寸的紙張面積最大？ ①A4 ②B4 ③A3 ④8開。 (3)

 印刷用紙規格，ISO B 系列＞A 系列，因此 A3＞B4＞A4；A3 → 297×420mm，B4 → 257×364mm，8 開是四六版全紙 8 等分 → 375×260mm，故 A3 為面積最大者。

2. ( ) A4紙張尺寸為？ ①21 公分×29.7 公分 ②21.59 公分×27.94 公分 ③25.7 公分×36.4 公分 ④42 公分×29.7 公分。 (1)

 國際標準 ISO 尺寸，A4→21×29.7 公分。

3. ( ) 四六版 8 開完成尺寸約為？ ①21 公分×29.7 公分 ②26.5 公分×37.9 公分 ③29.7 公分×42 公分 ④37.9 公分×53 公分。 (2)

 完成尺寸指最大印刷尺寸（含出血），須以裁切尺寸加 3 至 5mm；四六版 8 開裁切尺寸為 375 x 260mm，因此完成尺寸約為 37.9 公分×26.4 公分，接近答案②。

4. ( ) 菊 16 開的書版在菊對開版上可以排多少頁？ ①4頁 ②8頁 ③16頁 ④32頁。 (2)

 菊對開 = 菊 4×2 = 菊 8×4 = 菊 16×8。

一張紙有兩面，但一張紙有可能單面印刷也有可能雙面印刷。當雙面印刷時，兩面就必須單面、單面分開落版，再進行組版，這時就會佔 2 頁(版面)。

題目問排多少頁，則是指組版的狀態，所以只能以單一面計算。

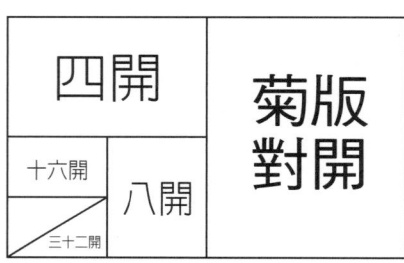

5. ( ) A3 紙張長邊對折後會變成？ ①A2 ②A4 ③B3 ④B4。 (2)

 標準紙張裁切法如圖示，A3 長邊對折可得 A4。

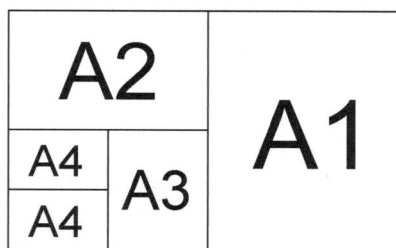

6. ( ) 一般而言 120 磅的紙張，其厚度應是 60 磅的？ ①1/3 倍 ②1/2 倍 ③2 倍 ④3 倍。 (3)

 紙張的厚度以磅數為單位計算，磅數越重，紙張越厚，120 磅紙重量為 60 磅紙的 2 倍，紙張厚度也是 2 倍。

7. ( ) 四六版 80 磅的紙張厚度大約等於基重多少的紙張厚度？ (3)
①63.3 g/m² ②73.8 g/m² ③84.4 g/m² ④95.0 g/m²。

 紙張的厚度單位，分別有公制基重 g/m²（gsm）與令重磅數 P。
換算公式：(令重×1405)÷(長吋×寬吋) = 基重(gsm)
計算結果→(80 ×1405)÷(31 × 43) = 84.32

8. ( ) 100g/m² 的紙張表示？ ①一平方公尺的單張紙重量 100g ②100 磅全開的單張紙重量 ③一平方公尺的 500 張紙重量 100g ④100 磅對開的單張紙重量。 (1)

 g/m² 為公制紙張重量標示單位，意指（每平方公尺之單一紙張所秤得的公克重）。

9. ( ) 紙張的「令重」是指一令全紙的重量以何者為單位？ ①毫 ②克 ③磅 ④公斤。 (3)

解析 一令（500 張全開）紙的重量，臺灣慣用磅數（P）為單位。

10. ( ) 一張全開紙正反印有 1 至 16 頁，在裝訂過程中摺成一疊，我們稱之為？ (4)
①一令 ②一版 ③一車 ④一台。

解析 印刷用語，稱一張全紙摺疊而成的一疊為「一台」。每一台（全紙）的頁數，一般以「八的倍數」為佳，常見為 16 頁 1 台，或 32 頁 1 台等。

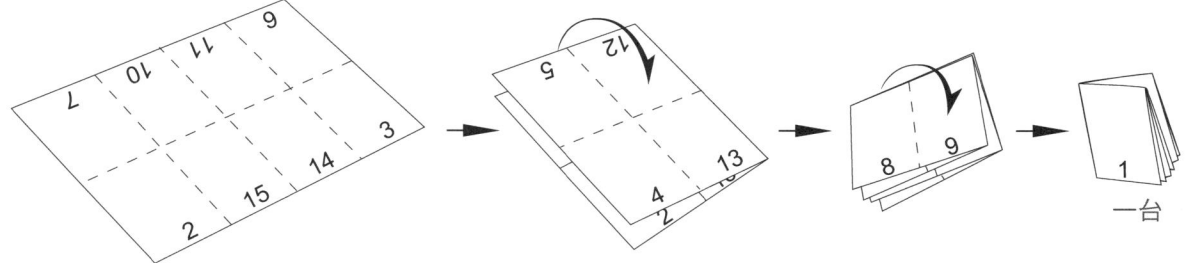

11. ( ) 500 張全開紙，我們稱之為？ ①一令 ②一版 ③一車 ④一台。 (1)

 紙張數量計算單位，一般稱 500 張全紙為一令。

12. ( ) 一般使用的隨身碟是哪一種介面？ ①IEEE 1934 ②USB ③SCSI ④RS232。 (2)

 ②USB→由英特爾、IBM、微軟等全球電腦資訊大廠共同制定的傳輸標準規格，由於具有傳輸快速、隨插即用的便利功能，是目前資料傳輸設備通用的主流介面。
①IEEE1394→主要運用於 AV 產品，例如數位相機、數位攝錄影機等。
③SCSI→主要用於電腦連接多重裝置，例如主機加裝硬碟、光碟機等周邊硬體設備使用。
④RS232→過去十分普及的通訊介面，廣泛用於連接列印機、數據機等，目前多為 USB 取代。

13. (　　)　有關下圖文件敘述，下列何者錯誤？　①1 為 Crop Mark「裁切標記」　②2 為 Bleed「出血標記」　③3 為 Register Mark「對位標記」　④4 號色塊未作出血。　(4)

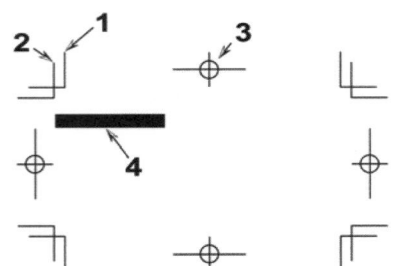

　2 號標記為出血線，故 4 號色塊超出①裁切標記，是正確出血作法。

14. (　　)　道林紙是書籍印刷中品質較佳的紙張，它是屬於？　　(2)
①塗佈紙類　②非塗佈紙類　③卡紙類　④美術紙類。

　道林紙→歸類於非塗佈紙的模造紙類，有經過輕度塗佈，表面比一般模造紙光滑緊湊，彩色印刷效果佳，是較高級的刊物印刷用紙。
卡紙類→一般基重為 200 g/m² 以上之紙張，稱為厚紙板（卡紙類）。

15. (　　)　下列哪一種紙張為了加強油墨顏色表現與表面更為平滑精緻，使用塗料塗佈表面，然後壓光處理？　①銅版紙　②印書紙　③模造紙　④道林紙。　(1)

　銅版紙→表面經過塗佈與壓光處理，平滑光亮不起毛，紙白，光線反射率高，紙張伸縮性低，印刷色彩鮮豔飽和、對比鮮明，最適合彩色印刷。

16. (　　)　下列哪一種紙張較適合印製封面？　①道林紙　②聖經紙　③銅西卡　④單光紙。　(3)

　銅西卡紙→屬板紙類，經過壓光塗佈處理，紙面光亮平滑、印刷色彩鮮豔飽和、印刷階調層次佳，適宜印製封面。

17. (　　)　下列哪一種紙常當作影印機的影印用紙？　　(4)
①道林紙　②聖經紙　③西卡紙　④模造紙。

　模造紙→以化學漿及部份機械漿抄製，紙質較道林紙差、色澤略黃、韌性佳、拉力強，價格便宜，普遍使用於書寫印刷用紙。

18. (　　)　印刷影像複製原理是利用網點的大小及疏密產生深淺明暗的調子變化，這種調子稱為？　①連續調　②半色調　③全色調　④假色調。　(2)

　②半色調→寫真的連續影調影像在過去並沒有完整重製的技術，於是便發展半色調網版技術。將影像分製成細小的網點，在適當的觀看距離下，網版上的墨點在視網膜上會產生並置混合，產生連續階調的感覺。由於影像色調的展現是利用錯覺並非真正的連續調，故稱「半色調」。

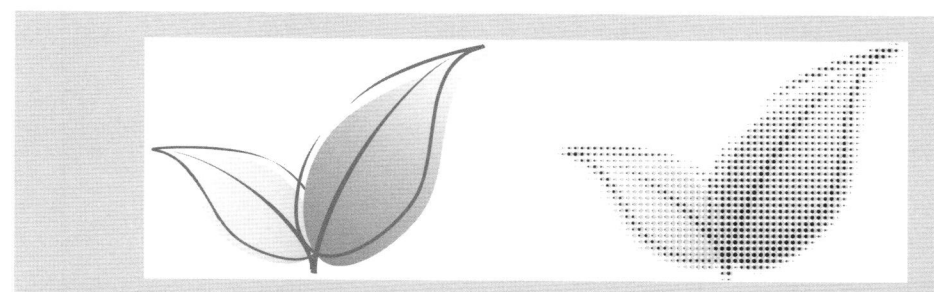

①連續調→影像由不同濃淡深淺色調所構成，如同相片級寫真的細緻影像。③全色調→如同人眼裸視的細膩連續色調。④假色調→數位影像因為色域空間表現有限，以近似色進行替代顯示真實色彩的色調處理方式。

19. (　) 下列哪一種國際紙張規格的面積剛好等於 1 平方公尺？　①A0　②B0　③A1　④B1。　(1)

 國際標準組織定義 A0 尺寸為 841×1189mm，並定義 A0 全紙面積為一平方公尺。

20. (　) 下列有關印刷半色調網點的角度通常為？　①C135ºM75ºY90ºK45º　②C105ºM75ºY90ºK45º　③C105ºM75ºY90ºK15º　④C105ºM100ºY90ºK45º。　(2)

 印刷是利用半色調網點來模擬連續色調，而各色調網屏必須依照一定的角度旋轉堆疊，網點才能交錯產生並置混合的混色效果以重現色彩。通常選用的角度為 C 青版 105 度、M 洋紅版 75 度、Y 黃版 90 度、K 黑版 45 度。

21. (　) 下列哪一種字型較適合用在深底反白內文字的設計應用？
①細明體　②綜藝體　③特圓體　④中黑體。　(4)

 視覺效果中明亮色有擴張的特點，特圓體、綜藝體的筆劃粗，字體做反白設計將顯得更粗而干擾辨識。細明體橫細直粗，過細筆劃在印刷上容易產生因錯網而不清楚的問題，用於反白設計效果不佳。選用筆劃粗細一致的黑字體最適合應用在深底反白字。

22. (　) 英文字型分類中之 Serif 字體接近下列哪一種中文字型？
①明體　②楷體　③黑體　④仿宋體。　(1)

 英文字型中「serif」字型表示帶有襯線特徵的字體，使用最多的「Times New Roman」新羅馬體即是 Serif 字體其中一種，橫細豎粗的筆劃設計與中文字體「明體」相似。

23. ( ) 英文字型分類中之 Sans Serif 字體接近下列哪一種中文字型？　(3)
　　　　①明體　②楷體　③黑體　④仿宋體。

「sans serif」指無襯線字體，筆劃粗細一致，與中文字體的「黑體」筆劃形式相同。

24. ( ) 電腦螢幕上的顏色呈現是由？　①CMYK　②RGB　③Lab　④CMY　所組合而成。　(2)

螢幕的顏色由光線傳遞組成，色光三原色為 RGB，紅綠藍。

25. ( ) 英文字型中之 Arial 字體接近下列哪一種中文字型？　(3)
　　　　①明體　②楷體　③黑體　④仿宋體。

Arial 是微軟系統所附帶的字體之一，屬於 TrueType 字型。字形特徵是筆劃粗細一致、無襯線，因筆劃簡潔、易讀性高，常被用來當作文宣標題、交通標誌或是企業標準字上，相當於中文字體中的「黑體」。

26. ( ) 英文字型中代表斜體字的是？　①italic　②black　③medium　④light。　(1)

italic 為斜體、black 為特粗體、medium 中等字體、light 細字體。

27. ( ) 請問下圖 Curves（曲線）功能視窗中，對影像進行下列哪一種階調調整？　(3)
　　　　①加強對比　②調亮中間調　③調暗中間調　④增加暗部層次。

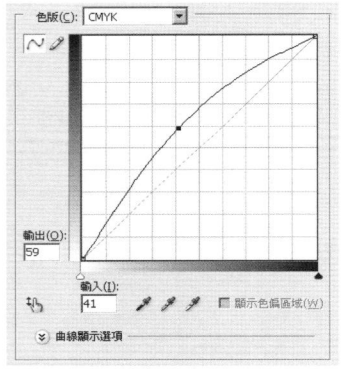

使用「曲線」對話框，可調整影像的整個色調範圍，將曲線向上或向下拖移可以讓影像變亮或變暗。移動曲線中央的點，可以調整中間調；本題圖中為 CMYK 影像，亮部呈現於圖表左下角，曲線往左上拉，表示調整中間調變暗。

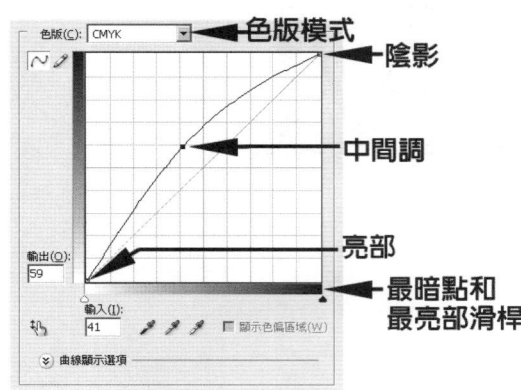

28. ( ) 在處理印刷品所需圖檔的掃描作業時，放大倍率的決定是依據？ ①原稿尺寸的大小 ②完成尺寸的大小 ③掃描器的解析度高低 ④原稿尺寸 與版面上完成尺寸之相對倍率。 (4)

解析 放大倍率是代表在掃描作業的過程之中，必須將原稿的影像大小放大多少倍才能達到輸出清晰影像所需的尺寸大小。

29. ( ) 英文字型中代表特粗體字的是？ ①bold ②black ③medium ④light。 (2)

解析 bold 粗體、black 特粗體、medium 中等字體、light 細體。

30. ( ) 同一種大小尺寸，哪一種字體在視覺上看起來最小？
①明體字 ②圓體字 ③黑體字 ④楷體字。 (4)

解析 字體的視覺效果，與字體造形有關。黑體字、圓體字外形方正飽滿，看起來較大。楷書體字形比明體窄長，看起來最小。

31. ( ) 英文排版文字大小採 pt 為單位，其中文名稱為？ ①字數 ②級數 ③點數 ④線數。 (3)

解析 pt = point 點，目前國際間通用「點數制」標示字體大小，1pt = 0.353mm，1 級 = 0.25mm。

32. ( ) 台灣中文報紙的內文字大小，現多採用？
①10-11pt ②14-15pt ③16-17pt ④18-20pt。 (1)

解析 報紙的文字大小傳統採用 12 級（約 8.5pt）或 6 號字，現今中文報紙內文增大到 10pt 左右。

33. ( ) 下列哪一種字體大小，較適合用在 1-3 歲幼童書籍的內文字大小？
①10pt ②30pt ③72pt ④144pt。 (2)

解析 教育部所訂教科書國字大小的標準，國小低年級的課本國字大小為長寬各 0.7 公分（約 20pt），1-3 歲幼童視力尚待發展，內文字需再加大。

34. ( ) 下列哪一個字體大小為 18pt？ (2)

①中文字體 ②中文字體 ③中文字體 ④中文字體。

解析 1pt = 0.353mm，18pt 約為 6.35mm 長寬大小。

35. ( ) 下列字型中，哪一個屬於黑體字體？ (3)

①中文字體 ②中文字體 ③中文字體 ④中文字體。

解析 依序為：宋體字、圓體字、黑體字、楷書體。

36. (3) 下列哪一種字體為仿宋體？
①中文字體 ②中文字體 ③中文字體 ④中文字體。

> **解析** ①隸書 ②勘亭流體 ③仿宋體 ④楷書。

37. (2) 下列哪一種字體為勘亭流體？
①中文字體 ②中文字體 ③中文字體 ④中文字體。

> **解析** ①隸書 ②勘亭流體 ③仿宋體 ④楷書。

38. (2) 1.WORD 2.WORD 3.WORD 4.WORD 左側字體中哪一個為 Times New Roman 字體？
①1 ②2 ③3 ④4。

> **解析** ①Courier②Times New Roman③手寫體④古哥德體。Times New Roman 特徵為橫細豎粗、有襯線，由於字形端整秀麗且易讀性高，廣泛應用在印刷、書刊編排，是西方文字使用率最高的字體。

39. (1) 左圖為英文字體結構說明圖，相關敘述何者為非？ ①1 為 top line（頂線） ②2 為 capital line（大寫字母線） ③4 為 base line（基線） ④5 為 descender line（下緣線）。

> **解析** top-line 為上緣線。

上緣線 Ascender line
大寫字母線 Capital line
X線 X line
基線 Base line
下緣線 Descender line

40. (2) 文字編排中，所謂避頭點（行頭禁）是自動避開下列何者符號出現在行頭？
①（ ②， ③『 ④《。

> **解析** 轉行時所遇之頓號、逗號、句號等標點表示語氣的停頓，不置於行首，文字排列較為整齊，閱讀性也較佳。

41. (1) 中文字中橫劃、直劃粗細皆為一樣的是下列何種字體？
①黑體 ②明體 ③隸體 ④楷體。

> **解析** 選項中只有黑體字筆劃特徵為橫直粗細一致。

42. ( ) 字體不適合作反白字，因橫線太細可能看不清楚的字型為？　(3)
①楷書體　②黑體　③明體　④綜藝體。

 明體字形橫細直粗，細筆劃在印刷上容易產生因錯網而不清楚的問題，用於反白設計效果不佳。

43. ( ) 掃描作業設定應注意事項，下列何者為非？　(4)
①縮放倍率　②解析度高低　③原稿種類　④檔案格式以 .jpg 最好。

 掃描作業應考慮輸出需求，.jpg 為破壞性壓縮檔案格式，並非最好的存檔選擇。

44. ( ) 平二橫排的字體因為閱讀起來較順暢，常被用於書籍內文中，所謂「平二」是指字體的？　①高度變為原來的 80%　②寬度變為原來的 120%　③高度變為原來的 50%　④寬度變為原來的 20%。　(1)

 「平二」是將文字高度壓平 20%，成為原來高度的 80%。

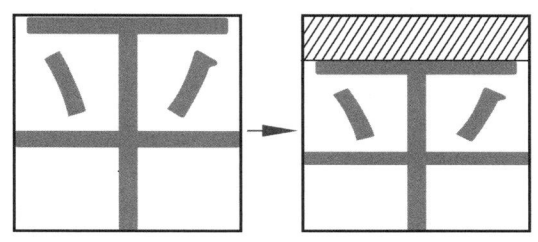

45. ( ) 演色表其中一頁的頁面上方標示 C　M　Y20，其標示之意義為何？　(1)
①此頁顏色演變是由 C0-100，M0-100，全部都有 Y20，沒有 K
②此頁顏色演變是全部都有 C100，M100，及 Y20 沒有 K
③此頁顏色演變是全部都有 C100，M100，及 Y20，K0-100
④此頁顏色演變是由 C0-100，M0-100，Y20-100，沒有 K。

 演色表為印刷設計所使用顏色參考表，每頁上方都有標明四色組成百分比，並將每種顏色的含黑量、含黃量都以一頁頁遞增的方式做出色彩模擬。

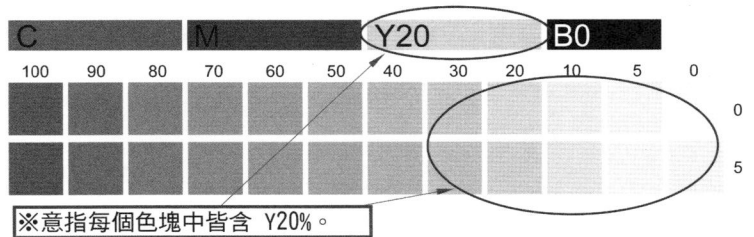

46. ( ) 印刷完稿中所謂「特別色」是指？　①用 CMYK 套色方式印出特別的顏色　②用 RGB 方式印刷　③滿版的顏色　④用特別調製的油墨顏色印刷。　(4)

 凡印刷四原色 CMYK 無法表現的顏色，稱為「特別色」，例如：金屬色、螢光色。

47. ( ) 設計印件若有使用特別色，則應提供？ ①CMYK 數據 ②RGB 數據 ③油墨編號 ④色票或色樣，以利印刷輸出參考核對。 (4)

> **解析** ①無法經由 CMYK 混色表現才稱為特別色，因此不需要 CMYK 數據。②印刷不能使用 RGB 色光數據指定色彩。③各家印刷廠使用油墨種類並不相同，無法以編號指定。④特別色印刷標準流程必須提供色票或色樣。

48. ( ) 表格製作時，有關表頭的敘述，下列何者錯誤？ ①表頭可以跨欄同步編輯 ②表頭可以跨頁同步編輯 ③表頭可以讓讀者較易對照欄位定義 ④表頭會大幅增加檔案資料量。 (4)

> **解析** 表格之中包含了註解、表頭、表尾等輔助性功能，根據一般輔助性資料特性，設計表頭並不會大幅增加檔案資料量。

49. ( ) 有關表格編排的敘述，何者錯誤？ ①直式表格其直行為欄 ②橫式表格其直行為列 ③表格中不可以置入影像 ④表格中其文字、數字可以上下齊中。 (3)

> **解析** 目前的文書編輯軟體都十分強調圖文整合功能，都具備表格置圖功能。

50. ( ) 影像若不縮放，下列何者解析度其影像品質最不適合用做平面出版品？ ①100dpi ②200dpi ③300dpi ④400dpi。 (1)

> **解析** 若以一般印刷線數 175lpi 換算平面出版品所需要的影像解析度為 350 dpi，100dpi 的影像解析度僅能輸出不及 1 英吋長寬的清晰圖像，適用範圍極小，最不適合用於平面出版。

51. ( ) 數位相機若無特別設定時，所拍攝影像解析度多為？ ①72dpi ②100dpi ③150dpi ④300dpi 若要出版印刷，必須作調整。 (1)

> **解析** 一般相機預設解析度，若僅供螢幕呈現時，影像解析度設定為 72dpi，影像若需應用於出版印刷，須調整為 300dpi 以上。

52. ( ) 數位影像的基本單位 pixel 的形狀是？ ①圓形 ②方形 ③三角形 ④菱形。 (2)

> **解析** 數位影像由一連串的像素（Pixel＝picture element）所組成，像素是有長、寬條件的方形圖像元素。

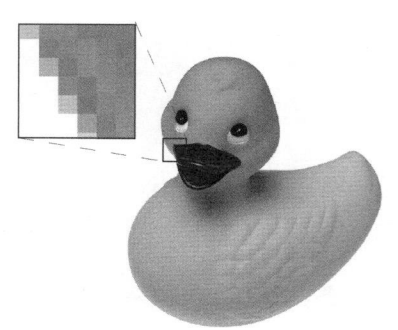

53. ( ) 下列哪一種檔案格式具有可壓縮、保密性、跨平台、跨軟體並具有免費的 Reader，為檔案交換的一種標準格式？ ①PDF ②JPG ③TIFF ④DOC。 (1)

 PDF 可攜式文件格式，衍生自PostScript技術，儲存時具備良好的資料壓縮性，並保留原始檔案的完整圖文資訊，視窗瀏覽與列印結果都與原始文件無異，不受限於建立檔案的應用程式以及不同的作業平台，並可加上數位簽名或密碼保護，提高檔案交換的安全性。

54. ( ) 下列何種版面空白間隔配置最易於閱讀？ ①行間＞段間＞字間＞欄間 ②欄間＞段間＞行間＞字間 ③段間＞欄間＞字間＞行間 ④欄間＞行間＞段間＞字間。 (2)

 「字間」為兩字之間，多字成行，行與行之間有「行間」。多行成段，段落與段落之間有「段間」。多段成欄，欄與欄之間有「欄間」。依視覺群化原則之「接近原則」，將版面上的欄、段、行、字等分群歸類，以不同屬性遞減安排空白間隔，例如適當的行間距離，可以有效引導讀者閱讀的水平方向，增加內文的易讀性。

55. ( ) 副檔名為 .txt 則表示此檔案屬於？
①圖像檔案格式 ②網頁專用格式 ③表格檔案格式 ④純文字檔格式。 (4)

 .txt 是純文字文件副檔名，以.txt 格式儲存的文字檔不具任何字體格式，特點是可以不受軟體與作業系統限制，將文字內容提供各種軟體應用。

56. ( ) 完稿尺寸與完成尺寸差異在？
①出血和裁切線位置的距離 ②有無出血設計 ③紙張的種類 ④印刷機的品牌。 (1)

 完稿尺寸是需包含出血以及標示裁切線、摺線、十字對位線等印刷規線的設計尺寸。完成尺寸代表裁切完成，不含任何印刷規線標記。

57. ( ) 下列何者不是一個編排書刊的主版頁面常應出現之元素？
①頁碼 ②書名 ③章節名 ④作者名。 (4)

 書刊內頁版面基本元素：本文、書眉、頁碼。書眉設計通常有書名以及章節名；作者名一般出現在封面、摺書口、扉頁以及版權頁。

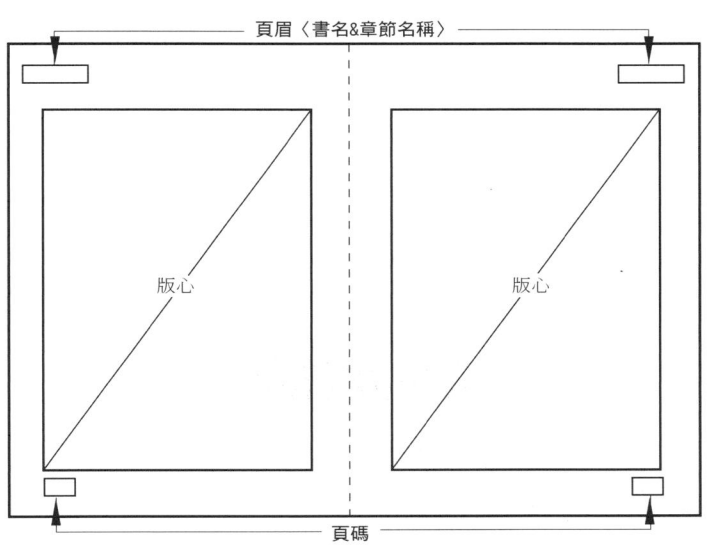

58. ( ) 有關下圖頁面視窗之敘述，何者錯誤？ ①本文件為西翻書 ②本文件為對頁模式 ③本文件為 A4 直式文件 ④本文件第 3 頁有套用主版 A。 (3)

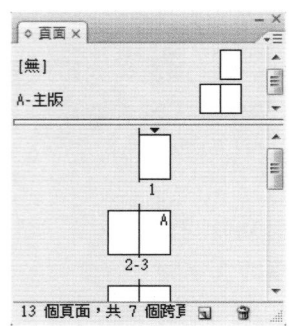

 頁面視窗內容分成上、下兩部分，上面顯示主版圖片，主版就是一個背景樣版，可將其套用到文件中的許多版面，在視窗中可以看見主版圖有左右跨頁的對頁設計；視窗下半部顯示文件內頁設計。1、3 單數頁在右邊，可判斷是西翻書排法又稱為左翻書。在此頁面視窗裡無法得知版面尺寸。

59. ( ) 請問下圖 Curves（曲線）功能視窗中，對影像進行下列哪一種階調調整？ (1)
①加強對比 ②調亮中間調 ③調暗中間調 ④降低暗部層次。

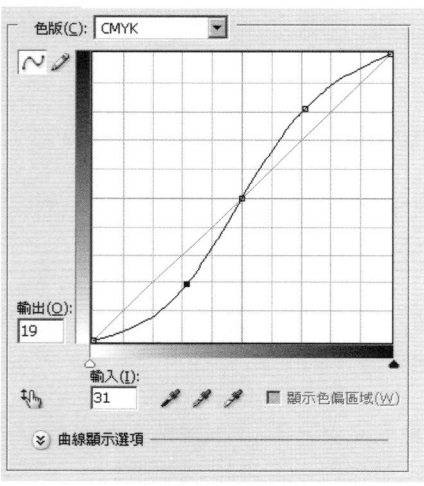

 曲線的中心點固定，表示影像的中間調不做任何調整，曲線分別往視窗左下亮部與右上暗部拉移，表示畫面亮面越亮、暗面越暗，是加強對比的效果。

60. ( ) 請問下側 Histogram（色階分佈圖）視窗中，顯示該圖？ (2)
①階調完整 ②對比不足 ③中間調太亮 ④中間調太暗。

 色階分佈圖左側為陰影像素數量、中間是中間調、右側是亮部細節。本題圖示在視窗左右兩側是空白，代表缺少亮部像素與陰影像素，影像色調對比性不足。

61. ( ) 將製作好的電子檔案交給印刷廠時，下列何項觀念最不正確？ ①註明使用檔案的格式和版本 ②裁切尺寸應確實標示清楚 ③盡量儲存軟體的檔案格式，如 Illustrator 存成 AI 檔 ④底色滿版要做出血，圖檔滿版則出血可省略。 (4)

 底色滿版要做出血，圖檔滿版也需要製作出血。

62. ( ) 製作 PC 電子稿編輯版面時，為避免文字轉曲線或建立外框後造成筆劃交錯處出現簍空現象，應使用下列何種字型為佳？ ①新細明體 ②細明體 ③標楷體 ④華康細黑體。 (4)

 新細明體、細明體及標楷體為系統字型，文字轉曲線或建立外框後會造成筆劃交錯處出現簍空現象。字型部分宜使用如：華康或文鼎...等字型

63. ( ) 底紋或底圖的顏色低於多少，會容易使印刷品無法顯色？ ①5% ②15% ③25% ④35%。 (1)

 當油墨被紙張吸收時，會產生網點遺失的現象，因此底圖填色的 CMYK 顏色值勿低於 8%，以免色澤太淺無法印出。

64. ( ) 印刷在新聞紙時，若 C、M、Y、K 之四色填色總值超過多少，紙張會不易乾燥且容易反沾？ ①100% ②150% ③200% ④250%。 (4)

 印刷在新聞紙時，若 C、M、Y、K 之四色填色總值超過 250%，紙張會不易乾燥且容易反沾。

65. ( ) 印刷在銅版紙時，若 C、M、Y、K 之四色填色總值超過多少，紙張會不易乾燥且容易反沾？ ①60% ②160% ③260% ④360%。 (4)

 印刷在銅版紙時，若 C、M、Y、K 之四色填色總值超過 360%，紙張會不易乾燥且容易反沾。

66. ( ) 新聞印刷時要設定大色塊之黑色底，若想增加墨色濃度、避免反沾則可設定 ①C30、M0、Y0、K100 ②C60、M60、Y60、K100 ③C80、M80、Y80、K100 ④C100、M100、Y100、K100。 (1)

 新聞紙的紙張平滑度低，油墨吸收大，為避免吸墨多而慢乾，新聞紙印刷總黑量應控制在 240%～260%，以利乾燥也避免反沾。

67. ( ) 商業印刷要設定大色塊之黑色底，若想增加墨色濃度、避免反沾則可設定 ①C60、M0、Y0、K100 ②C60、M60、Y60、K100 ③C80、M80、Y80、K100 ④C100、M100、Y100、K100。 (1)

 大面積四色黑（四色值超過 250%），易產生反沾（背印貼紙）與色差，改善方式為設定黑色油墨 100%＋其它油墨總量在 250% 以內。

68. ( ) 一本書的編輯基本要素除了封面（封底）、襯頁（蝴蝶頁）、內封面（書名頁）外，不包括下列哪個項目？ ①目錄 ②內頁 ③版權頁 ④廣告。 (4)

 一本書編輯的基本要素有：封面（封底）、襯頁（蝴蝶頁）、內封面（書名頁）、目錄、內頁、版權頁...，廣告則是視書籍所有者之需要而增加。

69. ( ) 書籍裝訂形式中，騎馬釘如有不成台的頁數，其頁數必須是多少倍數為佳？ ①2 ②3 ③4 ④5。 (3)

 書籍裝訂形式中，騎馬釘如有不成台的頁數，其頁數必須是 4 倍數。

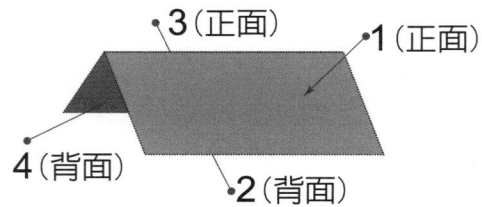

70. ( ) 書籍裝訂形式中，膠裝如有不成台的頁數，其頁數必須是多少倍數為佳？ ①2 ②3 ③4 ④5。 (1)

 書籍裝訂形式中，膠裝如有不成台的頁數，其頁數必須是 2 倍數。

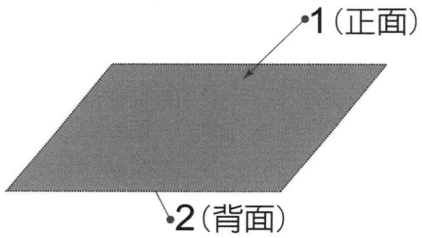

71. ( ) 書籍裝訂形式中，在一般常用的印刷條件下，若要能符合印刷台數，達到不浪費的話，裝訂頁數最好是以多少倍數為佳？ ①5 ②6 ③7 ④8 (4)

 以 A4 尺寸書籍為例，印刷一台（一張全紙）可拼單面 8 頁，雙面印刷後折起為 16 頁，印刷書籍大多依此規則—以 8 的倍數規劃頁數，才不會形成浪費。

72. ( ) 書籍書背的厚度是依照什麼而定？ ①內頁紙張磅數多寡與材質狀況考慮 ②頁數數量多寡與視覺美感考慮 ③內頁紙張磅數與頁數同時考量 ④視覺比例的美觀與材質狀況考慮。 (3)

 書籍書背的厚度是依照內頁紙張磅數與頁數同時考量。計算公式為：紙張條數×(總頁數/2)/100+1mm=書背厚度(mm)。為何要加上 1mm？是因為需要上膠固定，也要保留膠的厚度以及溢膠的空間。

73. ( ) 書籍版面編輯時，風格設計須考量的基本原則何者為非？ ①左翻為直式閱讀 ②印刷色數的考量 ③封面設計需考慮裝釘 ④裝訂與後加工方式。 (1)

 右翻書內容之編排方式一般以橫式閱讀設計為主。

74. ( ) 單頁 DM 進行設計時,其風格須考量的基本原則何者為非? ①尺寸大小 ②頁數是否符合落版要求 ③紙張磅數與開數的考量 ④版面形式的規劃。 (2)

> **解析** 單頁 DM 進行設計時不必考慮頁數是否符合落版要求,因為單頁 DM 可以選擇與其他印件合版落版,也可以單獨開版落版。

75. ( ) 在印刷前端軟體製作 A4 直式膠裝檔案時,在裝訂裁切前,頁面需滿足多大的尺寸(出血尺寸以 3mm 計算),才能製作出符合膠裝書的裁切裝訂之需求? ①210×297mm ②213×300mm ③216×303mm ④219×306mm。 (3)

> **解析** A4 直式尺寸為 210×297mm,四邊出血 (210+3+3)×(297+3+3) mm=216×303 mm。

76. ( ) 在印刷前端軟體製作 A4 直式穿線膠裝檔案時,在裝訂裁切前,頁面需滿足多大的尺寸(出血尺寸以 3mm 計算),才能製作出符合穿線膠裝書的裁切裝訂之需求? ①210×297mm ②213×300mm ③213×303mm ④219×306mm。 (3)

> **解析** A4 直式尺寸為 210×297mm,穿線膠裝書需裁切三邊 (210+3)×(297+3+3) mm= 213×303 mm。

77. ( ) 在印刷前端軟體中製作 A4 直式騎馬訂裝檔案時,在裝訂裁切前,頁面需滿足多大的尺寸(出血尺寸以 3mm 計算),才能製作出符合騎馬訂裁切裝訂之需求? ①210×297mm ②213×300mm ③213×303mm ④219×306mm。 (3)

> **解析** A4 直式尺寸為 210×297mm,騎馬訂裝書需裁切三邊 (210+3)×(297+3+3) mm= 213×303 mm。

78. ( ) 對於印刷品產生所謂「網花或錯網」的敘述,下列何者為非? ①圖檔紋路與某色版的網角小於 15 度時,所形成的不正常網紋 ②直接掃描印刷品時會容易產生此現象 ③使用 FM 調頻網點(水晶網點)可以有效改善 ④掃描時選擇「去網紋」用低解析掃描後再放大尺寸,將可降低網花。 (4)

> **解析** 掃描時選擇「去網紋」可以降低網花的產生,但不可降低掃描解析度。

79. ( ) 完稿時印件的製作內容,若稿件為雙面印刷,一般習慣稿件的放置狀況如何? ①左邊放正面,右邊放背面 ②左邊放背面,右邊放正面 ③上方放正面,下方放背面 ④上方放背面,下方放正面。 (1)

> **解析** 完稿時印件的製作內容,若稿件為雙面印刷,一般習慣稿件左邊放正面,右邊放背面。

80. ( ) 所謂色令(color ream),即平版印刷計量的單位,是以什麼狀況為一色令? ①對開紙 1,000 張印一色 ②全開紙 2,000 張印一色 ③對開紙 1,500 張印一色 ④全開紙 1,000 張印一色。 (1)

> **解析** 500 張(500 張紙即為一令紙)全開紙印一個顏色的價格＝對開紙 1,000 張印一個顏色的價格。

81. ( ) 版面編輯時的字體小於 7pt 時，下列敘述何者為非？ ①應避免反白字的使用 ②若設定 2 種顏色以上，套色會容易不準 ③不可設定單一顏色，如 C100 或 BK100 ④避免文字字體加粗的字型。 (3)

> **解析** 版面編輯時的字體小於 7pt 時，應設定單一顏色，如 C100 或 BK100。避免反白字的使用及文字字體加粗的字型，若設定 2 種顏色以上，套色會容易不準。

82. ( ) 將電子稿送給印刷廠時，可利用『封裝』將輸出時所需的資料，放在同一個檔案夾中以供連結，此內容資料不包含 ①原生檔 ②圖檔 ③字體 ④製作心得。 (4)

> **解析** 電子稿送給印刷廠時不必附加製作心得。

83. ( ) 關於「合版印刷」的敘述與特色不包含下列哪個選項？ ①價格低廉 ②無法做到百分之百無色差 ③將很多人的稿件拼在一起印刷即「合版印刷」 ④較適合「特別色」稿件的印製。 (4)

> **解析** 含有「特別色」的稿件並不適合進行「合版印刷」，因為有「特別色」的稿件必須為該特別色建立獨立版。

84. ( ) 「背印」是指印件油墨的量控制不當，導致 ①印刷面的印件轉印到下張紙的背面 ②印刷面的印件油墨滲透到紙張本身的背面 ③印刷面的印件背面紙張的油墨附著較慢 ④背面需重複列印。 (1)

> **解析** 「背印」是指印件油墨的量控制不當，導致印刷面的印件轉印到下張紙的背面。

85. ( ) 以排版軟體進行圖文編輯時，單色圖以灰階色彩模式輸入，解析度應設在 ①72-96dpi ②300~350dpi ③800~1,200dpi ④2,400~3,600dpi。 (2)

> **解析** 單色印刷是使用 150~175 lpi（線數），因此以灰階色彩模式輸入的解析度只需 300~350dpi。

86. ( ) 以排版軟體進行圖文編輯時，線條稿應以點陣模式輸入，解析度應設在 ①72-96dpi ②300~350dpi ③800~1,200dpi ④2,400~3,600dpi。 (3)

> **解析** 線條稿黑白線條（Bitmap）要達到線條平滑的效果，解析度應在 800~1200dpi，解析度過低會造成印刷品質不佳，解析度過高、檔案過大不利傳輸。

87. ( ) 某廠牌 23 吋液晶螢幕，一張顯示 1920*1080 高畫質解析度的點陣圖，若以 300dpi 的雷射印表機輸出，其清楚範圍約為多少？ ①16*9CM ②30*21CM ③8*4.5CM ④15*10CM。 (1)

> **解析** 1920÷300=6.4inch×2.54=16.256cm，1080÷300=3.6inch×2.54=9.144 cm。

88. ( ) 點陣式軟體的應用中，不適合呈現點陣圖的項目為何？ ①護照用大頭照 ②空拍鳥瞰圖 ③包裝盒外框線 ④旅遊自拍照。 (3)

> **解析** 包裝盒外框線應為向量軟體繪製出之向量圖檔。

89. ( ) 向量式繪圖軟體的應用中，不適合呈現向量圖的項目為何？ (3)
①Hello Kitty 卡通圖案　②標誌圖形　③交通違規照片　④統計圖表。

> **解析** 交通違規照片為傳統底片相機或數位相機拍攝之點陣式圖檔。

90. ( ) 一張 1024×768 像素的全彩 RGB 檔圖片，請問其檔案大小為 (1)
①2.25MB　②1.25MB　③3.25MB　④4.25MB。

> **解析** 1024×768×3(RGB 三個色版)=2359296÷1024÷1024=2.25MB。

91. ( ) 以 Adobe Illustrator 軟體製稿時，應以濾鏡（效果）功能選項/建立/裁切標記，以下敘 (1)
述何者為非？　①線段的色彩 BK100 設定　②線段粗細誤植與位置擺放錯誤　③浪費
手工繪製時間　④精確的標示出物件的完成範圍。

> **解析** 裁切標記的色彩為四色黑（C100 M100 Y100 K100）

92. ( ) 下列何者並非是決定影像檔案大小的因素？ (4)
①影像尺寸　②解析度　③色彩模式　④明度。

> **解析** 影像尺寸、解析度及色彩模式會影響影像檔案大小。

93. ( ) 數位圖檔若以黑白的方式呈現，則每個像素可以有多少種變化？ (1)
①2 種　②4 種　③8 種　④16 種。

> **解析**
> 1bit（位元）：就是 0 與 1，2 種顏色，單色光，稱為「黑白影像」。
> 2bit（位元）：2 的 2 次方，4 種顏色，CGA，用於 gray-scale 早期的 NeXTstation 及 Color Macintoshes。
> 3bit（位元）：2 的 3 次方，8 種顏色，用於大部分早期的電腦顯示器。
> 4bit（位元）：2 的 4 次方，16 種顏色，用於 EGA 及不常見及在更高的解析度的 VGA 標準。
> 5bit（位元）：2 的 5 次方，32 種顏色，用於 Original Amiga Chipset。
> 6bit（位元）：2 的 6 次方，64 種顏色，用於 Original Amiga Chipset。
> 7bit（位元）：2 的 7 次方，有 128 個組合。
> 8bit（位元）：2 的 8 次方
> 　　　　　　　◎256 種顏色，用於最早期的彩色 Unix 工作站，低解析度的 VGA，Super VGA。
> 　　　　　　　◎灰階，有 256 種灰色（包括黑白）。若以 24 位元模式來表示，則 RGB 的數值均一樣，例如 (200,200,200)。
> 12bit（位元）：4,096 種顏色，用於部分矽谷圖形系統，Neo Geo，彩色 NeXTstation 及 Amiga 系統於 HAM mode。
> 16bit（位元）：65,536 種顏色。
> 24bit（位元）：16,777,216 種顏色又稱全彩，能提供比肉眼能識別更多的顏色。
> 1bit 就是 0 與 1，僅可以表示兩種顏色，也就是說每一個像素所表現出來的顏色，不是黑就是白。所以 1bit 影像我們常稱為「黑白影像」。

94. (　) CMYK 用來表示色彩濃度的數值格式是　①0-100%　②0-255　③0-100　④0-255%。 (1)

解析

95. (　) 數位圖檔若以 8-bit 灰階的方式呈現，則每個像素可以有多少種變化？ (3)
①64 種　②128 種　③256 種　④512 種。

解析　8bit（位元）：2 的 8 次方
　　　　　　　◎256 種顏色，用於最早期的彩色 Unix 工作站，低解析度的 VGA，Super VGA。
　　　　　　　◎灰階，有 256 種灰色（包括黑白）。若以 24 位元模式來表示，則 RGB 的數值均一樣，例如 (200,200,200)。

96. (　) 一張圖檔以全彩（4-byte）CMYK 模式儲存，其所佔記憶體的容量，是以索引色之色彩模式儲存記憶體容量的幾倍？　①2 倍　②3 倍　③4 倍　④5 倍。 (3)

解析　檔案量＝長邊像素×短邊像素×色版數量。CMYK 模式有四個色版，索引色模式僅有一個色版。故 CMYK 模式檔案大小是索引色模式的 4 倍。

97. (　) 一張 1024×768 像素的全彩（4-byte）圖片 CMYK 模式，在未壓縮的狀態下，請問其檔案大小為　①3MB　②4MB　③5MB　④6MB。 (1)

解析　1024×768×4(CMYK 四個色版)=2359296÷1024÷1024=3MB。

98. (　) 用金或銀色進行印刷，屬特別色應單獨出一張底片，設計時可將金或銀色的內容區域設為　①直壓　②疊印　③透印　④移印。 (1)

解析　金屬油墨之灰階濃度最高，最不透明，因此金屬特別色等同於黑色，可「直壓」overprint 覆蓋任何顏色。

99. (　) 以高解析力的數位相機進行"時裝展演活動"拍攝，其所得的影像中可以清晰看清楚衣服的質感紋理，但是經過印製程序處理後，所得影像卻變模糊不銳利，試問下列何者不會是造成影像模糊的原因？ (3)
①轉存 PDF 檔時，用了壓縮功能
②編排時，置入的影像過度縮小尺寸，造成每單位的解析度增加產生壓縮現象
③拍攝所得影像採用 RGB 色彩模式
④編排用"破壞性壓縮"的檔案格式。

解析　轉存 PDF 檔使用壓縮功能、編排時置入的影像過度縮小尺寸以及編排使用「破壞性壓縮」的檔案格式都會導致影像模糊不銳利。拍攝所得影像為 RGB 色彩模式，使用軟體編輯置入檔案時僅為轉換印刷 CMYK 色彩模式，不會造成影像模糊不銳利。

100. ( ) 關於"裁切標記"的敘述，下列何者為非？ ①裁切線主要是標示出完成尺寸及出血尺寸的位置 ②日式裁切線由二條線組成，美式只有一條線，只有日式裁切線才符合印前製程標示的需求 ③日式裁切線由二條線組成，美式只有一條線，但都能正確標示出完成尺寸位置 ④雖然版面尺寸已有含出血尺寸，但最後不一定需要正確標記裁切線，亦可符合印前製程需求。 (2)

 日式裁切線與美式裁切線都是標準裁切線，目前本職種術科試題均為日式裁切線，業界則大都採用美式裁切線。

101. ( ) 常見菊 8 開的廣告版面尺寸，其規格相當於？ ①B3 ②B4 ③A3 ④A4。 (4)

 菊 8 開尺寸其規格相當於 A4 尺寸。

102. ( ) 專業圖文編排軟體（如 InDesign）操作中，可直接套用所導入的 word 文件樣式進行內文格式編輯，但基於 word 文件的色彩模式不屬於 CMYK 模式，會造成最後印製效果的偏色，所以套用前必須先行修正"字元顏色"設定；試問 word 文件的原本色彩模式是屬於何種格式？ ①Lab ②Index ③RGB ④Gray。 (3)

微軟公司文書處理套裝軟體 word，其文件為 RGB 色彩模式。

103. ( ) 向量型文字是利用數學模式來計算描述文字的外框曲線，試問 TrueType 字型是利用幾個控制點來描述文字的外框曲線？ ①3 點 ②4 點 ③5 點 ④6 點。 (1)

 向量型文字至少必須使用一個起點、一個控制點和一個終點來描述文字的外框曲線。

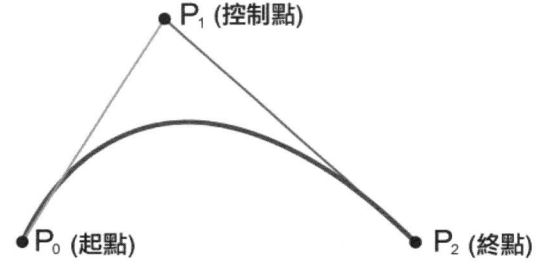

104. ( ) 目前慣用的西式書籍編排，其版面設計的規格型式是？ ①左翻，文字水平走向 ②右翻，文字水平走向 ③左翻，文字垂直走向 ④右翻，文字垂直走向。 (1)

 西式書籍編排，其版面設計的規格型式為左翻，文字水平走向。

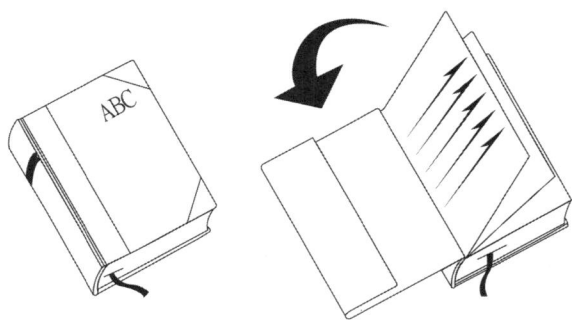

105.( ) 電腦數位編輯設計時,若設定輸入或自繪之圖,其線框粗細不可太細,否則會造成印刷品斷線或無法呈現之狀況,試問:下列線條粗細何者可能會發生無法呈現之狀況? ①0.5mm ②0.1mm ③0.1inch ④0.5inch。 (2)

電腦繪製線條時,如果線條寬度低於 0.1 mm,將有可能造成印刷品斷線或無法呈現之狀況。

106.( ) 電腦數位編輯設計時,設定輸入或自繪之圖形,請一律用 CMYK 模式填色,顏色比例不可過低,否則印刷若控制不好會無法呈現,試問:下列何種顏色比例可能無法呈現? ①20% ②10% ③15% ④5%。 (4)

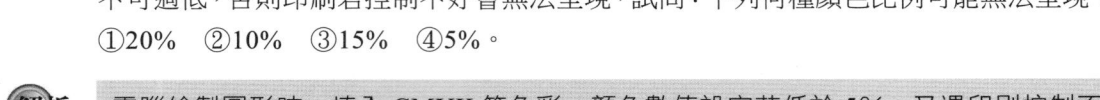
電腦繪製圖形時,填入 CMYK 等色彩,顏色數值設定若低於 5%,又遇印刷控制不好時則將無法呈現該色彩。

107.( ) 儲存空間的單位中,1 PB (PetaByte)等於? ①1,024 EP ②1,024 ZB ③1,024 TB ④1,024 YB。 (3)

小寫 b 代表 bit(位元)
大寫 B 代表 Byte(位元組)
8 bit = 1 Byte(Byte 是紀錄一筆資料的基本單位)
1 KB (Kilo Byte) = 1,024 Byte
1 MB (Mega Byte) = 1,024 KB
1 GB (Giga Byte) = 1,024 MB
1 TB (Tera Byte) = 1,024 GB
1 PB (PetaByte) = 1,024 TB
1 EB (ExaByte) = 1,024 PB
資料單位由小到大依序為【bit】→【Byte】→【KB】→【MB】→【GB】→【TB】→【PB】→【BB】

108.( ) 儲存空間的單位中,1 EB (ExaByte)等於? ①1,024 EP ②1,024 PB ③1,024 TB ④1,024 KB。 (2)

小寫 b 代表 bit(位元)
大寫 B 代表 Byte(位元組)
8 bit = 1 Byte(Byte 是紀錄一筆資料的基本單位)
1 KB (Kilo Byte) = 1,024 Byte
1 MB (Mega Byte) = 1,024 KB
1 GB (Giga Byte) = 1,024 MB
1 TB (Tera Byte) = 1,024 GB
1 PB (PetaByte) = 1,024 TB
1 EB (ExaByte) = 1,024 PB
資料單位由小到大依序為【bit】→【Byte】→【KB】→【MB】→【GB】→【TB】→【PB】→【BB】

109.( ) 自由軟體 Inkscape 可支援檔案的副檔名格式，下列何者為非？　(4)
①INX　②AI　③CDR　④INDD。

 解析　自由軟體 Inkscape 可支援檔案的副檔名格式有 AI、ANI、CUR、CDR、CDT、CMX、DRW、ICO、ICNS、INX、PS、PGM、PBM、SVG、SVGZ、SK1、WMF、WPG、WBMP，並不支援 INDD 檔。

110.( ) 圖為 InDesign 文字清單下之字體種類表，請問「細明體_HKSCS」　(2)

的字體規格是？　①點陣字體　②TrueType　③OpenType　④Type1。

 解析　細明體_HKSCS 為 TrueType。

111.( ) 在原生檔案要轉檔成 PDF 檔案時，為了避免在 RIPping 發生問題，通常建議使用 Acrobat　(1)
PDF 的哪一個版本為宜(較佳)？
①PDF 1.3　②PDF 1.4　③PDF 1.5　④PDF 1.6。

 解析　PDF 1.3 縮減取樣彩色和灰階影像至 300 PPI，單色影像則至 1200 PPI。會嵌入所有字型的子集、建立非標籤化的 PDF，並使用「高解析度」設定來平面化透明度。

112.( ) 常見的書籍編輯尺寸中，完成尺寸為 20X20 公分是幾開本？　(3)
①12 開　②15 開　③菊版 12 開　④菊版 15 開。

解析　書籍尺寸通常如標準紙張維持一樣的長寬比「1：$\sqrt{2}$」長方形，完成尺寸 20X20 公分的正方形是特別尺寸，菊 12 開、菊 15 開為近似於正方形的尺寸，本題應自選項中選出最接近完成尺寸 20X20 公分的尺寸。
◎ 菊版全開紙 25X35 英吋 (889X635mm)
　(菊 12 開正方形) 完成尺寸 220X210mm（※最接近 20X20 公分）
　(菊 15 開正方形) 完成尺寸 210X170mm。
◎ 四六版全開 31X43 英吋 (787X1092mm)
　(四六版 12 開正方形) 完成尺寸 265X252mm
　(四六版 15 開正方形) 完成尺寸 212X252mm

113.( ) 常見的書籍編輯尺寸中，完成尺寸為 25X25 公分是幾開本？　(1)
①12 開　②15 開　③菊版 12 開　④菊版 15 開。

 解析　書籍尺寸通常如標準紙張維持一樣的長寬比「1：$\sqrt{2}$」長方形，完成尺寸 20X20 公分的正方形是特別尺寸，菊 12 開、菊 15 開為近似於正方形的尺寸，本題應自選項中選出最接近完成尺寸 20X20 公分的尺寸。
◎ 菊版全開紙 25X35 英吋 (889X635mm)
　(菊 12 開正方形) 完成尺寸 220X210mm（※最接近 20X20 公分）
　(菊 15 開正方形) 完成尺寸 210X170mm。

◎ 四六版全開 31X43 英吋 (787X1092mm)
   (四六版 12 開正方形) 完成尺寸 265X252mm（※最接近 25X25 公分）
   (四六版 15 開正方形) 完成尺寸 212X252mm

[紙張開數速見表]

114.( )　完成尺寸為 17X23 公分的書籍尺寸，它是一種常見的書籍設計規格，試問下列描述說　　(2)
明何者是錯誤？　①配合市面印刷機的最大尺寸　②最浪費紙張的規劃尺寸　③最省
成本的規劃尺寸　④可以縮短工時。

　完成尺寸為 17X23 公分是「18 開本」書籍，是僅次於 25 開本的書籍常見尺寸。18
開本使用四六版全紙以 3 開法摺出，不需裁切多餘紙張，是不會浪費紙張、符合經
濟效益的標準尺寸。

115.( )　常見 100 磅 24 頁 12*12 cm 騎馬釘的小冊子，規劃時需要的尺寸以下何者最佳？　　(4)
①菊全紙輪轉印刷　②四六版全紙正反面印刷　③菊對開紙正反面印刷　④四六版（31
英吋*43 英吋）對開紙輪轉印刷。

　將印件長寬尺寸(12X12 公分)與付印紙張長寬尺寸(菊全紙、菊對開、四六版全紙、
四六版對開)，以交叉乘法算出經濟開數，如下：
菊全=35K，菊對=15K，四六版全紙=54K，四六版對開=24K=24 模，印件 24 頁是餘
紙較少的最佳尺寸。
關於正反雙面印刷，輪轉台只使用一組版較為經濟節省，如果用正反版方式則需要
正反兩版，因此輪轉印刷較佳。

116.( ) 常見印刷機規格為 28 英寸*40 英寸，以下何者描述是錯誤？ (4)
① 最大的紙張印刷尺寸是 102 公分*72 公分
② 最大有效印紋面最佳規劃是 100 公分*70 公分
③ 菊全紙是最常見的印刷用紙尺寸
④ A4 大小的紙張尺寸也可以直接印刷。

 常見印刷機規格為 28 英寸 X 40 英寸，最大的紙張印刷尺寸為 102 公分 X 72 公分，最大有效印紋面最佳規劃為 100 公分 X 70 公分，菊全紙是最常見的印刷用紙尺寸，如果要製作 A4 大小尺寸則無法直接以 A4 大小尺寸尺寸印刷，應拼成一張菊全開版面後印刷再裁切。

117.( ) 拼版規劃中，若將印件規劃為輪轉版印刷的敘述說明，下列敘述說明何者不正確？ (2)
① 為了節省版費
② 任何印件都可以規劃成輪轉版印刷
③ 封面需要進行後加工貼膜處理，不能規劃輪轉版
④ 被印材料正反面的紙張塗佈不同時，不能規劃輪轉版。

 不是所有印件均能規劃成輪轉版印刷。

118.( ) 紙張包裝上貼有標籤示，常見有以下的資料 31"X43" 及 150g/m^2，以下何者描述是錯誤？ (4)
① 紙張絲流方向垂直 31"
② 紙張絲流方向平行 43"
③ g/m^2 代表紙張基重
④ 紙張絲流方向平行 31"。

 某紙張外包裝標籤標註：「31"X43" 及 150g/m^2」，短邊尺寸在前，表示為直絲紙。紙張絲流方向與 31"(短邊)垂直，紙張絲流方向與 43"(長邊)平行。150g/m^2 代表紙張基重。

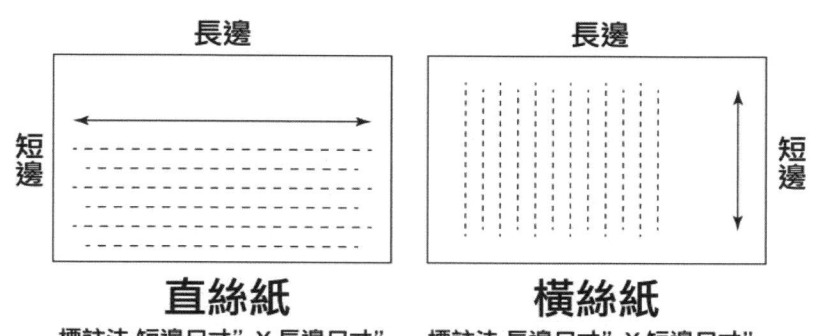

筆記欄

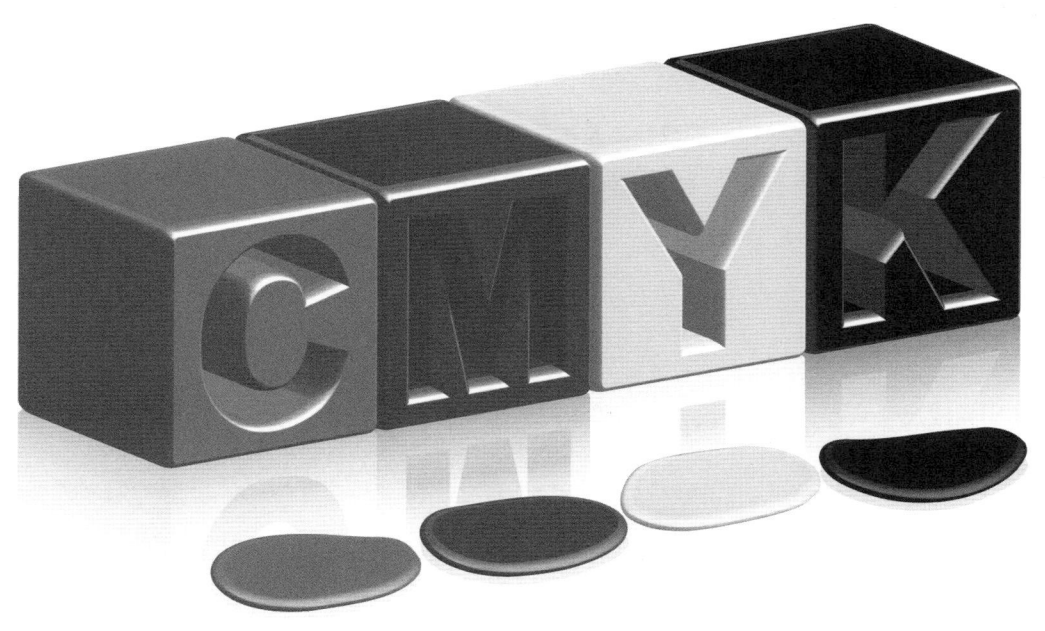

 PART 1 學科題庫解析

工作項目 02 工具使用

重點整理

一、印刷紙張規格

紙張基本尺寸：

紙張實際尺寸	未扣除印刷機咬口處及加工裁切邊的原始紙張實際尺寸。
印刷完成尺寸	將紙張基本尺寸扣除印刷咬口處及裁切後的紙張尺寸。

國內常用紙張規格：

【ISO 系列紙張規格】

A 系列			B 系列			C 系列		
規格	印刷完成尺寸（mm）	用途	規格	印刷完成尺寸（mm）	用途	規格	印刷完成尺寸（mm）	用途
A0	841×1189		B0	1000×1414		C0	917×1297	
A1	594×841	海報	B1	707×1000	海報	C1	648×917	
A2	420×594		B2	500×707		C2	458×648	
A3	297×420		B3	353×500		C3	324×458	信封
A4	210×297	影印紙	B4	250×353	影印紙	C4	229×324	A4 信封
A5	148×210		B5	176×250	信封	C5	162×229	信封
A6	105×148		B6	125×176	信封	C6	114×162	信封
A7	74×105		B7	88×125		C7	81×114	信封
A8	52×74		B8	62×88		C8	57×81	
A9	37×52		B9	44×62				
A10	26×37		B10	31×44				

【四六版&菊版紙張規格】

四六版（全紙相當於 ISO B1）				菊版（全紙相當於 ISO A1）			
規格	紙張基本尺寸（mm）	印刷完成尺寸（mm）	用途	規格	紙張基本尺寸（mm）	印刷完成尺寸（mm）	用途
全開	（31×43 英吋）1091×787	1042×751	壁報紙	全開	（25×35 英吋）872×621	842×594	海報
對開	787×545	751×521	海報	對開	621×436	594×421	
3 開	787×363	751×345		3 開	621×290	594×280	
4 開	545×393	521×375		4 開	436×310	421×297	
8 開	393×272	375×260	圖紙	8 開	310×218	297×210	影印紙
16 開	272×196	260×187		16 開	218×155	210×148	

※另有菊倍紙又稱大菊版 35×47 英吋（888×1193），也廣泛用於海報印製。

紙張開數

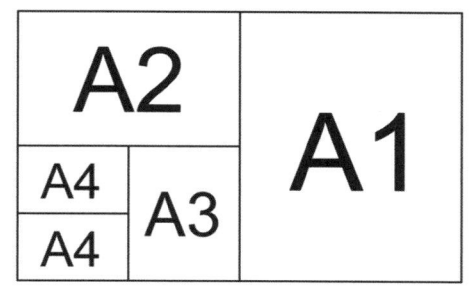

A、B版紙適用

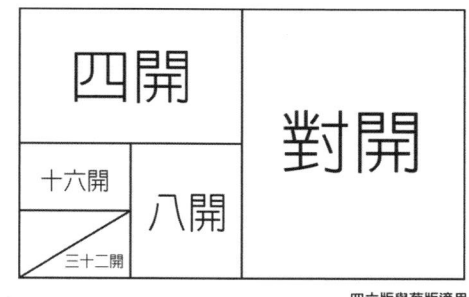

四六版與菊版適用

二、紙張種類

塗佈紙料與非塗佈紙料

部分紙張的表面，為了加強油墨的表現力並使觀感更為平滑細緻，便要以塗料塗佈，然後壓光製成，所以一般稱「銅版紙」就是塗佈紙（Coated Paper）。另外一般書籍等的印刷用紙則未經塗佈，如道林紙（Wood-free-Paper）。多數塗佈是在塗佈機上進行，如在抄紙機上即直接塗佈的，則是「輕（度）塗佈紙」，紙質介於一般塗佈與非塗佈紙兩者之間的，畫刊紙（Machine Coated Paper）即是在紙機上塗佈之紙。

印刷常用紙張

紙張種類	紙張適性
道林紙	屬於非塗佈紙的模造紙類，表面有經過輕度塗佈，表面比一般模造紙光滑緊湊，彩色印刷效果佳，是較高級的刊物印刷用紙。
模造紙	以化學漿及部份機械漿抄造而成之印刷書寫用紙，紙質較道林紙差，色澤略黃、韌性佳、拉力強。價格便宜，使用相當普遍。
印書紙	專供印刷書冊之模造紙類，表面輕量塗佈處理，因考慮保眼問題多帶淺米黃色，紙色柔和不刺眼不反光。
單光紙	一面光滑、另一面粗糙，紙薄〈基重 25～100g/m²〉多用於印製日曆、廣告、十行紙等用途。
聖經紙	含有大量二氧化鈦填料，紙質輕、不透明度高、專供印製聖經、字典或航空快報用。
西卡紙	屬板紙類、色澤柔和不反光、挺度與耐折性能佳，適用於卡片印製。
銅西卡紙	屬板紙類，經過壓光塗佈處理，紙面光亮平滑、印刷色彩鮮豔飽和、印刷階調層次佳，適宜印製封面。

紙張重量與厚度

一令重→（500張全開）紙的重量，公制為 g/m²，臺灣慣用磅數（P）為單位。

紙張基本單位換算

令重/基重之互換					
基重＝	$\dfrac{令重 \times 1405}{寬吋 \times 長吋}$	例：100磅〔P〕紙張換算基重	$\dfrac{100 \times 1405}{31 \times 43}$	＝105.5 g/m²
令重＝	$\dfrac{基重 \times 寬吋 \times 長吋}{1405}$	例：80g/m² 紙張要換算令重	$\dfrac{80 \times 31 \times 43}{1405}$	＝76 lb/Ream

三、色彩應用

色彩模式與色版（Channel）

8 位元色版（Channel），8 位元表示擁有「2 的 8 次方」明暗階段，也就是 256 色。

24 位元色彩模式，R、G、B 三色各有一個 8 位元色版，8×3＝24 位元

32 位元色彩模式，C、M、Y、K 四色各有一個 8 位元色版，8×4＝32 位元

RGB	色光三原色（RGB color model）是用三種原色—紅色、綠色和藍色的色光以不同的比例相加，以產生多種多樣的色光。	
CMYK	印刷四原色模式是彩色印刷時採用的一種套色模式，利用三原色原理，用四種顏色混合形成各種複雜的顏色，四種標準顏色是： C：Cyan ＝ 青色。　　M：Magenta ＝ 洋紅色。 Y：Yellow ＝ 黃色。　　K：Black ＝ 黑色。	
LAB	由國際照明委員會 CIE 所制定的 Lab 色彩模型，L 值表示顏色的明度、a 值表示顏色的綠紅值、b 值表示顏色的藍黃值。Lab 較其他色彩體系更接近人眼視覺系統，色域寬廣並可明確確定義色彩，因此最常被業界運用作為色彩管理標準依據。	

演色表

為色彩變化比對的工具書，以 YMCK 四原色為基礎，標示不同百分比之網點組合相互疊印出各種可能的印刷色彩，供印刷標色參考之用。因同一種顏色印在不同紙類上，其呈現色彩的彩度與明度會有明顯的差異。因此，標準的演色表，應該是使用同一個演色表版印在不同種類紙張所組成。

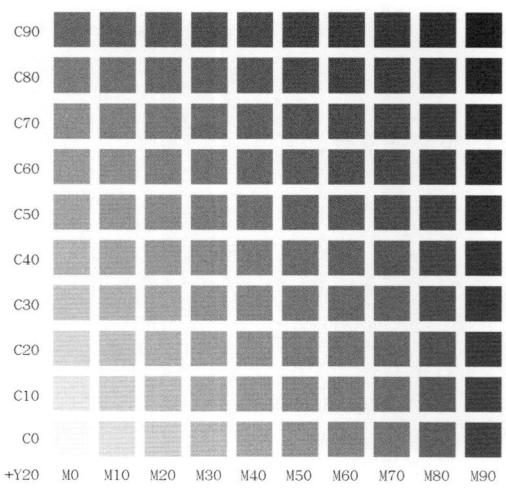

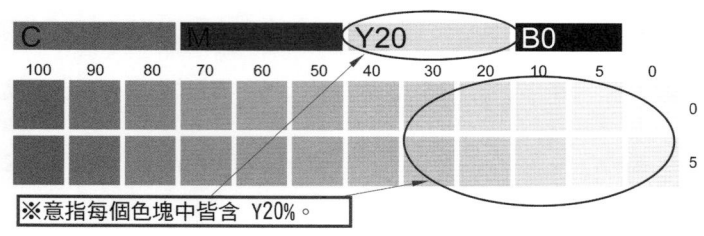

※意指每個色塊中皆含 Y20%。

色票

使用 YMCK 四原色以外之油墨印刷時，在印刷標色時就不宜使用演色表，應改用色票進行色彩標示，才能複製出合乎需要的色彩。色票最好使用將印刷之同廠牌油墨廠商所印製的色票，才能正確使色彩重現。

特別色

一般印刷設計中所指的特別色印刷，凡印刷四色 CMYK 以外的顏色，稱為「特別色」。

色階調整（以 Photoshop 為例）

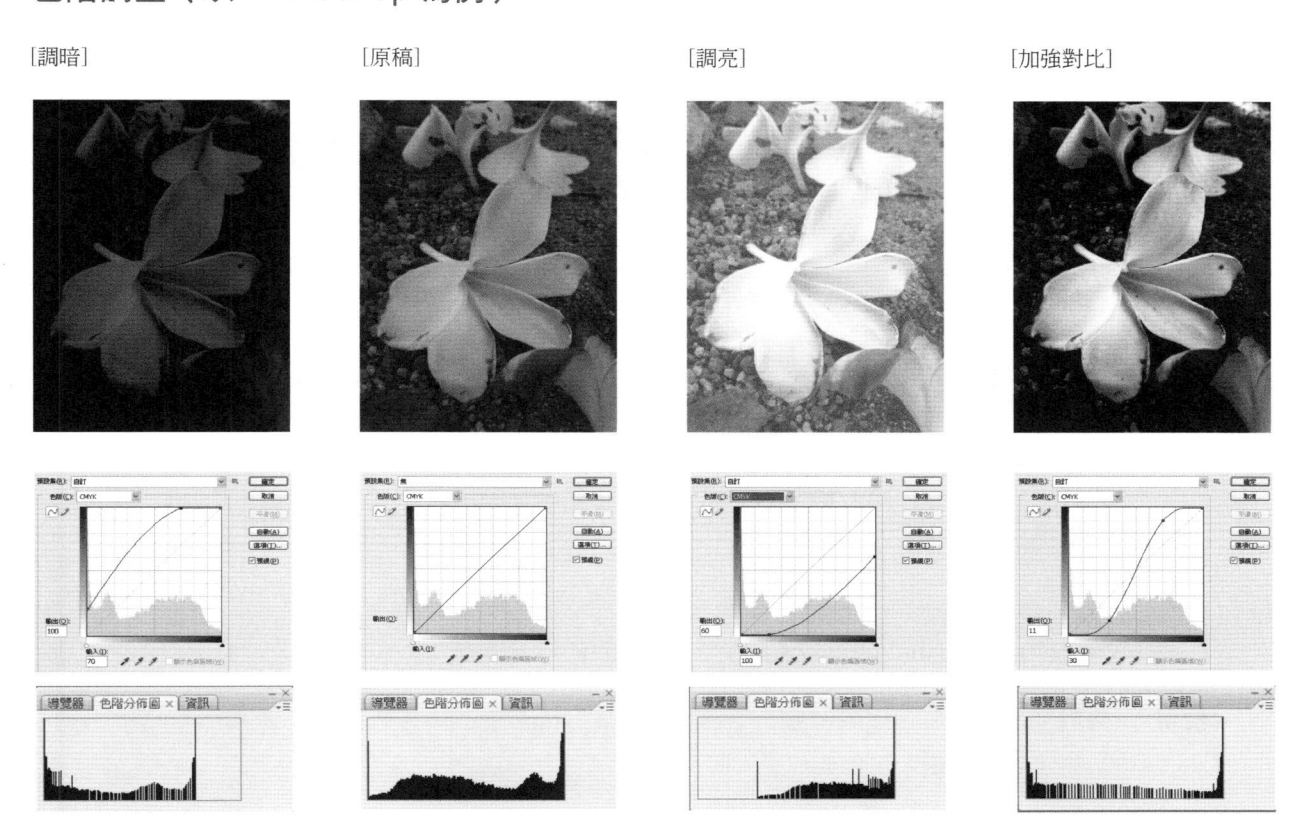

[調暗]　　　　　　　[原稿]　　　　　　　[調亮]　　　　　　　[加強對比]

↑曲線＋色階分佈圖

可以顯示影像是否包含足夠的陰影、中間調（顯示於中間）和亮部細節，色階分佈圖以圖表方式顯示每個色彩強度階層上的像素數，假如在所有區域中都有很多像素，表示影像色調完整、均勻。

重點考題

1. ( ) 下列何者不屬於字型的種類？ ①USB ②Postscript ③TrueType ④Bitmap Fonts。 (1)

> **解析** ①USB 是傳輸設備通用的介面。②PostScript 是頁面描述語言以及使用該技術所建立的向量外框字型。③TrueType 全真字體，不受限 PS 程式技術的外框字體。④Bitmap Fonts 是螢幕使用的點陣字型，顯示速度快但不適用在排版設計。

2. ( ) 下列何種軟體製作有複合字體（字體集）的使用？ (2)
①Illustrator ②InDesign ③FreeHand ④CorelDraw。

> **解析** 專業編輯排版軟體如 InDesign，因為需要大量處理文字的選用與編排，在文字功能底下有複合字體（字體集）可以自訂字體使用規則，例如指定標點符號或羅馬體搭配字體。一般電腦繪圖軟體並不具備此種功能。

3. ( ) 利用反射式濃度計量測某彩色控制條 C 版 100% 的色塊出現 1.05，請問此數字代表？ (4)
①基本網點值 ②網點擴大值 ③油墨量值 ④滿版濃度值。

> **解析** ④印刷成品使用反射式濃度計可獲得滿版濃度值。①「基本網點值」四色網版的網點百分比，使用透射式濃度計量測分色片可得。②「網點擴大值」是設定的半色調網點百分比和最後在被印物上實際增加的網點百分率，可使用透射式濃度計量測分色片後經由計算取得數據。③油墨量值是印刷中某一原色油墨的相對量，使用密度計測量。

4. ( ) 印刷上被用來評鑑色彩的標準光源為？ (1)
①5000°K ②9300°K ③6500°K ④7200°K。

> **解析** 印刷工業工程所規定的標準色溫觀察條件為 5000°K，相當於正午日照直線時的白光色溫值，不易產生色偏。

5. ( ) 藉著各種網點值的組合，將 CMYK 墨合成的色調作系統排列稱之 (3)
①紙表 ②濃度表 ③演色表 ④百分比。

> **解析** 演色表是模擬 CMYK 使用不同百分比網點疊印呈現的色彩參考表，使用於印前工作中作為顏色溝通的依據。

6. ( ) 一般製稿引用所謂「拼版標示色」設定，它代表輸出顯示 (4)
①單色黑 ②雙色黑 ③三色黑 ④四色黑。

> **解析** 拼版標示色又稱「四色黑」，在十字對位線以 100% 的 CMYK 四色疊印成黑色，作為印刷對準。

7. ( ) 底片輸出機或印版輸出機通常需要檢測雷射值以確保 ①滿版濃度與網點擴大 ②網點擴大與十字線 ③滿版濃度與套準度 ④雷射頭與十字線 之掌控。 (1)

解析 底片輸出機利用雷射光的能量在印版打點成像，例如紫光（Violet）CTP 的能量愈大，能產生較小的雷射點而輸出較高解析度、清晰的成像。雷射值關係著印刷品的滿版濃度與網點面積百分比，濃度的大小會影響網點大小，濃度值太大易造成網點面積的擴大，濃度值太低則使印刷品質看起來無層次感。

8. ( ) Windows 作業系統字型通常需安裝於 (3)
①公事包　②資源回收筒　③字型檔案夾　④網路芳鄰。

解析 安裝於控制台→「字型」檔案夾。

9. ( ) 演色表上各色版標示與何者的使用原則相同？ (3)
①灰色級數表　②內碼轉換表　③色票　④色樣控制導表。

解析 ③色票使用於指定色彩，與演色表功能相同，作為印前溝通顏色的依據。①「灰色級數表」（Gray Scale）使用於評估照片或網點影像的階調。②「內碼對照表」是中文字型內碼的轉換對照表。④「色樣控制導表」是用於鑑定打樣時之正確性。

10. ( ) 下列何者非屬於字型大小的計算單位？　①號數　②級數　③點數　④指數。 (4)

解析 「號數」活版鉛字的大小單位。「級數與點數」是電腦字體的大小單位。

11. ( ) 控制品質導表很多，其中照相分色使用的是 (1)
①灰色級數表　②GATF 網點導表　③印版控制導表　④星標控制導表。

解析 ①「灰色級數表」（Gray Scale）控制半色調、照相分色和晒印特性使用。②「GATF 網點導表」網點擴大控制。③「印版控制導表」控制晒版品質。④「星標控制導表」（Star Target）檢查網點增大、拖影、重影。

12. ( ) 設計者常被要求字型請『轉成外框字』供稿，下列何者並非真正原因之一？ (3)
①可防止對方字型遺漏　　②可減輕拷貝往返耗時
③可隨意進行編排與改版　④可預防被其他字型替換之可能。

解析 字型轉為外框，是將文字屬性轉為曲線圖形，不能再進行文字內容的編輯與修改。

13. ( ) 橫排設計的書刊通常屬於　①左開書　②右開書　③上開書　④下開書。 (1)

解析 橫排設計的書刊通常為西式編排書籍，適合由右往左翻閱，故又稱為左翻書、左開書。

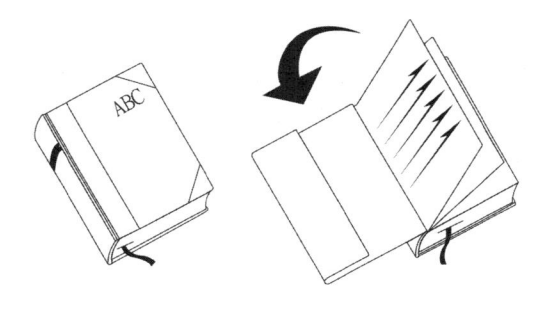

14. ( ) 直排設計的書刊通常屬於 ①左開書 ②右開書 ③上開書 ④下開書。 (2)

    解析 直排設計的書刊通常為中式編排書籍，適合由左往右翻閱，故又稱為右翻書、右開書。

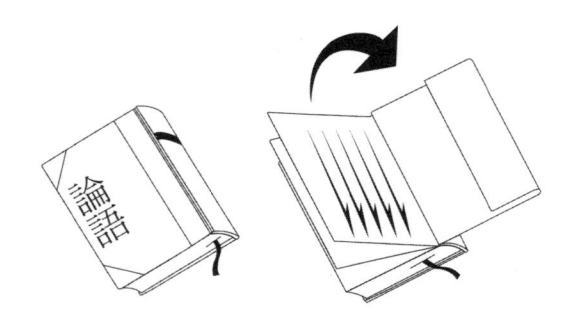

15. ( ) 在 MAC 電腦中讀取 PC 系統轉出檔案資料需注意： (1)
    ①硬碟檔案系統格式 ②檔案大小 ③光碟片容量大小 ④資料種類。

    解析 PC 開啟檔案需要透過副檔名來辨識檔案類型，但早期 MAC 並不使用副檔名，因此常有無法開啟檔案的情形。跨平台作業必須特別注意檔案格式的相容性。

16. ( ) 點陣字的缺點為： (3)
    ①字數太多 ②輸出列印緩慢 ③佔用硬碟記憶體空間 ④種類太多。

    解析 字體可分為向量字體與點陣字體兩大類，點陣字型將文字方格劃分成網格狀，文字由許多黑與白方格組成，一方格為一點（像素），一個點陣字是由許多像素組成，就像一張圖片，且不使用壓縮技術，因此使用點陣字體佔用相當大的記憶體容量。

17. ( ) 一般 RIP 設定 150 線輸出時，其輸出解析度至少 (4)
    ①1000dpi ②1200dpi ③1500dpi ④2400dpi ，才能符合 256 灰階影像複製。

    解析 使用 175 線以上輸出，表示需要精細網屏進行精緻印刷，目前出版機最高解析度 2400dpi。

18. ( ) 現今電腦病毒有可能存在於 ①程式檔案 ②資料檔案 ③任何檔案 ④備份檔案。 (3)

    解析 病毒發展與電腦科技的研發是同步的，任何檔案格式皆可能有病毒的存在。

19. ( ) 目前輸出中心與客戶間逐漸採用 FTP 傳遞檔案，但較不利的是 (4)
    ①公開使用 ②加速作業 ③操作不變 ④檔案容量較不受限制。

    解析 FTP（File Transfer Protocol）檔案傳輸協定，可從遠端用戶登入另一台伺服器，不受作業系統的限制，直接進行上傳、下載、瀏覽檔案，使用容易，檔案傳遞方便、迅速，是目前網路環境普遍採用的通訊協定之一，但缺點是傳輸檔案較不受限制。FTP 伺服器可以設定密碼管制，但是只要第三方使用相同密碼進入，將能自由存取伺服器中所有檔案，因此不建議在 FTP 放置需要保密的重要資料。

20. ( ) 印前應用於輸出至輸出設備時,通常需要透過一軟體協助解釋處理稱之為 ①RIP ②PPD ③PDF ④JDF 進行解譯與過網步驟。 (1)

> **解析** RIP（Raster image processor）為「光柵圖像處理器」或稱「點陣影像處理器」,是將文字、線條、區塊、影像等圖像資料轉換成輸出設備接受的數位機械碼。簡單的說,就是把各種圖像的檔案格式,解譯成輸出設備能接受的訊號再輸出成有形的影像。

21. ( ) 下列何者對 CPU 而言是輸入也是輸出裝置？ ①印表機 ②硬碟 ③滑鼠 ④螢幕。 (2)

> **解析** CPU 為電腦核心處理器,將資料輸入電腦的「輸入設備」最基本是鍵盤和滑鼠。「輸出裝置」則是顯示經由電腦運算後所產生的訊息或結果,一般指螢幕、喇叭等等設備。硬碟可儲存與讀取資料,兼具輸入與輸出的功能。

22. ( ) Big-5 碼是以幾個位元組作為中文編碼單位？ ①1 ②2 ③3 ④4。 (2)

> **解析** Big5,又稱為大五碼或五大碼,是使用正體中文社群中最常用的電腦漢字字體集標準,使用了雙八碼儲存方法,以兩個位元組來安放一個字。

23. ( ) 目前雷射印表機解析度一般為 ①100dpi ②600dpi ③2400dpi ④4800dpi。 (2)

> **解析** 印表機的解析度是以每英寸能產出的墨點數量（dpi）來計算。大多數的桌上型雷射印表機解析度可達 600 dpi,而網片輸出機則可達 1200 dpi 或更高。噴墨印表機會噴出微小的墨水霧而非真正的墨點,但是大多數的噴墨印表機可達到約 300 到 720 dpi 的解析度。

24. ( ) 操作時電腦忽然當機而需重新啟動甚至關閉電源,在 ①ROM ②RAM ③硬碟 ④磁片 的資料會消失。 (2)

> **解析** ROM 唯讀記憶體－可讀取但不能寫入,電源關閉後資料仍會保留,用來存放開機自我測試程式與 BIOS,執行電腦開機時檢查硬體設備及啟動作業系統。
>
> RAM 隨機存取記憶體－當 CPU 執行程式或資料時,必須先將其載入 RAM 當中。也是一般統稱的主記憶體。當電源關閉時 RAM 不能保留資料。如果需要保存資料,就必須把它們寫入一個長期的儲存設備中（例如硬碟與磁片）。RAM 和 ROM 相比,兩者的最大區別是 RAM 在斷電以後保存在上面的資料會自動消失,而 ROM 不會。

25. ( ) 平台式掃描機是以 ①RGB ②CMYK ③LAB ④CIE 原色方式進行掃描。 (1)

> **解析** 平台式掃描機通常有 3 排 CCD 感光元件,分別有紅,綠及藍色濾鏡。掃描進行時,透過感光元件及光源的移動,被掃描物的影像會被 CCD 感光元件感應到,然後將 RGB 三色影像數據,傳送到電腦的記憶體。

26. ( ) 印刷用的『線條』掃描解析度至少設定在 ①72ppi ②150ppi ③300ppi ④1000ppi。 (4)

> **解析** 印刷用線條稿件的解析度均設定在 1200dpi 內,超過 1200dpi 的解析度,對印刷品質無太大改變反而增加了檔案大小。

27. (3) 檢測『色彩控制條』的反射式濃度計無法量出各色版的
①濃度值　②網點值　③色彩描述檔數值　④色調值。

> **解析** 反射式濃度計用於量測印刷品上油墨變化數值，例如：滿版濃度、印刷對比、網點脹大、灰色平衡、區塊色差。色彩描述檔是軟體程式的一個色彩管理方式。

28. (2) 何種原稿掃描需要使用去網花功能？　①照片　②印刷品　③正片　④線條稿。

> **解析** 印刷品原稿是以網點呈現，印刷品掃描輸入會有網花出現，可利用影像軟體 Photoshop 裡面的「Blur」、「Median」、「Gaussian Blur」來消除。

29. (1) MAC 作業系統中，欲網路連線至對方電腦，系統會要求輸入對方的
①ID and Password　②ID and PDL　③User and number　④DNS and PDF。

> **解析** MAC 使用者欲啟動檔案共享，需提供名稱和密碼（ID and Password）給使用者。

30. (2) 有關 Software RIP 之敘述何者有誤？
①與運算器獨立，只要更換運算器便可提昇速度
②具備一般硬體加速功能，速度快，且日後提昇的彈性較大
③具有預視（Preview）的功能，可事先知道錯誤產生原因，避免浪費時間與金錢
④參數設定可以在 RIP 上直接更改，操作者必須更加瞭解 Software RIP 的運作。

> **解析** RIP 又可分為軟體 RIP（Software RIP）和硬體 RIP（Hardware RIP），可分別獨立運作。②Software RIP 軟體版本須經常更新，才能提升速度，硬體加速也必須視記憶體是否足夠而定。

31. (4) 下列敘述何者為非？
①點陣圖的影像越多，就有愈多資訊需要處理，處理資料愈多，當然時間就愈長
②輸出時轉譯速度的快慢，是依照輸出設備解析度而定
③輸出設備解析度愈高，由頁面所轉譯出的點陣圖畫素愈多
④透過集線器的幫忙，可以有效管理各工作站間串聯傳輸。

> **解析** ④集線器 HUB，最主要的功能是匯集所有區域網路中的電腦，各分枝電腦連接到網路主幹上，所有的埠（port）共享一個頻寬，很明顯的缺點就是當許多人同時資料交流，會干擾彼此的傳輸品質，而且集線器並沒有管理各工作站之間串聯傳輸的功能。

32. (2) 下列敘述何者為非？
①廣告公司設計多部麥金塔電腦能夠互相連接是採行 Ethernet
②BlueTooth 無線傳輸距離可達 10KM 左右
③無線網路系統業者對提供使用者進行上網服務
④JPEG 屬於損失性壓縮的一種方式。

> **解析** ② Bluetooth BlueTooth 是一種開放的無線數據交換技術，有效傳輸距離約為 10 公尺，最新出產的藍芽 4.0 有效傳輸距離是 60 公尺，不能無線傳輸達 10KM。

33. ( ) 定影液屬於 ①酸性 ②鹼性 ③中性 ④揮發性 液體。 (1)

解析 定影液主要成份為硫代硫酸鈉，屬酸性液體，主要功能是要洗掉底片上未被感光的乳劑。

34. ( ) 電腦自動出版機輸出印版，不影響印紋且須提供空間供印機掛版，必須確保 (2)
①十字線 ②咬口 ③pin 洞 ④彎版 要正確。

解析 咬口為印刷機最前端，是印刷機叼紙時的位置，為確保不影響印紋，須特別注意其位置。

35. ( ) CTP（電腦直接出版機）用來試版時，會用 (4)
①廢版 ②未曝光印版 ③已曝光廢版 ④未曝光之試版及導表。

解析 CTP 試版，廢版與已曝光廢版都已感光無法再使用，CTP 印版價格昂貴，因此利用未曝光之試版才是最正確的作法。

36. ( ) CTP（電腦直接出版機）出版環境相當注重 (1)
①溫度與溼度 ②人工的操作 ③輸出頻率的調整 ④高架地板建立。

解析 要確保 CTP 出版品質的一致性，環境必須注意濕度與溫度控制，溫度 20~25 度 C，濕度 40~60%。

37. ( ) 現在 CTP（電腦直接出版機）印版的種類不包括 (4)
①熱感版 ②光感版 ③樹脂版 ④蛋白版。

解析 CTP 的主要版材：銀鹽版、感光樹脂版、熱感版、PS 版；蛋白版是傳統晒版機使用、印紋不精細且易脫落，一般僅適於文字與線條的印刷品。

38. ( ) 一般印刷機咬口距離印刷內容印紋處為 ①0.5 公分 ②1 公分 ③1.5 公分 ④2 公分。 (2)

解析 印刷機叼紙的位置稱為咬口。

39. ( ) 公司內部網路串接常用的連結設備叫做 HUB，中文名稱叫做 (3)
①路由器 ②伺服器 ③集線器 ④擴大器。

解析 ③集線器（HUB）集線器 HUB，主要功能是匯集所有區域網路中的電腦，各分枝電腦連接到網路主幹上，共享一個頻寬。①路由器（router）：為信息流或是數據分組選擇路由的設備。②伺服器（Server）：也就是網路伺服器，擁有強大運算能力立即處理大量資訊，短時間可完成所有運算工作。④擴大器，一般指音響設備中的音源擴大器。

40. ( ) 使用濃度計之前，都會在儀器上先進行 (3)
①濃度歸零 ②色度歸零 ③白度歸零 ④網點歸零。

解析 濃度計在測量印刷品色彩濃度時，考量被印物的條件將會影響油墨呈現，因此要拿同一批尚未印刷的白紙作白度歸零校對。

41. ( ) 12公分的長度內欲排列 8 個中文字，應選用字的級數是　(3)
①40　②50　③60　④70　級。

> **解析** 一級＝1/4mm＝0.25mm　　120mm÷8×4＝60 級。

42. ( ) 文字變化使用功能『平三』字是指字的　①高度增加十分之三　②寬度增加十分之三　(3)
③高度減少十分之三　④寬度減少十分之三。

> **解析** 平三，將高度減少 30%，也就是高度只剩 70%，寬度不變。

43. ( ) 常見中英文混排組版逢英文排版主要特色為　(4)
①橫、直走向混合編排　②由右向左排　③標點符號避頭點　④斷音節。

> **解析** 英文文獻為求編排好看，可將位於行尾之較長的字依音節來斷字，但斷字中間須加連結線連結。

44. ( ) 電腦直接出版經儀器檢測印版上某色版 50% 色塊為 60%，代表　(2)
①濃度值的變化　②網點擴大的變化　③色度值的變化　④雷射值的變化。

> **解析** 當色版為 50%，色塊也應該是 50% 的呈現，但是色塊多出 10%，表示網點有擴大變化。

45. ( ) 一般利用四色配色較重設計的印刷較擔心偏色現象，原因是　(2)
①黑版顏色太深　②油墨的不純度　③印刷網點太大　④滿版濃度太高。

> **解析** 一般彩色印刷多使用疊色法，較深的顏色將由較多的油墨疊色印製，多重網點疊印後，印紋色彩容易混濁形成色偏。

46. ( ) 特別色的使用不同於印刷色演色表，若直接用於印刷四色轉換時，應注意　(3)
①絕對可以彌補傳統印刷顏色的不足　②絕對可以印出 CMYK 色域以外的可見光
③顏色會失真，需重新調整四色比例　④特別色色票上沒有網點。

> **解析** ①特別色就是無法以四色完整呈現，無法彌補不足。②印刷油墨無法表達色光。④色票上沒有網點，與印刷四色轉換無關。

47. ( ) 逢設計者指定特別色印刷時，下列何者敘述為非？　(4)
①可能提高印刷費用　②希望印出 CMYK 色域以外的顏色
③希望彌補傳統印刷顏色的不足　④可直接轉換印刷色印出且顏色不受影響。

> **解析** ①一般特別色的價格為四色的兩倍。②特別色就是超出四色色域的色彩。④特別色無法經由四色呈現，轉換印刷色之後顏色當然會有差距。

48. ( ) 例如某軟體設定有『預設漸層』以及『材質』等填色工具，若選擇後印出顏色與螢幕　(1)
顯示出現落差的原因是　①屬於 RGB 色系填色所致　②屬於 CMYK 色系填色所致
③屬於 LAB 色系填色所致　④屬於特別色所致。

> **解析** 螢幕以 RGB 呈現，而印刷則是以 CMYK 呈現，所以印出成品一定會有落差。

49. (2) 某印刷品封面標題使用『特別色』設計檔案，因採用五色印刷，此時出版作業應另外製作　①樣張　②標題印版　③色票代號　④印墨資料。

> **解析** 標題使用特別色，所以多一塊特別色版，專用於標題的印版。

50. (4) 客戶來稿時，要求您幫忙標示和製作一個假金色（也就是說此金色不用特色來印製，而是採用 CMYK 四色印刷），已知此金色成份的青版為 20%，則其它色版可能的網點百分比為？　①黑版 20% 和洋紅版 30%　②黑版 40% 和黃版 20%　③黃版 38% 和洋紅版 60%　④洋紅版 39% 和黃版 62%。

> **解析**
> 青版 20%、黑版 20% 和洋紅版 30%→淺紫色
> 青版 20%、黑版 40% 和黃版為 20%→淺綠色
> 青版 20%、黃版 38% 和洋紅版 60%→石墨綠
> 青版 20%、洋紅版 39% 和黃版 62%→膚色（接近金色）

51. (1) Pantone 色票是世界通用的演色表之一，有一色號為 Pantone 215C，以下敘述何者正確？　①C 代表銅版紙　②C 代表模造紙　③C 代表青版　④215 代表日期。

> **解析** Pantone 色票中的編號是以 3-4 個數字加字母 C 或 U 所組成，每個顏色都有它的編號，前面的數字是顏色代號，字母 C 是表示這個顏色在塗佈紙（Coated）上的表現，字母 U 是表示這個顏色是在非塗佈紙（Uncoated）上的表現，若最後還有加上 2X 則是代表印刷重複 2 次。

52. (1) 如果客戶想用特別色的顏色，但礙於製程時效和成本考量，想採用變通的作法，以下何者為非？　①將所有的特別色都做成獨立的印刷版　②可以採用影像處理軟體 Photoshop 幫忙找到 CMYK 四色網點組合　③可以參考色票上的 CMYK 網點組合來標示顏色　④可以考慮用四色來模擬特別色，但可能會有些許顏色上的差異。

> **解析** 真正使用特別色才需要製作獨立版，利用模擬的方式畢竟也是由四色組成，所以不用製作獨立版。

53. (2) 以 Photoshop 軟體為例，對於特別色色票的敘述何者為非？　①可以選到 Pantone 特別色色票　②如果出現三角形內有一驚嘆號，表示此特別色可以用 CMYK 油墨精準的複製出來　③可以選到 DIC 特別色色票　④可以選到 TOYO 特別色色票。

> **解析** 如果出現三角形內有一驚嘆號，表示此色彩無法使用 CMYK 油墨精準的複製出來。

54. (1) Pantone 色票是世界通用的演色表之一，有一色號為 Pantone 226U，以下敘述何者為非？　①U 代表銅版紙　②U 代表模造紙　③U 代表非塗佈紙　④U 代表 Uncoated paper。

> **解析** Pantone 色票中的編號是以 3-4 個數字加字母 C 或 U 所組成，每個顏色都有它的編號，前面的數字是顏色代號，字母 C 是表示這個顏色在塗佈紙（Coated）上的表現，字母 U 是表示這個顏色是在非塗佈紙（Uncoated）上的表現，若最後還有加上 2X 則是代表印刷重複 2 次。

55. ( ) Pdf/x-1a 是符合印刷出版的專用格式，有二大特點，以下敘述何者正確？ ①將黑字轉成單色黑 ②將字型包在（font embedded）檔案內 ③將字轉為外框字（outline font） ④將字轉為點陣字。 (2)

> **解析**
> PDF/X-1：具有 OPI 的功能。
> PDF/X-1a：不具有 OPI 的功能，所有的字型都必須必嵌入檔案。
> PDF/X-2：是以 PDF 1.3 或 1.4 為基礎，具有 OPI 的功能，字型不必嵌入檔案，並支援不同規格的色彩空間。
> PDF/X-3：不具有 OPI 的功能，所有的字型都必須必嵌入檔案，但多了色彩管理能力。
> PDF/X-4：為 PDF/X-3 更新版是以 PDF 1.6 為基礎，增加了透明度和特別色的支援。
> PDF/X-5：允許外部圖像。
> PDF 1.3 有限度支援 ICC-Profile，PDF 1.4 完全支援 ICC-Profile。

56. ( ) 淡藍色的底色，底色上有黑字 100%，與黑字 95%，二者的差異，以下敘述何者正確？ ①二者沒有差別 ②黑 100% 字底下的顏色為淡藍色 ③黑 95% 字底下的顏色為淡藍色 ④黑 100% 字底下的顏色為白色。 (2)

> **解析**
> 一般情況只要顏色有 K100 都會設定為直壓，也就是說黑色塊或黑線條將直接覆蓋在原有的底圖上，因此本題黑 100% 字底下的顏色為淡藍色。黑 95% 字底下不可以有淡藍色，否則將產生疊印，兩色將合成為新的顏色。

57. ( ) 有一個彩色 logo，但客戶提供的原檔是 Photoshop 點陣圖，以下敘述何者為非？ ①可在 Photoshop 以點陣圖（.bmp）格式上色彩 ②可將此檔置入 Illustrator 填色 ③可在 Illustrator 做縮放 ④可在 Illustrator 做任意旋轉。 (1)

> **解析**
> 要轉成點陣圖（bitmap）必須先轉換成灰階，灰階即為無色彩。另 psd 檔置入 Illustrator 後如要進行填色，也是由 Illustrator 呼叫並開啟系統預設之對應軟體進行編修，Illustrator 並無法直接對置入的 psd 檔進行編修，例如：如預設編輯軟體為 Photoshop，那就會執行 Photoshop 並開啟檔案進行編修。但如果 Illustrator 是以直接開啟 psd 檔的方式，則可以直接進行編修。

58. ( ) 影像壓縮的敘述，以下何者為非？ ①JPEG 屬於無損失品質的壓縮方式 ②LZW 是屬於無損失品質的壓縮方式 ③JPEG 壓縮時可以選擇品質條件，如高、中、低的品質壓縮選項 ④JPEG2000 也屬於壓縮格式。 (1)

> **解析**
> JPEG 為一種破壞性壓縮格式，品質當然會以所損失。

59. ( ) 產生副檔名為 .indd 的軟體，以下敘述何者正確？ ①此檔案是由 Illustrator 軟體產生的 ②此軟體的功能有組頁和製作電子書的功能 ③此軟體主要的功能是繪圖和編輯影像用 ④此檔案可以用任何 Adobe 的軟體打開。 (2)

> **解析**
> .indd 是由 InDesign 軟體所產生的原生檔，該軟體的功能有組頁和製作電子書的功能，其主要的功能為文件編輯。.indd 僅能使用 InDesign 軟體開啟。

60. ( ) 檔案經由 Rip 過後，直接給後端輸出設備輸出，此時決定那些點是 ON，那些點是 OFF 的檔案，此檔案格式稱為？ ①PDF ②TIFF ③1 Bit Tiff ④JPEG。 (3)

解析 2001 年 1-bit TIFF 打樣的技術引進臺灣，PDF 的格式都必須透過 RIP 處理後，再由後端輸出產生 C、M、Y、K 四個檔案，其原理在於打點（ON）與不打點（OFF），非 0 即 1 的圖檔檔案格式。

61. ( ) 一般的拼大版流程主要是將設計者做好每頁的檔案，再依條件下去拼大版，所謂的條件最主要是指？ ①色彩配置 ②後加工的方式，如裝訂 ③版面尺寸大小 ④紙張的厚薄。 (2)

解析 一般的拼大版流程主要是將設計者做好每頁的檔案，依照後加工各種不同的方式（騎馬釘裝、穿線膠裝…）予以不同的落版順序。

62. ( ) 採用 InDesign 軟體製作電子書時，如果要支援閱讀器水平和垂直閱讀二個方向，其方法為？ ①製作水平和垂直的版面在同一檔案裡 ②製作水平或垂直其中一個檔案即可 ③必須同時存在水平和垂直二個檔案 ④只需一個檔案，定義允許水平和垂直轉向的功能，不會要再產生另一個方向的檔案。 (3)

解析 InDesign 製作可瀏覽雙向文章的電子書，需以相同的數位出版程序建立第二個文件，才能以水平或垂直方向檢視內容。

63. ( ) 採用 InDesign 軟體，版本 6.0 以上製作電子書時，如果是要支援 iPad 閱讀器，以下何者為非？ ①開新檔案時可直接選擇 iPad 參數 ②iPad 的解析力內定為 1024×768 pixels ③開新文件的方式要選擇數位排版才能選到 iPad ④開新文件的方式要選擇網頁才能選到 iPad。 (4)

解析 iPad…等平板閱讀器，其檔案格式皆為類網頁格式，主要提供閱讀功能。

64. ( ) 採用 InDesign 軟體，版本 6.0 以上製作電子書時，其工作區域應設定為？ ①互動式 PDF ②印刷樣式 ③書冊 ④數位出版。 (4)

解析 採用 InDesign 軟體，版本 6.0 以上製作電子書時，其工作區域應設定為數位出版。

65. ( ) 有一家公司要印名片，工單上註明名片最後成品的尺寸是 55×91 mm，出血只需要各邊 1 mm 就可以了，以下敘述何者為非？ (4)
①每個名片檔案只要含出血尺寸，可以不用再加上十字線和對位標了
②因為目前都採用電腦拼大版，沒有人工拼貼底片對位的問題，所以可不加上十字線和對位標
③加上十字線和對位標的檔案也可以進入電腦拼大版
④因為電腦拼大版很精準，所以製版尺寸只要做 55×91 mm，也可以精準的裁出正確的名片，且保證有出血的底色裁切後也不會漏白邊。

解析 成品尺寸與製版尺寸相同是無法保證有出血的底色裁切後不會漏白邊。

66. ( ) 使用分光光譜儀器設備時，以下敘述何者為非？ (2)
①使用前都必須要先做好白板校正
②白板如果有灰塵時，用口吹氣和用手拭去灰塵後才能進行校正
③量測時與桌面接觸的位置要平整
④取放儀器要平穩的拿起，輕輕的放下。

> **解析** 分光測色儀器屬於精密儀器，使用環境必須保持潔淨，清潔白板不可揚起灰塵，避免灰塵進入儀器內部。

67. ( ) 一張 DM 的尺寸是 A4 大小（210×297 mm），印好之後需要四邊做裁切。檔案製作時需要各邊多出 3 mm 的出血，如果採用 InDesign 軟體製作新檔案時，頁面大小為 210×297 mm，如何才能製作出含出血的 PDF 檔案，下列敘述何者為非？ (2)
①開檔案時按下【更多選項】可以設定出血設定，並輸入 3 mm
②開檔案時按下【邊界和欄...】可以設定邊界大小為 3 mm 的出血位置
③轉存或列印成 PDF 檔案時，【標記和出血】的頁面，要勾選【使用文件出血設定】
④可以從 PDF 檔案看到最後的檔案尺寸是多少。

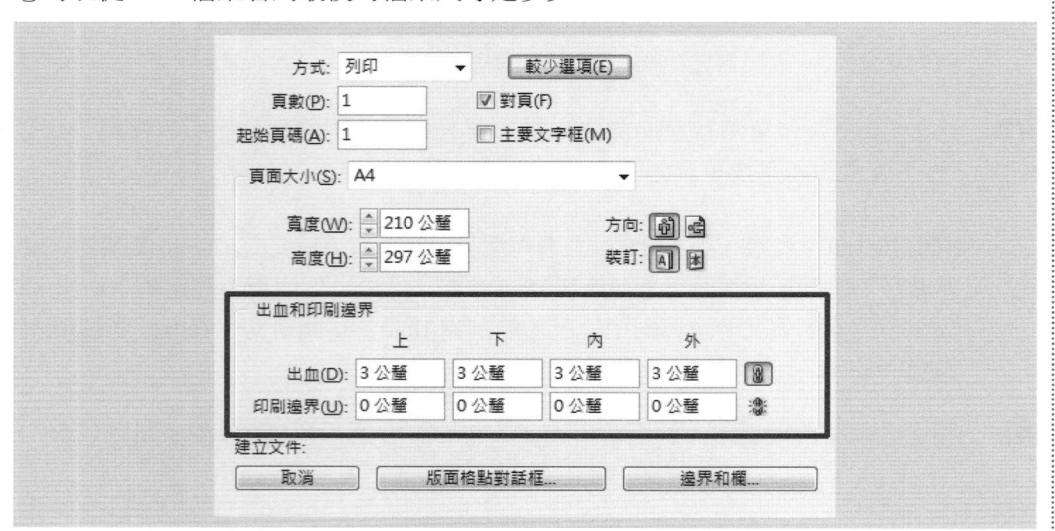

> **解析**
>
> （InDesign 新增文件對話框截圖，顯示頁面大小 A4、寬度 210 公釐、高度 297 公釐，出血和印刷邊界欄位中上下內外皆設定為 3 公釐）

68. ( ) 客戶來檔是 PDF 檔案，你必須要先檢查一下才能進入印製流程，如果採用 Acrobat 專業版本的軟體檢查此檔案，以下敘述何者為非？ ①可以看到整個檔案的頁數 ②可以放大和縮小頁面檢視 ③可以從【工具】>【列印作品】>【輸出預覽】檢查分色版的物件和網點百分比 ④Acrobat 專業版可以看尺寸大小，但是沒有尺規的功能。 (4)

> **解析** Acrobat 專業版可以看尺寸大小，而且也有尺規的功能。

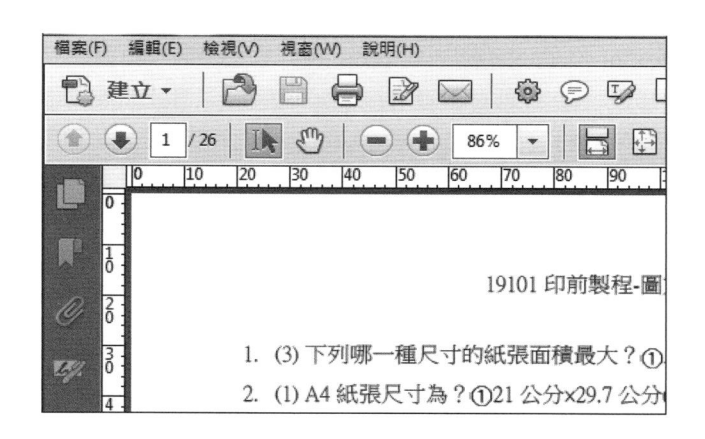

69. ( ) 用哪種儀器可以量到 CIE LAB 的色彩值？
①分光光譜儀 ②濃度計 ③密度計 ④量版器。 (1)

解析 分光光譜儀可以量到 CIE LAB 的色彩值。

70. ( ) 什麼物件無法被一般測色儀器量到正確的 CIE LAB 色彩值？
①印刷品 ②化妝品 ③皮膚 ④金屬色。 (4)

解析 金屬色無法被一般測色儀器量到正確的 CIE LAB 色彩值。

71. ( ) 想要製作一張卡片，卡片內的圖檔想要製作成中間較白，四周較深的效果，然後將文字寫在中間較白的地方，如採用 Photoshop 軟體製作，以下敘述何者為非？
①在 Photoshop 的功能是屬於羽化效果 ②羽化的效果最多只能設定至 30 像素 ③變白的作法是在做羽化後，背景色是白色時，按 DEL 鍵 ④如果羽化的效果相反了，則在選取範圍後再做選取反轉的功能。 (2)

解析 Photoshop 軟體之羽化效果並無最大值之規定，其最大值會依據解析度與選取範圍不同而有所差異。

72. ( ) 在 Photoshop 產生漸層的作法，以下敘述何者為非？ ①只有在 RGB 色彩模式下，漸層功能才有作用 ②可以自訂漸層的顏色 ③可以拖拉小菱形（色彩中點），自由控制漸層的效果 ④可以加入其它顏色於漸層裡。 (1)

解析 Photoshop 軟體無論在 RGB 色彩模式或 CMYK 色彩模式皆可以執行漸層功能，且可以自訂漸層的顏色及拖拉小菱形（色彩中點），自由控制漸層的效果更可以加入其它顏色於漸層裡。

73. ( ) 在 Photoshop 使用選取的工具時，以下敘述何者為非？ ①矩形和圓形的選取工具在選取範圍時可以切換使用 ②套索工具也是屬於選取的功能之一 ③只能用同一工具（矩形選取工具、圓形選取工具、套索）進行選取想要的範圍 ④可以切換不同的工具（套索、魔術棒…）來選取想要的範圍。 (3)

解析 Photoshop 軟體可以使用矩形和圓形的選取工具在選取範圍時切換使用，套索工具也是屬於選取的功能之一並且可以切換不同的工具（套索、魔術棒…）來選取想要的範圍。

74. ( ) 下列關於 Photoshop 圖層的敘述，何者為非？ ①採用不同的圖層來做稿，檔案會比較大，但有利於修改 ②上面的圖層可以設定透明度 ③上面的圖層可以套用影像處理的演算法，如加深顏色、排除和分割等功能 ④每個圖層無法再套用遮色片做效果。 (4)

> **解析** Photoshop 軟體可以單獨於每個圖層中套用遮色片做效果。

75. ( ) 在 Photoshop 軟體內打字的敘述，何者為非？ ①字可以水平和垂直方向輸入 ②可以改變字體和大小 ③字可以上色或者是上漸層色 ④字體級數越大越清楚，與圖檔的解析度無關。 (4)

> **解析** Photoshop 軟體中輸入文字，其字體級數越大越清楚，圖檔的解析度越大。

76. ( ) 如果想要將一批 RGB 色彩模式的圖檔，自動轉為 CMYK 色彩模式並同時改變影像尺寸或解析度，採用 Photoshop 軟體製作時，以下敘述何者為非？ ①在編輯選單可以找到自動的功能 ②可將步驟用動作（Action）記錄下來 ③可選擇自動的指令，加上想要的動作來完成 ④可以設定來源的檔案夾和執行後儲存的檔案夾。 (1)

> **解析** Photoshop 軟體如果要設定執行某種自訂功能時，必須於【視窗\動作\新增動作】錄製想要的動作後再執行。

77. ( ) 有一張圖必需要做修整的處理，如採用 Photoshop 影像處理軟體時，以下敘述何者為非？ ①使用仿製印章工具可以達到修補的功能 ②採用仿製印章工具時，按 Ctrl 鍵為吸取來源墨色的方法 ③採用仿製印章工具時可以設定筆刷的硬度 ④採用仿製印章工具時可以改變筆刷的大小尺寸。 (2)

> **解析** Photoshop 軟體使用仿製印章工具時，欲吸取來源墨色時必須按 Alt 鍵設定。

78. ( ) 使用 Illustrator 軟體操作時，對於選取工具的敘述，以下何者為非？ ①實心箭頭的選取工具可以選取整個物件 ②空心箭頭的選取工具可以選取物件部份的錨點 ③空心箭頭的選取工具可以選取物件部份的錨點，但無法選取物件全部的錨點 ④選取部份錨點後，可以拖拉部份錨點位置來改變物件的形狀。 (3)

> **解析** 使用 Illustrator 軟體操作時，空心箭頭的選取工具可以選取物件部份的錨點，加按 Ctrl 鍵即可選取物件全部的錨點。

79. ( ) 使用 Illustrator 軟體操作時，輸入幾個文字後，想要製作陰影於文字下方，以下敘述何者為非？ ①陰影只能用黑色的陰影 ②可以採用效果中製作陰影的功能製作 ③陰影離文字的距離可以自行設定 ④陰影模糊程度可以自行設定。 (1)

> **解析** 使用 Illustrator 軟體操作時，陰影的部分可以自行設定色彩。

80. ( ) 使用 Illustrator 軟體操作時，置入圖檔後，想要再換成另一個檔案，如果採用連結的功能來換成另一圖檔，以下敘述何者為正確？ ①選用編輯原稿的功能 ②選用重新連結的功能 ③選用跳至連結功能 ④選用更新連結的功能。 (2)

> **解析** 使用 Illustrator 軟體操作時，置入圖檔後，想要再換成另一個檔案，如果採用連結的功能來換成另一圖檔，選用重新連結的功能。

81. ( ) 使用 Illustrator 軟體操作時，如果文件設定是實際版面大小和出血 3 mm 尺寸，但轉成 PDF 檔之後，卻沒有得到正確出血的檔案，以下敘述何者為非？ ①出血的色塊做的不夠大 ②另存成 PDF 檔案時，自訂出血設定時，將出血設為 3 mm ③另存成 PDF 檔案時，沒有選擇裁切標記 ④另存成 PDF 檔案時，沒有勾選使用文件出血設定，也沒有自訂出血尺寸。 (3)

> **解析** 使用 Illustrator 軟體操作時，如果文件設定是實際版面大小和出血 3 mm 尺寸，但轉成 PDF 檔之後，卻沒有得到正確出血的檔案，原因是另存成 PDF 檔案時，沒有選擇裁切標記。

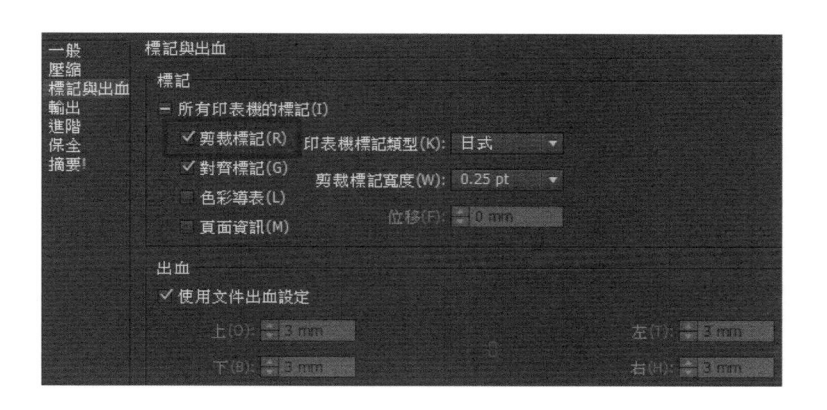

82. ( ) 有一個檔案，在製作檔案時的尺寸設定是正確的，但轉存成 PDF 檔案，列印至印表機卻產生縮放的情形，以下敘述何者為非？ ①有可能是選擇了自動分頁 ②有可能是列印時做了【符合頁面大小】的設定 ③有可能是轉存成 PDF 檔案時做了縮放的設定 ④有可能是列印時選擇了【縮小符合可列印區域】的設定。 (1)

> **解析** 自動分頁並不會對版面進行縮放動作。

83. ( ) 在正常工作環境下使用電腦和資料儲存的設備，對於硬碟的敘述以下何者為非？ ①怕熱 ②怕震動 ③給 PC 的硬碟就不能給 MAC 系統使用 ④可以將好幾顆硬碟串成磁碟陣列。 (3)

> **解析** 硬碟怕熱、怕震動，可以將好幾顆硬碟串成磁碟陣列，只要格式相容 PC 的硬碟就可以給 MAC 系統使用。

84. ( ) 公司的電腦或伺服器都有連接 UPS 系統，以下敘述何者為非？ ①UPS 稱為不斷電系統 ②在工作時如果遇到停電，應儘速爭取 UPS 電源的時間，將目前的工作儲存起來 ③為了市電斷電後能藉由 UPS 順利儲存和關機，個人使用電腦的主機要接上 UPS 電源，而螢幕則不需要接上 UPS 電源，接一般市電即可，以減少 UPS 的負載 ④UPS 在市電斷電後所提供的電源時間是有限的。 (3)

解析 螢幕若未接上 UPS，當市電斷電之後就沒有畫面可供正常進行儲存和關機動作。

85. ( ) 有關去背的製作，何者為非？ ①不可以用小畫家軟體去背 ②可用手機 APP 或人工智慧去背 ③去背沒有一定的標準動作，以美觀、省時為原則 ④可先於影像處理軟體去背好後，再進入圖文編輯排版軟體。 (1)

解析 目前小畫家軟體沒有去背這項功能。

86. ( ) 文字編排設計中，對於"漸層字"的製作方法，何者為非？ ①編輯漸層工具的漸層色，其色彩控制點至少需要 2 個色彩控制點（含以上）才有漸層效果呈現 ②可在 Photoshop 影像軟體製作，解析度設定為 72dpi，可防止字放大時產生鋸齒狀 ③可於 InDesign 用漸層工具製作 ④可於 Illustrator 將文字轉為"外框字"後，直接用漸層工具製作。 (2)

解析 使用影像軟體製作點陣圖形時，如果解析度過低，印刷圖形將會形成模糊及鋸齒狀。

87. ( ) 在軟體的偏好設定中，下列何者不是字型大小的單位標示？
①級 Q ②公釐 mm ③點數 pt ④號數。 (4)

解析 使用電腦軟體編輯文件時，電腦字型大小的單位有：級 Q、公釐 mm、點數 pt、英吋 in、像素 px，而過去鉛字排版印刷的字型大小單位則為號數。

88. ( ) 若在電腦技能術科測試操作過程，下列那種輸入方式較不適宜選用？
①語音輸入法 ②注音輸入法 ③倉頡輸入法 ④新注音輸入法。 (1)

解析 語音輸入法需要使用麥克風收音，唸讀文字時會發出聲音，有可能會影響試場秩序。

89. ( ) 使用 Adobe 系列組版、繪圖、影像軟體時，在大小粗細欄位，除了直接輸入數值外，欄位內亦可以輸入 ①加減乘除 ②注音符號 ③特殊符號 ④裝飾字。 (1)

解析 Adobe 系列組版、繪圖、影像軟體時，在大小粗細欄位，除了直接輸入數值外，欄位內亦可以輸入加減乘除算式改變字體大小。例如：20pt 輸入 20+10pt 即會變為 30pt，20pt 輸入 20*2pt 即會變為 40pt…。

90. ( ) 印刷中圖片影像檔在執行 UCR 功能時，它的設計主要功能為？ ①是確實控制中性色平衡 ②是減少色彩飽和度 ③是增加印刷四色疊印總墨量 ④是減少印刷時黑色墨的用量。 (1)

解析 印刷中圖片影像檔在執行 UCR 功能時，其主要功能為確實控制中性色平衡。

91. (　)　目前依據 ISO 的標準,可提供"彩色反射標準原稿"作為掃描機輸入校正設定,試問其標準原稿為下列何者?　①IT8.7/1　②IT8.7/2　③IT8.7/3　④IT8.7/4。　(2)

解析　ISO 標準 IT8.7/1 (標準掃描透射原稿)、IT8.7/2 (標準掃描反射原稿)、IT8.7/3 (928 階-標準輸出用電子檔案)。

92. (　)　目前下列何者介面規格可以在開機狀態熱插拔,而不會損傷電腦?　①SCSI2　②SCSI1　③USB　④ADB。　(3)

解析　以上選項中僅有 USB 支援在開機狀態的熱插拔動作。

93. (　)　目前專業輥筒掃描分色機的色彩模式多為?　①CMYK　②RGB　③CIE Lab　④Index color。　(1)

解析　目前專業輥筒掃描分色機的色彩模式多為 CMYK 模式。

94. (　)　在編輯校對時,若註記校對符號"∪",該符號的意涵為?　①刪除　②移位　③倒字　④對調。　(4)

解析　在編輯校對時,註記校對符號「∪」代表的是「對調」。

95. (　)　在編輯校對時,若要註記"另起新行"的校對符號是?　①⊓　②□□　③△　④←　。　(2)

解析　在編輯校對時,若要註記「另啟新行」,在以上的四個答案選項中,並無適當的答案,正確應使用的校對符號是「⌊」。

96. (　)　在編輯校對時,若註記校對符號"△",該符號的意涵為?　①刪除　②保留原格式(照舊,忽略校正)　③錯字　④移位。　(2)

解析　在編輯校對時,註記校對符號「△」代表的是「保留原格式(照舊,忽略校正)」。

97. (　)　在編輯校對時,若註記校對符號"←",該符號的意涵為?　①刪除　②移位　③倒字　④對調。　(2)

解析　在編輯校對時,註記校對符號「←」代表的是「移位」。

98. (　)　在編輯校對時,最好不要使用與原稿成品相近的顏色註記,一般會使用什麼顏色的筆?　①藍色　②黑色　③紅色　④綠色。　(3)

解析　編輯校對時,最好不要使用與原稿成品相近的顏色註記,一般會使用紅色註記。

99. (　)　在 Illustrator 軟體操作時,可使用檢色滴管工具,將某圖形物件的外觀屬性,套用在另一個圖形物件上,請問下列何項設定無法進行套用?　①框線的色彩　②照片的特效　③字體的大小　④幾何圖形的漸層。　(2)

解析　在 Illustrator 軟體操作檢色滴管工具,無法套用照片特效。

100.( ) 目前業界常用的大圖輸出設備，下列敘述何者為非？ ①提供多於 4 色之印刷輸出 ②提供大尺寸印刷輸出 ③提供雙面印刷輸出 ④提供油性或水性墨之印刷輸出。 (3)

解析 目前業界常用的大圖輸出設備，僅支援單面印刷輸出。

101.( ) 下列有關印刷標準之 G7-ISO 12647 可分等級之敘述，下列何者為非？ ①Grayscale ②Targeted ③CMYK ④ColorSpace。 (3)

解析 印刷標準 G7-ISO 12647 可分為初級、中級與高級三個級別：初級 Grayscale、中級 Targeted、高級 Colorspace。

102.( ) 分色過程中，有關 GCR(灰色置換)的說明下列何者為非？ ①可使檔案變小 ②可使印刷墨色總量降低 ③可使印刷影像較為鮮銳 ④以 K 色來取代 CMY 色所形成的暗黑色。 (1)

解析 分色過程中，GCR(灰色置換)並無法令檔案變小。

PART 1　學科題庫解析

工作項目 03　版面資料

重點整理

一、字體處理

電腦主要字型

Bit Map Font（Screen Font）	文字由像素點陣構成，像素每一個點以一個位元（Bit）來表示。一般而言只供螢幕上預覽用，放大後出現階梯型的鋸齒狀，不適於列印使用。	Bitmap〔點陣字型〕
True Type OpenType	可縮放（Scalable Font）向量式電腦字體，採用 PostScript 格式，利用三個控制點來描述外形的外框字體，不會有鋸齒狀發生。 是螢幕顯示和列印兩用的字型，最高輸出的解析度為 700dpi，而印刷則高達 1800dpi。 OpenType 主要是在弧形的貝茲曲線描繪，比 TrueType 多了一個描述點。目前 Open Type 字型支援跨多種作業平台，例如：Windows、Mac 及 Unix 等平台。	TrueType & OpenType & PostScript〔向量字型〕
PostScript	為 Adobe 公司專為輸出和列印所設計的通用字型，使用 PostScript 技術構成資料，以四個控制點來描述向量曲線，特點在於平滑、精細且高品質，不會有鋸齒狀發生。通常可用於列印，尤其是書籍或雜誌等專業品質輸出。	

二、字體大小與造型變化

字體大小

計算字體面積的大小有號數制、級數制和點數制，現今點數制是世界上流行的計算字體的標準制度，以點 pt（Point）為單位。

1 pt（點）= 1／12 pica（派卡）= 1/72 inch（英吋）=0.353mm

1 pica（派卡）= 12 pt（點）=1/6 inch（英吋）

1 inch（英吋）= 72 pt（點）=25.4mm

8point 印前製程
10point 印前製程
12point 印前製程
14point 印前製程
18point 印前製程
20point 印前製程
24point 印前製程
30point 印前製程
36point 印前製程

印前製程 72point
印前製程 60point
印前製程 48point
印前製程 42point

平長變化

以前在照相打字（Photo Type）技術中可運用照相打字機的變形鏡頭，將字體作垂直或水平的變形，並以百分比 % 來表示變化的程度，而成為長體字、平體字、斜體字及反白字體等變化。

垂直 100% 水平 100%					
印前製程	印前製程	印前製程	印前製程	印前製程
垂直 90% 水平 100%，平一					
印前製程					
垂直 80% 水平 100%，平二					
印前製程					
垂直 70% 水平 100%，平三	水平 100% 垂直 100%	水平 90% 垂直 100%	水平 80% 垂直 100%	水平 70% 垂直 100%
印前製程	正體	長一	長二	長三

三、字體級數參考表

字體級數參考使用表		
文字類型	用　途	字體級數（pt）
內文（Body Type）	書、雜誌、報紙	8、9、10、11、12、14
標題（Display Type）	頭條、標題	18、20、24、30、36、48、60、72
海報文字（Poster Type）	海報、展覽	96、120、144 或更高

四、字體種類

中文常用字體

中文常用字體	
字　型	特　徵
圓體字型	改掉黑體的首尾端為圓角，較為柔和、圓滑。
明體字型	結構均齊、字形端莊穩重，為印刷書刊上最廣被應用的字體。
黑體字型	橫豎筆劃粗細一致，首尾端為直角，適用文章或廣告中的標題。
隸書字型	橫平豎直、蠶頭燕尾。
楷書字型	橫平豎直、點劃呼應、重心平穩、型態變化。
仿宋體字型	橫豎筆劃粗細相差極微、字體方長、橫劃略趨右上
綜藝體字型	綜合黑體筆劃的特性，首尾端為直角與圓角摺角彎曲，有厚重、裝飾感。
勘亭流體字型	日本江戶時代的書法字體，有渾厚、穩重、傳統感。

英文字體的重要分類 - 襯線 Serif

是筆畫開始及結束的地方有額外裝飾的造形，而且筆畫的粗細會因直橫的不同而有不同。

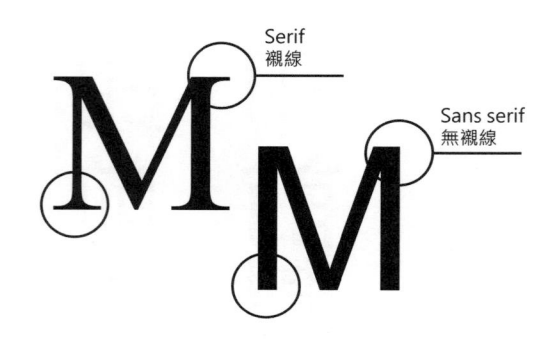

Serif→襯線字體，例如 Times、Garamond。

Sans serif→指無襯線字體，筆畫粗細一致。例如 Arial、Helvetica。

英文常用字體

英文常用字體	
字　型	特　徵
Times New Roman	水平線、垂直線對比大，字幅狹窄，細線或襯線的筆劃為直線，弧度較小。
Garamond	流動性和一致性，小寫 a 的小鉤和 e 的小孔。高字母和頂端襯線有長斜面。
Arial	筆劃粗細一致，無襯線。
Helvetica	筆劃粗細一致，無襯線。
Courier	等寬字體的粗襯線字體，主要是依據打字機所打印出來的字型來設計。
Bodoni	垂直效果、微襯線角弧、字母 Q 的垂直尾巴及字母 G 的下凹處理。
Italic	字體向右傾斜約 10 度~20 度字母與字母間不連結，又稱斜體。
Palatino Bold	豎線粗細不變，直線襯線多，字母 Q 筆畫富有明顯特徵，具獨特優雅氣息。

英文字體的導線

上緣線	Ascender line
大寫字母線	Capital line
X線	X line
基線	Base line
下緣線	Descender line

英文字形粗細代稱

Light	L	細
Italic	I	斜
Medium	M	中
Bold	B	粗
Extra Bold	E	特粗
Ultra Bold	U	超特粗

字間與行距

字間（Word Space）指的是同一行內字與字的距離。印刷標準術語中將字行與字行之間的空白或上一行基線（Bese Line）與下一行基線（Bese Line）間的空白稱為「行間」，行中心線與行中心線的距離稱為「行距」。但方正、華光排版系統中將標準術語中的「行間」也稱為「行距」。

五、檔案傳輸

FTP（File Transfer Protocol）是使用網路進行檔案傳輸的一種標準協議，其傳輸架構為主從式架構（Client–Server Model）或稱客戶端-伺服器（Client/Server）結構簡稱 C/S 結構。其應用分為客戶端（Client）與伺服器（Server）兩類。每一個客戶端軟體都可以向伺服器或應用程序伺服器發出請求連線並提供服務（上傳或下載資料）。

很多 FTP 伺服器都會開放匿名服務，也就是只要使用者連上伺服器，匿名帳號「anonymous」不需要密碼即可登入伺服器。一般來說登入 FTP 伺服器需要有：主機位置（ip 或網址）、帳號（ID）、密碼（Password）以及埠號（Port），通常埠號預設值為 21（Port21）。

FTP 服務「//」連線後端 ip 位置，主機位置例如：
ftp://203.69.32.1/或 ftp://www.aa.com.tw/

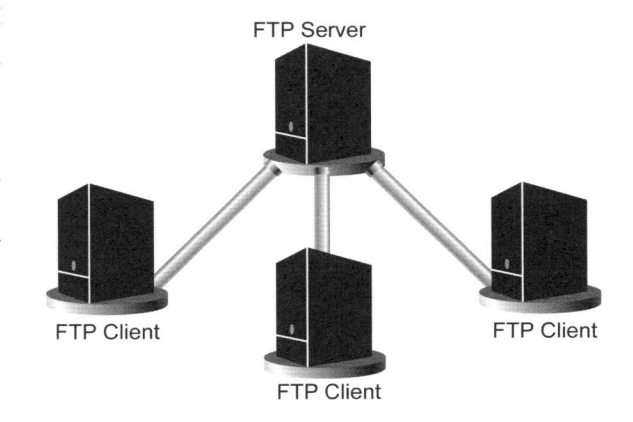

「/」稱為斜線，「\」稱為反斜線。在中世紀「/」斜線在 Fraktur 字體的稿件中被當作逗號使用，雙斜線「//」則作為連線號，但最後雙斜線演變成為等號「＝」。內部電腦連線則是使用兩條反斜線「\\」，例如要連接內部名為 user001 電腦，即輸入「\\user001」。

使用 FTP 進行檔案傳輸當然雙方都必須是網際網路連線狀態（固網、Cable、ADSL、WIFI、3G…均可），還必須要有 FTP 傳輸程式（Cuteftp、FileZilla）、當然部分瀏覽器也能登入主機（例如：IE 或 Safari），必須其中一方架設獨立 FTP 檔案傳輸伺服器。

重點考題

1. ( ) 副檔名 .AI 是下列何種軟體的格式？
①AutoCAD　②Media player　③Word　④Illustrator。　(4)

> **解析** Illustrator 儲存的副檔名為 .ai；AutoCAD 的副檔名為 .DWG；Media player 是影音播放軟體；Word 是以 .doc 為主，Word2007 之後為 .docx。

2. ( ) 下列何者不是資料儲存媒體？　①隨身碟　②抽取式硬碟　③光纖網路　④光碟片。　(3)

> **解析** 隨身碟與抽取式硬碟都是隨插即用的儲存媒體；光碟片則可利用光碟機燒錄存放；而光纖網路（Optical Networks）只是資料傳輸的管道，沒有儲存的功能。

3. ( ) 在 PhotoShop 軟體功能中，較不適合去背景效果處理
①套索　②魔術棒　③筆形工具　④鉛筆工具。　(4)

> **解析** 要獲得較佳的影像去背效果，必須使用工具圈選出明確、完整的輪廓線。③筆型工具可拉製曲線與節點，精確圈選出需要去除的部分，去背效果最好；①、②套索、魔術棒不能精細圈選範圍；④鉛筆工具屬於繪圖功能，不適用於去背。

4. ( ) 解析度對於影像的視覺品質有相當大的影響，下列何者適合平面出版品 175 線網點輸出？　①200dpi　②350dpi　③500dpi　④1000dpi。　(2)

> **解析** 影像解析度（DPI）與印刷線數（LPI）轉換使用「半色調係數」，一般比率為 ×2。175 線輸出換算解析度→175 × 2 = 350dpi。

5. ( ) 欲修補點陣圖檔上的瑕疵，可使用 Photoshop 影像軟體中的何種工具？
①套索　②圖章工具　③筆形工具　④鉛筆工具。　(2)

> **解析** 使用②圖章工具，可將部份的圖像複製到其他位置，藉以修補瑕疵。

6. ( ) 數位影像的基本單位是？　①dot　②resolution　③pixel　④eps。　(3)

> **解析** ①dot 為印刷用語→網點（墨點）；②resolution 圖形解析度；③pixel 像素（pictureelement），就是構成數位圖像的基本元素；④eps 是通用於向量圖與點陣圖的一種儲存格式。

7. ( ) 當一個廠商改進他們所製作的軟體或硬體稱之為
①Freeware　②Upgrade　③Beta　④Demo。　(2)

> **解析** ①Freeware 指共享的免費軟體；②Upgrade 升級；③Beta 是接近正式版的測試版本；④Demo 是提供客戶免費使用，但僅有基本功能的軟體樣本。

8. (　　) 處理印刷所需的影像時，其影像的一個 Channel（色版）基本具備多少種顏色的變化？①8　②16　③256　④1024。　(3)

解析 影像處理所使用的影像檔案，至少需要 8 位元的資料量才能顯現層次清晰、接近真實的圖像，例如 24 位元色彩模式中，R、G、B 各有一個 8 位元色版（Channel），8 位元表示擁有「2 的 8 次方」明暗階段，也就是 256 色。

9. (　　) 一筆 CMYK 四色圖檔資料量大小為 48MB，當利用 Photoshop 影像軟體轉成 Grayscale 灰階模式，資料量會減為多少？①8MB　②12MB　③24MB　④36MB。　(2)

解析 CMYK 四色圖檔使用 4 個色版（channel），而灰階僅使用一個 K 色版，故 48MB ÷ 4 = 12MB。

10. (　　) 下列何種軟體製作可檢查圖檔是否連結？①WORD　②AutoCad　③InDesign　④FreeHand。　(3)

解析 排版編輯軟體如 InDesign 都具備有檢查連結的功能，文書處理軟體 WORD、向量繪圖軟體 FreeHand、電腦繪圖軟體 AutoCad 都無此功能。

11. (　　) 某客戶製作反白字經輸出後發現反白字不見了，原因可能是誤選軟體的①疊印　②字體大小　③字型種類　④字型顏色　功能。　(1)

解析 在預設狀況下，顏色不同、彼此重疊的色塊，印刷的做法是將下方色塊（第二塊印版）做鏤空，但有時容易產生拼版不準導致顏色錯位或空白間隙的缺點。選擇「疊印」設定時，第二塊印版不做鏤空，完整印出色塊與其他顏色重疊。假設是黑底白字的設計卻發現反白字不見，極有可能是誤選「疊印」而印出完整的黑色塊；黑色塊與無色的反白字框重疊，因此看不見字體。

12. (　　) 客戶提供的彩圖愈暗，表示其中的灰色成份①愈多　②愈少　③沒差　④不影響。　(1)

解析 彩色圖片的明暗度，是由灰階來控制，灰色成分愈多愈顯暗，灰色愈少則愈亮。

13. (　　) GCR（灰色置換）是將等量的 CMY 以何色版表現？①C 版　②M 版　③Y 版　④K 版。　(4)

解析 GCR 是業界普遍使用節省油墨的技術，一般而言灰階是由 CMY 三色油墨疊印而成，GCR 技術採用等量的 K（黑）色版取代 CMY 三色，可節省油墨也不影響色彩的表現層次。

14. (　　) 同一解析度與尺寸的彩圖分別存以 JPEG 格式、TIFF 格式（未壓縮）EPS（未壓縮）格式，何者資料量較大？①JPEG　②TIFF　③EPS　④一樣大。　(3)

解析 JPEG 格式最多可檔案壓縮成原來大小的 6% 以下，檔案最小；TIFF 格式使用非破壞性壓縮技術，圖檔保留較多原圖資訊，不失真但相對資料量較大；EPS 格式支援點陣圖與向量圖像的圖檔轉換，還包含一個以壓縮格式儲存的預覽圖像，因此檔案最大。

15. (　　) 業界盛行 FTP 網路傳輸檔案做法，下列敘述何者不正確？　①市場上每種作業系統都有其 FTP 伺服器和用戶端程式　②屬於 Ethernet 最常用之標準傳輸協定　③提供遠端登入到網路上的另一部電腦　④可以瀏覽、上傳和下載檔案。　(2)

> **解析** FTP（File Transfer Protocol）檔案傳輸協定，可從遠端用戶登入另一台伺服器，不受作業系統的限制，直接進行上傳、下載、瀏覽檔案，使用方式容易，檔案傳遞方便、迅速，是目前網際網路普遍採用的通訊協定之一。
>
> Ethernet（乙太網路）是區域網路標準之一，使用直接的連線而不需要透過網路交換設備，一般屬於組織或企業私用，因為不與其他網路連接，所以不用於遠端檔案傳輸。

16. (　　) 圖檔被轉換為 Bitmap 色彩模式時，所代表的是幾個色版？
①1 個　②2 個　③3 個　④4 個。　(1)

> **解析** Bitmap 意指「點陣圖」，原檔案格式只有黑白兩色構圖，因此僅有黑色而不含其他色彩，只需一個色板。

17. (　　) 下列何種檔案格式為最多應用程式及跨平台所共同使用？
①PSD　②PDF　③PICT　④PostScript。　(2)

> **解析** ②PDF 檔案為最多應用程式及跨平台所共用。①PSD 為 Photoshop 的原始檔，雖然有包含最完整的資料，但不利於跨平台使用。③PICT 專用於 MAC 系統，與 PC 不相容。④PostScript 是一種文件描述技術，轉譯圖文資料所運用的程式語言，並不專屬於某一種存檔格式。

18. (　　) 下列何種軟體沒有具備類似『輸出前集檔』蒐集檔案物件功能？
①Indesign　②AutoCad　③CorelDraw　④PowerPoint。　(4)

> **解析** 具備編輯圖文功能的軟體如 InDesign、AutoCad、CorelDraw 普遍設有「集檔」功能，例如 ID 使用「封裝」指令將文件拷貝與各項連結項目（如字體、圖像）等，都收集到一個檔案夾中。PowerPoint 沒有這項功能。

19. (　　) 下列何者與圖檔資料量大小無關？　①尺寸　②解析度　③色版數量　④銳利度。　(4)

> **解析** 尺寸、解析度、色版數量都會直接影響圖檔資料量大小。當影像軟體執行銳利度，只是改變圖像的畫面效果，其所佔的平面像素量與色彩模式並無改變，故圖檔資料也不會改變大小。

20. (　　) Postscript 的印前工業標準建立，帶出了主要觀念是　①rasterlize 解譯　②device independent 設備獨立性　③Bitmap 點陣　④USB 匯流序列埠。　(2)

> **解析** Postscript 是美國 Adobe 公司所發展的頁面描述語言技術，目的為解決電腦與周邊輸出設備不能統一的問題，它具有周邊之獨立性（Device Independent）、解析度獨立性（Resoution-Independent）、所見即所得 WYSIWYG（What You See Is You Get）、高階繪圖功能及影像呈像功能。運用 Postscript 語言，可以將設計完成的電腦稿件與各種不同的輸出設備溝通，得到與原稿無異的輸出結果。

21. (1)　有一份 CMYK 數點陣圖檔原始大小為 20 MB，試問：若經過 60% 的壓縮值後，此檔案資料量變為　①12MB　②16MB　③0.8MB　④8MB。

> **解析**　60% 壓縮，意指將檔案壓縮後，剩下原檔案的 60%，故 20MB × 0.6 = 12MB。

22. (3)　高解析度圖貼入低解析度圖中進行合成，請問被貼入之影像會產生何種變化？
①尺寸不變　②尺寸變小　③尺寸變大　④與尺寸無關。

> **解析**　高解析度意指同一尺寸的平面圖像由較多的像素所構成，將高解析度（畫素多）圖片置入低解析度（畫素少）圖片中，因組成畫面的像素量增加，尺寸因此增加變大。

23. (2)　下列何者與騎馬釘裝書前的製程需注意事項無關？　①可分平裝或釘裝類型　②書背的距離　③落大版台序頁碼之連貫性　④中西翻與裝訂線不同。

> **解析**　騎馬釘的裝訂方式是將書帖由中央部攤開上下疊，套帖完成時書脊（一般稱：書背）位置是尖型，因此騎馬釘裝訂不必考量書背寬度。

24. (1)　一份膠裝書總共 200 頁，每張紙的厚度為 0.2mm，請問理想的書背寬度約為？
①2cm　②4cm　③6cm　④8cm。

> **解析**　一頁有兩面，200 頁使用 100 張紙，每張紙 0.2mm × 100，故其厚度數為 200mm = 2cm。

25. (2)　一份 16 開 32 頁的印件，採對開紙印刷，屬騎馬釘裝，請問下列敘述何者正確？
①1~8 頁與 9~16 頁在同一台上　②1~8 頁與 25~32 頁在同一台上
③9~16 頁與 25~32 頁在同一台上　④1~8 頁與 17~24 頁在同一台上。

> **解析**　騎馬釘的裝訂方法，是以「套台」的方式裝訂，而膠裝是用「疊台」，因此騎馬釘裝計算台數較為特殊，與其他裝訂法不同。本題為對開紙印 16 開，每台（即同一張印刷紙上）印 16 頁，32 頁需 2 台。採用騎馬釘裝訂，前 8 頁（1～8）與後 8 頁（25～32）是在同一台上。

32	1	4	29	30	3	2	31	22	11	10	23	24	6	12	21
25	8	5	28	27	6	7	26	19	14	15	18	17	13	16	20

〈第一台〉　　　　　　　　〈第二台〉

26. (4)　若使用影像處理軟體啟動向量繪圖檔案格式時，通常會根據影像圖檔原則需提供
①銳利度　②彩度　③明暗度　④解析度　條件。

> **解析**　向量圖像是透過數學方程式來敘述圖像外形、色彩及位置，不含像素資訊。影像處理軟體開啟向量圖時，需要配合稿件設計尺寸，先決定由多少像素構成圖像，也就是設定所需的解析度。

27. ( ) 一數位化影像之所以能呈現連續調畫面,取決於影像解析度外,另一條件是 (2)
①尺寸的大小 ②畫素的數量 ③色版的數量 ④檔案格式的不同。

> **解析** 連續調畫面就是點陣圖影像,點陣圖影像能否有清楚的色階,是由像素(pixel)多寡決定的。

28. ( ) 目前中文字型屬於 ①1 位元組 ②2 位元組 ③3 位元組 ④4 位元組 編碼。 (2)

> **解析** 拉丁(英文)語系是 1Byte 作業系統,中文語系例如 Big-5 碼是以 2Byte 來安放一個字。

29. ( ) 版面上顏色的標示通常可以參考 (1)
①網點對照演色表 ②內碼對照表 ③級數表 ④灰色級數表。

> **解析** 設計者與印刷廠之間需要有共通的量表,以作為溝通設計稿的基準。
> ①「網點對照演色表」可查閱 CMYK 四色以各種不同百分比例混色的結果。③「級數表」用來溝通字體大小。④「灰色級數表」(Gray Scale)使用於評估照片或網點影像的階調。②「內碼對照表」數位環境裡文字與符號的顯示需要經由內碼(例如 Big5、Unicode)指定,中文系統有很多不同的內碼標準,跨平台使用時需要提供參考內碼與標準交換碼之轉換對照表。

30. ( ) 一般的版面位置 ①開書邊大於書背邊 ②開書邊小於書背邊 ③開書邊等於書背邊 (1)
④開書邊與書背邊大小隨意。

> **解析** 一般的開書邊(外側翻閱的位置)須大於書背邊(內側裝訂的位置),實際閱讀的版面不會因裝訂而減縮,翻閱兩側版面才有整體美觀的感覺。

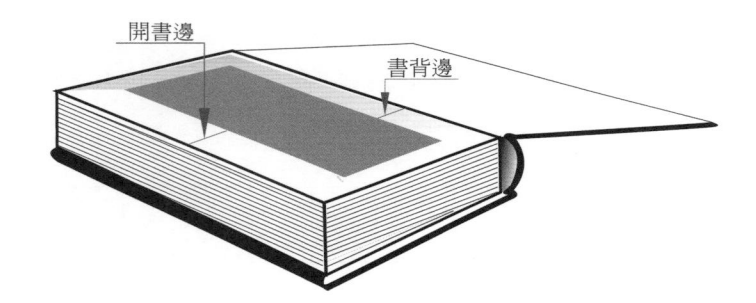

31. ( ) 編排頁面版心的意義是指 (2)
①封面的面積 ②文字排列的面積 ③設計稿的面積 ④裁切的面積。

> **解析** 版面是由版心與版邊構成,扣除版邊即為可供編排圖文內容的版心位置。

32. ( ) 下列何者不是編排書刊頁面留白設定應考量的因素? (3)
①裝訂方式 ②天地邊 ③標題與內文的距離 ④頁數多寡。

> **解析** 在編排書刊頁面時,須保留裝訂邊,避免因裝訂紙張而縮減版面影響版面美觀,當天地邊留白過多,則影響閱讀舒適感也會增加頁數。

33. ( ) 精裝書封面底內有硬紙版之故，所以封面封底出血尺寸通常應達　①5mm　②10mm　③15mm　④20mm。　(4)

> **解析**　計算紙版厚度加上黏合的預度，出血約需 20mm。

34. ( ) 一般我們較少用粗黑體字型用在　①海報　②反白字　③標題字　④內文字。　(4)

> **解析**　字體的選用應依據版面與內容特性。粗黑體印製內文小字不易閱讀；反白字因為印刷套印考量，可選用粗黑體以免過細的筆劃因色滲而中斷；海報及標題字需醒目、清楚，藉以吸引關注，最適合選用粗黑體。

35. ( ) ppi 指的是　①影像解析度　②色彩解析度　③光學解析度　④輸出解析度 的單位。　(1)

> **解析**　ppi（pixels per inch，每英吋像素數），像素（pixels）是螢幕、相機等數位媒體中顯示圖像所使用的基本單位，每英寸所包含的像素數量決定了圖像的分辨率。

36. ( ) 印刷品網線數英文簡稱為　①spi　②lpi　③ppi　④dpi。　(2)

> **解析**　印刷品以網線印製，簡稱 lpi（lines-per-inch，每英吋網線數）。

37. ( ) 版面編排時扣除天地左右留白，內文較佳的長寬比例為　①1：1　②1.618：1　③2.412：1　④3.176：1。　(2)

> **解析**　版面設計應選用最能顯現和諧美感之黃金比例→1.618:1。

38. ( ) 影像處理時，當從『黑白點陣』圖像模式轉換至『灰階』→『CMYK』四色模式，資料量增加　①8 倍　②16 倍　③32 倍　④64 倍。　(3)

> **解析**　黑白點陣圖資料量為 1bit，CMYK 則是每色 8 bit × 4 色= 32bit。

39. ( ) 下列敘述何者為非？　①數位打樣顏色表現與紙張種類無關　②自動落大版絕大多數利用檔名規範來定義頁序管理　③Overprint 通常運用於黑色　④Trapping 用來防止套印不準。　(1)

> **解析**　數位打樣所輸出的樣張必須模擬印刷效果，由於不同的紙張各有不同的顯色性，當然需考量紙材不同所造成的色彩差異。

40. ( ) 下列敘述何者為非？　①菊全版尺寸為 25" × 35"　②全開版尺寸為 31" × 43"　③膠裝書採用四邊裁切　④騎裝書採用四邊裁切。　(4)

> **解析**　騎馬釘是將紙對折後在書背位置裝訂，故書背部分無法裁切。

41. ( ) 下列敘述何者為非？ ①1 bit tiff 本身已有檔案壓縮 ②印前製程自動化之後檢測程式仍相當重要 ③SID 與 Dot gain 會影響 CTF 與 CTP 輸出 ④RAM 是一種常見往返使用的儲存媒介。 (4)

> **解析** RAM（Random Access Memory）的全名為隨機存取記憶體，用於保存 CPU 處理的即時資訊，當電源關閉時 RAM 不會保留資料，因此不能作為儲存媒介。

42. ( ) 裝訂厚度上最受限制的是 ①平釘 ②線裝 ③騎馬釘 ④膠裝。 (3)

> **解析** 騎馬釘在套帖時靠中間的書帖容易往外排擠（排擠的程度與紙厚度成正比），而導致三邊修切後書背到書口的寬度不一，中央的書頁比封面封頁左右寬度少 5mm 以上，因此頁數較多的書籍很少使用騎馬釘。其餘裝訂法較不受厚度限制。

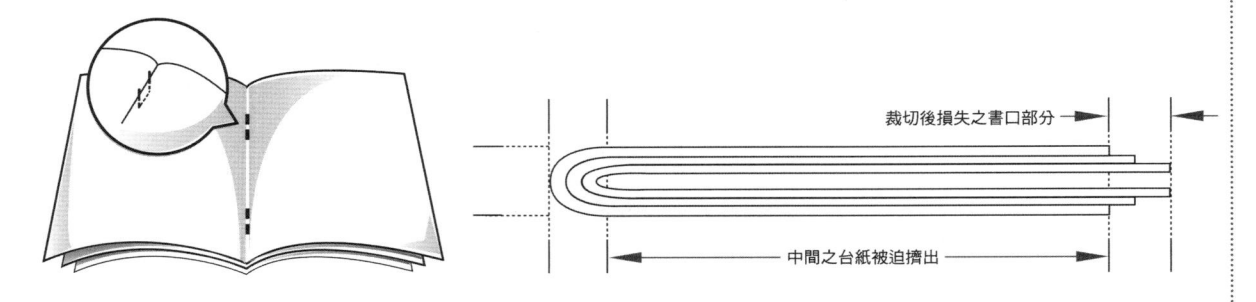

43. ( ) 一般書籍的摺紙以不超過 ①一摺 ②二摺 ③三摺 ④四摺 較佳。 (3)

> **解析** 書籍摺紙超過三摺，摺疊厚度將造成靠中間的紙張往外排擠，修切後成為前後頁面版面不齊的情形，應避免之。

44. ( ) 書頁製作落版的主要因素在於 ①頁面尺寸 ②裝訂方式 ③頁數 ④翻閱方向。 (2)

> **解析** 書頁製作落版單，主要需考量裝訂方式，例如騎馬釘是「套台」裝訂，而膠裝是「疊台」，每台的頁面安排各不相同。

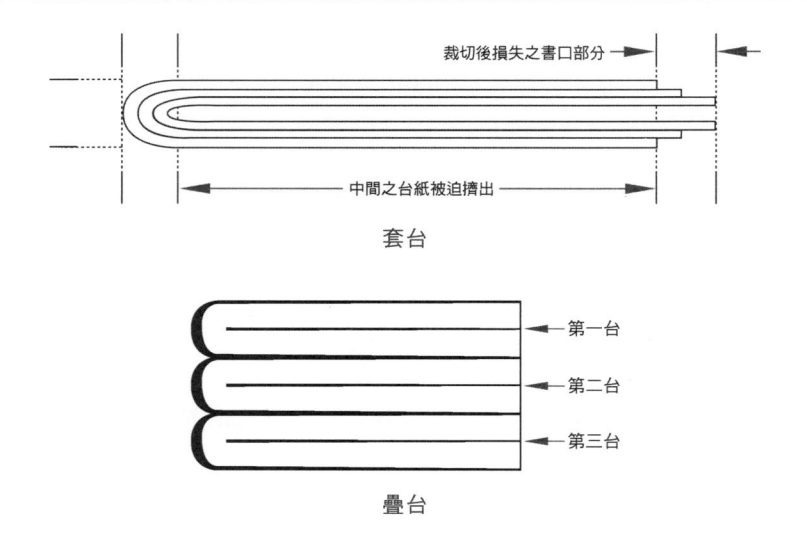

套台

疊台

45. ( ) 常見出版品均必須加註 ISBN 條碼，此條碼稱為　　　　　　　　　　　　　　　　(1)
①國家標準書號　②國家標準期刊號　③國家標準出版號　④國家標準藏書編號。

> **解析** ISBN（International Standard Book Number）國家標準書號，相當一本書的國際身份證，每一冊圖書有一個唯一、絕不重複的國際通用號碼，利用 ISBN 書號找書可以節省時間，快速查得所要的圖書。

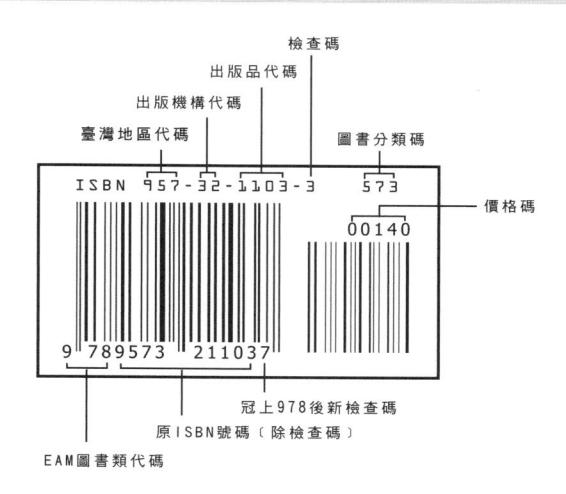

46. ( ) 常見出版品加註 ISSN 條碼，此條碼稱為　　　　　　　　　　　　　　　　　(2)
①國家標準書號　②國家標準期刊號　③國家標準出版號　④國家標準藏書編號。

> **解析** ISSN（International Standard Serial Number）國家標準期刊代碼，是一種類似於國家標準書號的代碼，專用於期刊、雜誌、報紙、叢刊等類出版物。

47. ( ) 一般申請 ISBN 完成後需透過條碼生成軟體計算出出刊號碼檔案，此向量檔案格式通　(2)
常是　①TIFF　②EPS　③JPEG　④GIF。

> **解析** 出版者取得 ISBN 後，交由商品條碼製作廠商將 ISBN 轉換成條碼，條碼檔案使用 EPS 格式，可支援點陣圖或向量圖的編排應用，適用性較廣。

48. (4) 一家出版社使用 512/64Kb 的 ADSL 頻寬網路準備傳輸 10MB 檔案給製版廠，請問預計傳檔完成時間約為　①3 分鐘　②6 分鐘　③12 分鐘　④21 分鐘。

> **解析**
> ADSL 速度 512/64 Kb 是指每秒可上傳 64Kbits（相當是 8Kb）資料
> 檔案大小 10MB =10240Kb，10240Kb 檔案以每秒 8Kb 速度傳送，上傳需時 1280 秒，約 21 分鐘。

> ※補充說明：
> 網路速度下載 512／上傳 64 Kbps，Kbps = **Kbits** per second 每秒可傳千位元資料
> 傳輸資訊單位 **Kbits** 與檔案計量單位 **Kbyte**（簡寫 **Kb**）不同
> 基本單位換算 8Kbits = 1Kb，64Kbits = 8Kb，1024Kb = 1MB。

49. (1) 右翻書的奇數頁是在　①左頁　②右頁　③廣告頁　④封面頁。

> **解析**
> 中文直排書籍，讀者習慣由左向右翻書，因此又稱作右翻書，封面往右翻開，內文第 1 頁位於左邊。

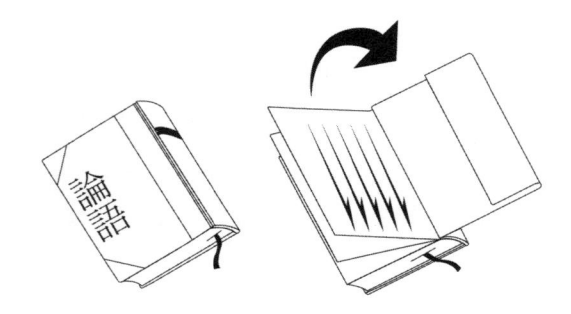

50. (1) 利用 Adobe Illustrator 做漸層、透明度或置入 PSD 圖檔的檔案，送交印刷廠前應將其轉化為透明度平面化即
①CMYK 點陣圖　②CMYK 向量圖　③RGB 點陣圖　④RGB 向量圖。

> **解析**
> 印刷使用之圖檔一律為 CMYK 模式。

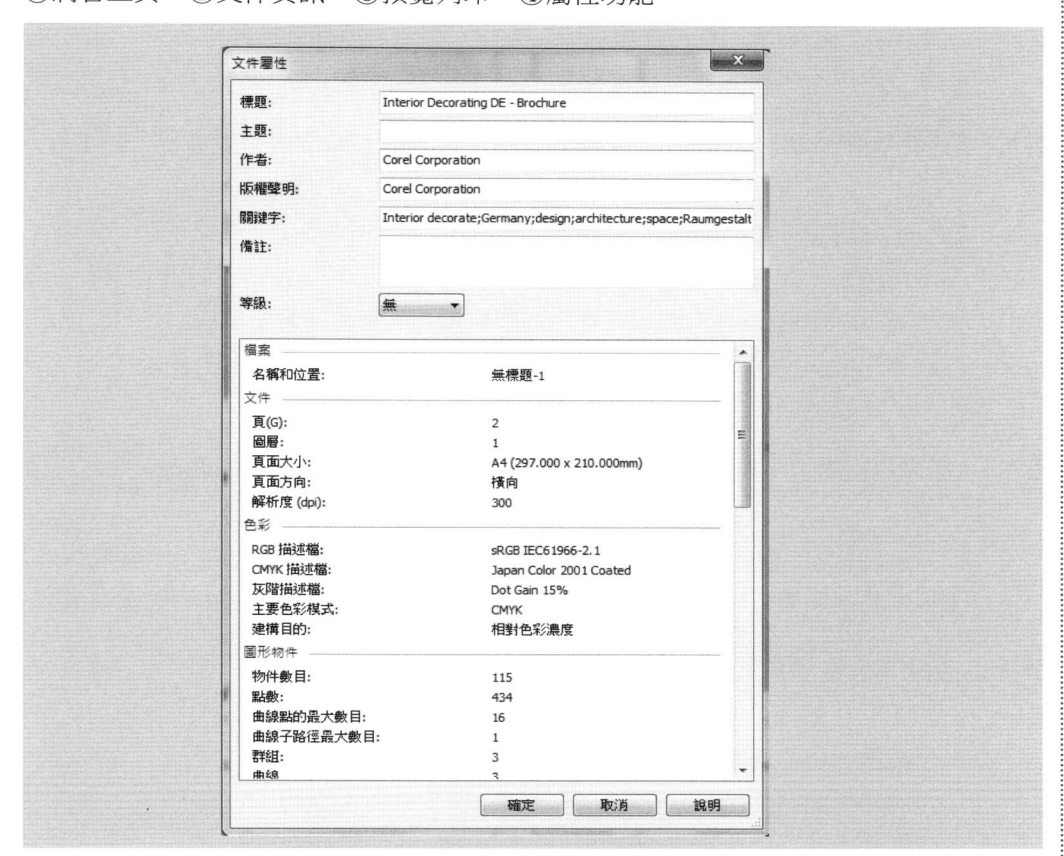

51. ( ) 利用 CorelDRAW 進行圖文編輯時，完稿後若要自行檢查圖片、文件、色彩模式等項目的正確性，可利用軟體中的何項功能確認？ (2)
①滴管工具 ②文件資訊 ③預覽列印 ④屬性功能。

解析

52. ( ) 使用 Adobe Illustrator 進行圖文編輯時，置入的影像檔 ①「嵌入圖檔」指未將檔案置入 AI 版面中 ②可使用 3,000dpi 之 EPS ③可使用 3,000dpi 之 TIFF 檔 ④若無嵌入圖檔，則應將圖檔一起連結或附上。 (4)

解析 使用 Adobe Illustrator 進行圖文編輯時，置入的影像檔若無嵌入圖檔，則應將圖檔一起連結或附上。「嵌入圖檔」是指已將檔案置入 AI 版面中，3,000dpi 的 EPS 檔及 3,000dpi 的 TIFF 檔，解析度過高對印刷沒有實質的幫助。

53. ( ) Adobe In Design 送檔案時可利用軟體中何項功能，可將輸出時所需要的 In Design 檔、圖檔及字體全部集中在同一個檔案夾中？ (2)
①預檢功能 ②封裝功能 ③預覽功能 ④屬性功能。

解析 Adobe In Design 送檔案時，可利用軟體中的封裝功能，將輸出時所需要的 In Design 檔、圖檔及字體全部集中在同一個檔案夾中。

54. ( ) Adobe Illustrator 的外框模式與 Corel DRAW 的線框模式的功能具有 ①檢閱簡單的灰階模式 ②容易選取被上層遮住的物件 ③檢視圖檔在畫面的解析度 ④可檢視外框或線框的粗細是否一致。 (2)

解析 Adobe Illustrator 的外框模式與 Corel DRAW 的線框模式的功能具有容易選取被上層遮住的物件。

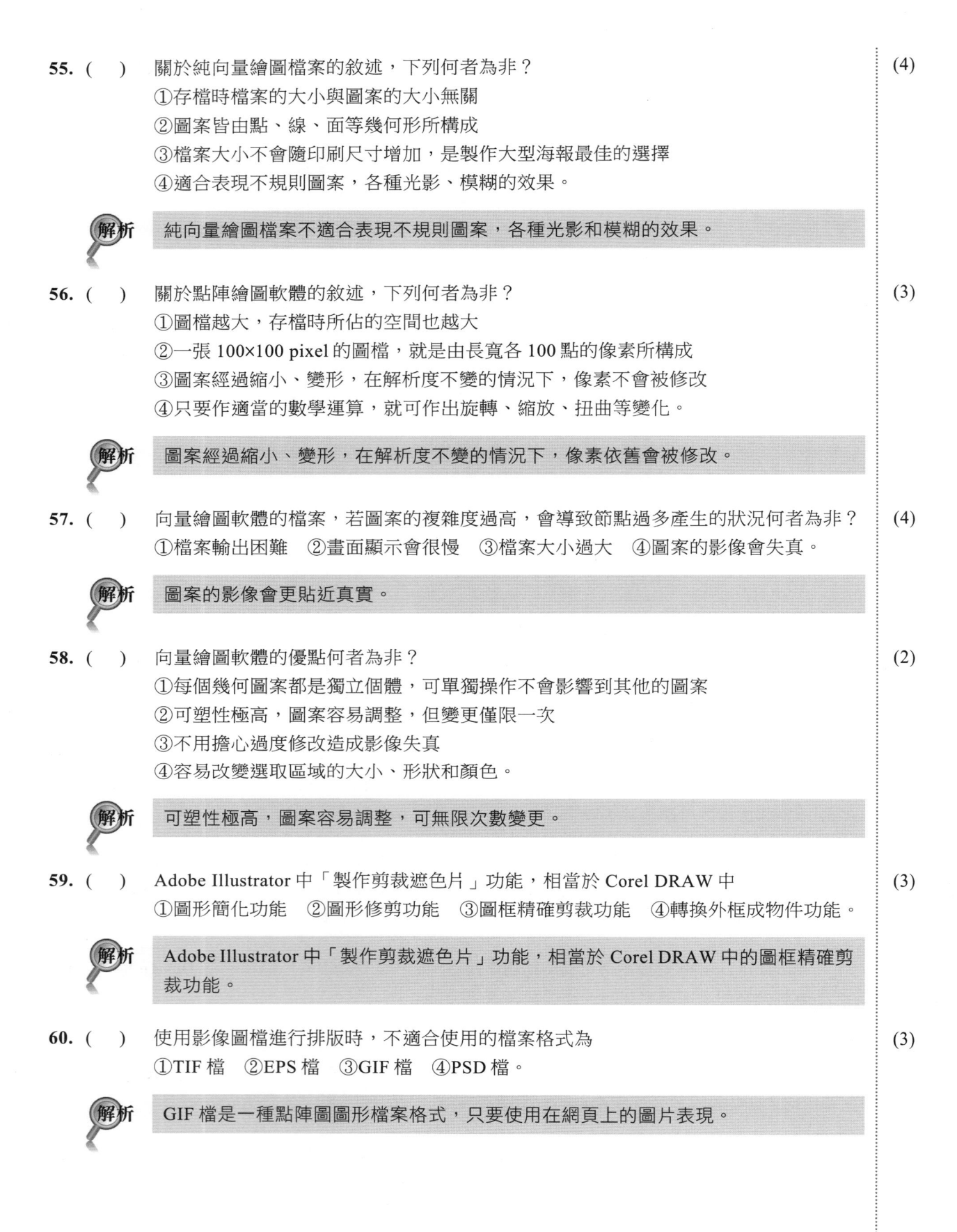

55. ( ) 關於純向量繪圖檔案的敘述，下列何者為非？ (4)
①存檔時檔案的大小與圖案的大小無關
②圖案皆由點、線、面等幾何形所構成
③檔案大小不會隨印刷尺寸增加，是製作大型海報最佳的選擇
④適合表現不規則圖案，各種光影、模糊的效果。

> **解析** 純向量繪圖檔案不適合表現不規則圖案，各種光影和模糊的效果。

56. ( ) 關於點陣繪圖軟體的敘述，下列何者為非？ (3)
①圖檔越大，存檔時所佔的空間也越大
②一張 100×100 pixel 的圖檔，就是由長寬各 100 點的像素所構成
③圖案經過縮小、變形，在解析度不變的情況下，像素不會被修改
④只要作適當的數學運算，就可作出旋轉、縮放、扭曲等變化。

> **解析** 圖案經過縮小、變形，在解析度不變的情況下，像素依舊會被修改。

57. ( ) 向量繪圖軟體的檔案，若圖案的複雜度過高，會導致節點過多產生的狀況何者為非？ (4)
①檔案輸出困難　②畫面顯示會很慢　③檔案大小過大　④圖案的影像會失真。

> **解析** 圖案的影像會更貼近真實。

58. ( ) 向量繪圖軟體的優點何者為非？ (2)
①每個幾何圖案都是獨立個體，可單獨操作不會影響到其他的圖案
②可塑性極高，圖案容易調整，但變更僅限一次
③不用擔心過度修改造成影像失真
④容易改變選取區域的大小、形狀和顏色。

> **解析** 可塑性極高，圖案容易調整，可無限次數變更。

59. ( ) Adobe Illustrator 中「製作剪裁遮色片」功能，相當於 Corel DRAW 中 (3)
①圖形簡化功能　②圖形修剪功能　③圖框精確剪裁功能　④轉換外框成物件功能。

> **解析** Adobe Illustrator 中「製作剪裁遮色片」功能，相當於 Corel DRAW 中的圖框精確剪裁功能。

60. ( ) 使用影像圖檔進行排版時，不適合使用的檔案格式為 (3)
①TIF 檔　②EPS 檔　③GIF 檔　④PSD 檔。

> **解析** GIF 檔是一種點陣圖圖形檔案格式，只要使用在網頁上的圖片表現。

61. ( ) 到別人的 FTP Server 去抓檔案或是將傳檔案給別人，就需要安裝何種軟體？ (2)
①FTP Server ②FTP Client ③FTP Server 和 Client 皆須安裝 ④FTP 伺服器。

> **解析** FTP（File Transfer Protocol）為使用網路進行檔案傳輸的一種標準協議，很多 FTP 伺服器都會開放匿名服務，也就是只要使用者連上伺服器，匿名帳號「anonymous」不需要密碼即可登入伺服器。一般來說登入 FTP 伺服器需要有：主機位置（ip 或網址）、帳號（ID）、密碼（Password）以及埠號（Port），通常埠號預設值為 21（Port21）。
> 主機位置例如：ftp://203.69.32.1/或 ftp://www.aa.com.tw/
> 使用 FTP 進行檔案傳輸當然雙方都必須是網際網路連線狀態（固網、Cable、ADSL、WIFI、3G…均可），還必須要有 FTP 傳輸程式（Cuteftp、FileZilla），當然部分瀏覽器也能登入主機（例如：IE 或 Safari），必須其中一方架設獨立 FTP 檔案傳輸伺服器。

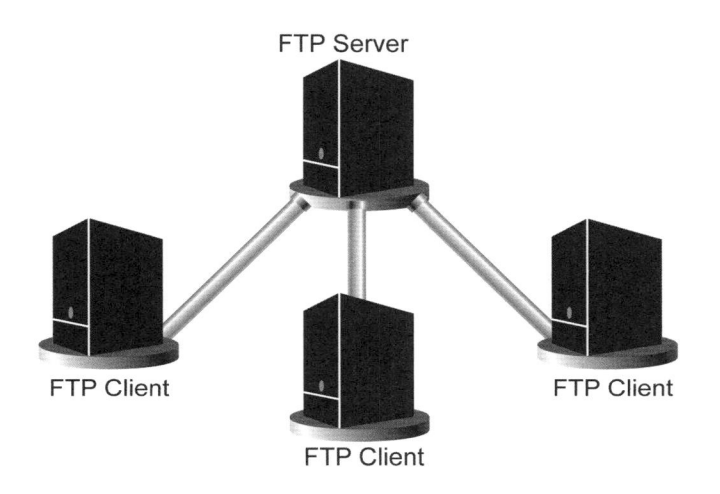

62. ( ) FTP 就是 Client and Server 架構，此協定若要運行一定就要有人開 FTP Server，也要 (2)
有用 FTP Client，即兩種軟體搭配，才能達成 FTP 檔案傳輸的功效，是一種
①堆疊式的架構 ②主從式的架構 ③分離式的架構 ④綜合式的架構。

> **解析** 主從式架構（Client－Server Model）又稱客戶端-伺服器（Client/Server）結構簡稱 C/S 結構，分為客戶端（Client）與伺服器（Server）兩類。每一個客戶端軟體都可以向伺服器或應用程序伺服器發出請求連線並提供服務（上傳或下載資料）。FTP（File Transfer Protocol）就是屬於主從式架構（Client－Server Model）。

63. ( ) 提供讓別人與自己的電腦，透過網路作檔案上下傳輸的服務，就需要安裝 ①FTP 伺 (1)
服器，即 FTP Server 的軟體 ②FTP Client 的軟體 ③電腦螢幕顯色的軟體 ④檔案格式與壓縮的軟體。

> **解析** 主從式架構（Client－Server Model）又稱客戶端-伺服器（Client/Server）結構簡稱 C/S 結構，分為客戶端（Client）與伺服器（Server）兩類。每一個客戶端軟體都可以向伺服器或應用程序伺服器發出請求連線並提供服務（上傳或下載資料）。FTP（File Transfer Protocol）就是屬於主從式架構（Client－Server Model）。

64. ( ) 關於 Photoshop 預設的黑色敘述，下列何者為非？ (3)
①CMYK 四色百分比組成為 C93M88Y89BK80
②色彩組合無法與 K100 在螢幕上分辨出來，設計者容易忽略
③CMYK 總值大於 350%，才適合印刷輸出
④灰階模式為 K100 的黑色。

解析 CMYK 四色總值超過 350% 以上的填色，紙張會不易乾燥且容易反沾。

65. ( ) 繪製線條或設定框線時，粗細應至少大於多少才能印出，否則印刷品會造成斷線或無法呈現？ ①20 點 ②0.2mm ③0.2cm ④2pt。 (2)

解析 繪製線條或設定框線時，粗細應該至少 0.2mm 才能印出，否則印刷品會造成斷線或無法呈現。

66. ( ) 關於點陣與向量繪圖軟體的敘述，下列何者為非？ (3)
①向量繪圖軟體的檔案其色彩、形狀等屬性是以數學方程式來描述
②數位相機、掃描器的影像屬於點陣影像
③向量圖放大到一定的比例後會呈現鋸齒狀
④點陣影像是由像素（Pixel）所構成。

解析 向量圖放大並不會呈現鋸齒狀。

67. ( ) 電子稿中的文字未轉成曲線或建立外框，可能發生的情況不會產生？ (4)
①字體筆畫簍空 ②字體出現亂碼 ③字體重疊難辨 ④字體顛倒排列。

解析 電子稿中的文字未轉成曲線或建立外框，可能發生會產生字體筆畫簍空、字體出現亂碼及字體重疊難辨。並不會有字體顛倒排列的情況發生。

68. ( ) 電子稿中的字體要轉成曲線或建立外框的原因為何？ ①因家中電腦和印刷廠的字型不同，未轉曲線的字體位置容易跑掉 ②未轉曲線文字無法精緻美觀 ③未轉曲線，軟體檔案的儲存速度會較慢 ④未轉曲線色彩容易套色不準。 (1)

解析 電子稿中的文字未轉成曲線或建立外框，可能發生會產生字體筆畫簍空、字體出現亂碼及字體重疊難辨。並不會有字體顛倒排列的情況發生。

69. ( ) 下列何者不是影像軟體常見的副檔名？ (4)
①TIFF ②JPEG ③PSD ④HSB。

解析 TIFF、JPEG、PSD 為常見影像軟體的副檔名，HSB 為一種色彩模式。

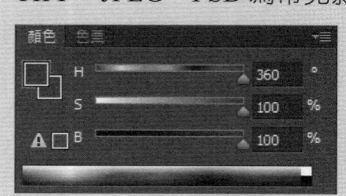

70. (3) 下列何者不是向量軟體常見的副檔名？
①CDR ②AI ③RGB ④EPS。

解析 CDR、AI、EPS 為常見向量軟體的副檔名，RGB 為一種色彩模式。

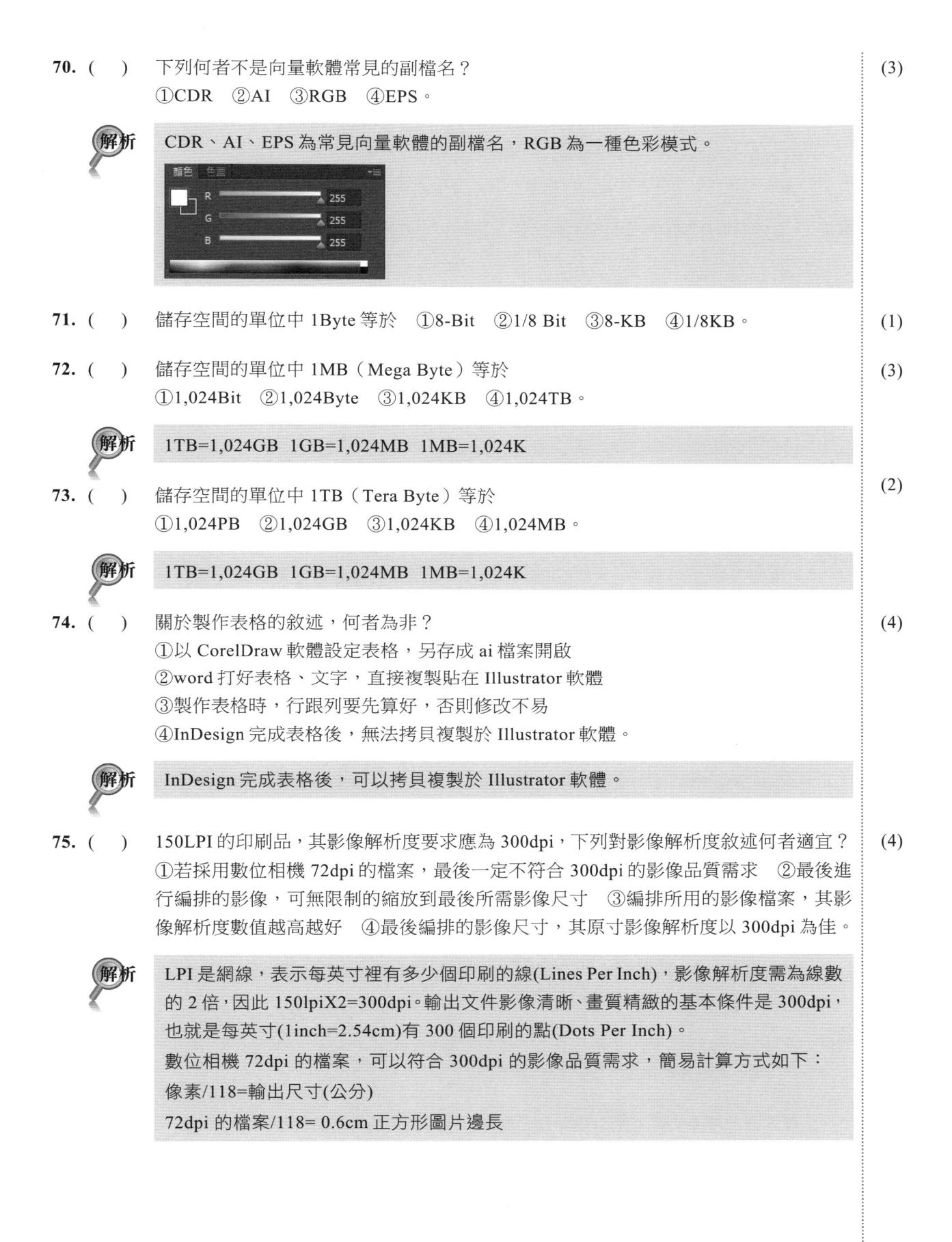

71. (1) 儲存空間的單位中 1Byte 等於 ①8-Bit ②1/8 Bit ③8-KB ④1/8KB。

72. (3) 儲存空間的單位中 1MB（Mega Byte）等於
①1,024Bit ②1,024Byte ③1,024KB ④1,024TB。

解析 1TB=1,024GB　1GB=1,024MB　1MB=1,024K

73. (2) 儲存空間的單位中 1TB（Tera Byte）等於
①1,024PB ②1,024GB ③1,024KB ④1,024MB。

解析 1TB=1,024GB　1GB=1,024MB　1MB=1,024K

74. (4) 關於製作表格的敘述，何者為非？
①以 CorelDraw 軟體設定表格，另存成 ai 檔案開啟
②word 打好表格、文字，直接複製貼在 Illustrator 軟體
③製作表格時，行跟列要先算好，否則修改不易
④InDesign 完成表格後，無法拷貝複製於 Illustrator 軟體。

解析 InDesign 完成表格後，可以拷貝複製於 Illustrator 軟體。

75. (4) 150LPI 的印刷品，其影像解析度要求應為 300dpi，下列對影像解析度敘述何者適宜？
①若採用數位相機 72dpi 的檔案，最後一定不符合 300dpi 的影像品質需求　②最後進行編排的影像，可無限制的縮放到最後所需影像尺寸　③編排所用的影像檔案，其影像解析度數值越高越好　④最後編排的影像尺寸，其原寸影像解析度以 300dpi 為佳。

解析 LPI 是網線，表示每英寸裡有多少個印刷的線(Lines Per Inch)，影像解析度需為線數的 2 倍，因此 150lpiX2=300dpi。輸出文件影像清晰、畫質精緻的基本條件是 300dpi，也就是每英寸(1inch=2.54cm)有 300 個印刷的點(Dots Per Inch)。
數位相機 72dpi 的檔案，可以符合 300dpi 的影像品質需求，簡易計算方式如下：
像素/118=輸出尺寸(公分)
72dpi 的檔案/118= 0.6cm 正方形圖片邊長

76. ( ) 關於利用 Illustrator 軟體的"3D 繪圖功能"的敘述，下列何者錯誤？ (2)
①可由四方形經 3D 突出（extrude）功能產生立體形狀
②製作高腳杯時的路徑只需製作一半，再經由 3D 旋轉功能產生立體形狀
③製作玻璃瓶時的路徑只需製作一半，再經由 3D 迴轉功能產生立體形狀
④可由四方形經 3D 突出（extrude）加上斜角設定功能產生立體形狀。

解析 製作高腳杯時的路徑只需製作一半，再經由「效果\3D \迴轉」功能產生立體形狀。

77. ( ) 有一對摺 DM，摺好後的完成尺寸：左右為 14.85cm×天地 21cm；編排時，最後若要跨頁輸出成單張成品，試問下列開檔的文件設定敘述何者錯誤？ (2)
①可以採用 Illustrator 製作，文件尺寸設定為左右 29.7cm×天地 21cm
②可以採用 Illustrator 製作，文件尺寸設定為左右 14.85cm×天地 21cm
③可以採用 InDesign 製作，文件尺寸設定為左右 14.85cm×天地 21cm，並選取對頁
④可以採用 InDesign 製作，文件尺寸設定為左右 29.7cm×天地 21cm，不選取對頁。

解析 DM 對摺後的完成尺寸 14.85×21cm，Illustrator 製作完整單張即為「未對折的全版尺寸」，文件尺寸應設定為左右 X2 = 29.7×高 21cm。

78. ( ) 開新的檔案尺寸設定及製作時，何者為非？ (3)
①如要更改顯示單位，大部份的軟體都在偏好設定內更改單位顯示設定
②可直接於尺寸輸入欄位鍵入或選擇 mm 或 cm
③有做了出血設定後，內容的主要圖文就可以緊貼著出血邊設計
④出血尺寸設定時，四邊不一定要一樣的尺寸。

解析 一般編排觀念，內容的主要圖文建議不要緊貼出血邊設計，以免被裁切，除非該圖文設計是需要出血。

79. ( ) 有關"粗黑字"的文字格式設定，何者為非？ ①直接選用粗黑體字體製作 ②可選黑體字加上樣式變化控制粗細 ③可用字體大小控制粗細 ④可用外框字產粗字效果。 (3)

解析 電腦系統安裝的字型為向量字型，改變字體大小其文字粗細會同步縮放，不會達到調整粗細的目的。

80. ( ) 編輯排版過程，若要針對大量點陣圖的"一致性"格式進行修正（如解析度、色彩模式），可用 Photoshop 軟體的什麼功能操作，減少反覆的動作操作，提升效率。 (2)
①運算 ②批次處理 ③定義圖樣 ④視訊快取。

解析 Photoshop 軟體中「視窗\操作」，進行「動作」紀錄，點擊「檔案\自動\建立快捷批次處理」紀錄動作後，再使用批次處理。

81. ( ) 專業圖文編排軟體（如 InDesign）操作中，有關開新檔的文件格式條件設定，下列何者並不需加以考慮？ ①完成尺寸 ②裝訂方式 ③翻法 ④橫直式外觀。 (2)

解析 裝訂方式屬於印前落板規劃以及後加工作業，在編輯軟體開新檔時不需考慮與設定。

82. ( ) 專業圖文編排軟體（如 InDesign）操作中，如果軟體對於文字的預設單位與所需有所不同時，下列操作方式何者不適宜？ ①自行輸入所需單位 ②目測調整 ③修正軟體偏好設定 ④採用尺寸對照表對應設定。 (2)

解析 使用專業圖文編排軟體如果軟體對於文字的預設單位與所需有所不同時，應自行輸入所需單位、調整軟體偏好設定或採用尺寸對照表對應變更設定，不可以目測調整。

83. ( ) 使用 InDesign 軟體的文件中貼入一解析度設定為 100dpi 的影像檔案，然而縮小為 25% 之後，則一影像檔案於 InDesign 文件檔案中的實際解析度為何？
①100dpi ②200dpi ③250dpi ④400dpi。 (4)

解析 使用 InDesign 軟體的文件中，貼入解析度為 100dpi 的影像檔案，倘若該圖片縮小為 25%(1/4)之後，則實際解析度為 100dpi×4 倍 = 400dpi。

84. ( ) 一般在排版軟體中，可以利用哪一個功能設定來模擬照相打字中「長一」方式的文字比例？ ①將文字的水平比例方式設為 90% ②將文字的垂直比例方式設為 90% ③將文字的水平比例方式設為 110% ④將文字的垂直比例方式設為 110%。 (1)

解析 一般在排版軟體中可以將文字的水平比例方式設為 90%的比例，以模擬照相打字中「長一」方式的文字比例效果。

85. ( ) 一般而言，在 InDesign 設定對頁時，內側出血通常需要設定 3mm 的裝訂方式為何？
①騎馬釘裝訂 ②精裝訂 ③一般膠裝裝訂 ④穿線膠裝裝訂。 (3)

解析 一般而言「一般膠裝裝訂」在 InDesign 設定對頁時，內側出血通常需要設定為 3mm 的裝訂方式。

筆記欄

PART 1　學科題庫解析

工作項目 04　組版處理

重點整理

一、版面編排

版面構成的要素包括：

版心：頁面中主要內容，包含版面中央文字及圖案的部分。

書眉：在版心上頂端之文字及符號統稱為書眉，內容包括頁碼、書名和章節名。

頁碼：一般頁碼皆排於書籍切口側，印刷行業中將一個頁碼稱為一面，正、反面兩個頁碼稱為一頁。

註釋：又稱注文或註解，對正文內容或對某一字詞所作的解釋和補充說明。

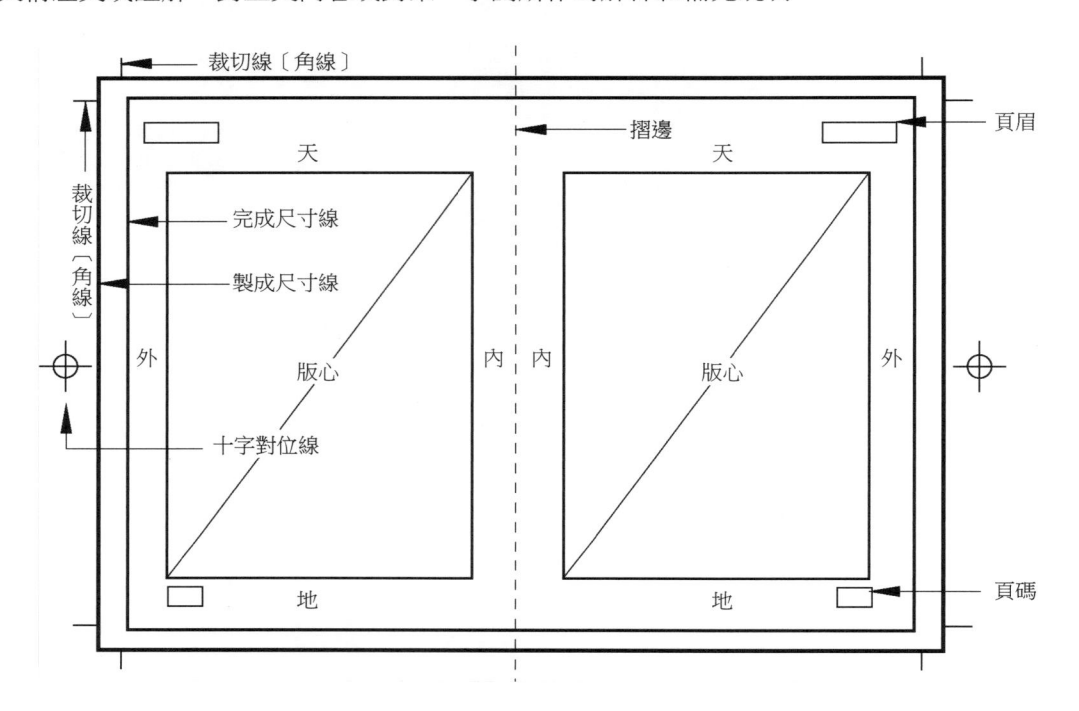

完成尺寸線（裁切線）

為印刷後經過裁切的實際印刷品大小。繪製裁切線要用極細線以協助印刷師對位，並設定 CMYK 標色皆為 100，讓裁切線能出現在各色印版中。其作用是在試印過程中，可調整印版的位置以校正誤差，印刷後可正確裁切印刷品。

製版尺寸線（出血線）

為製版印刷時設計的版面大小，印刷品之圖文全部或部分延伸出邊界時，印版範圍必須大於完成尺寸約 3mm，以避免圖文在裁切時出現白邊，這種加大印版範圍的處理方式稱為「出血」。

製作膠裝書籍的頁面尺寸	天、地、內、外都要預留 3mm 出血
製作穿線膠裝書籍的頁面尺寸	天、地、外都要預留 3mm 出血
製作騎馬釘書籍的頁面尺寸	天、地、外都要預留 3mm 出血

邊界（Margin）

可分為天頭（Head Margin）、地腳（Foot Margin）、內邊（裝訂邊）、外邊（開書邊）。

天頭：頁面上端與版心之間的空白。

地腳：頁面下端與版心之間的空白。

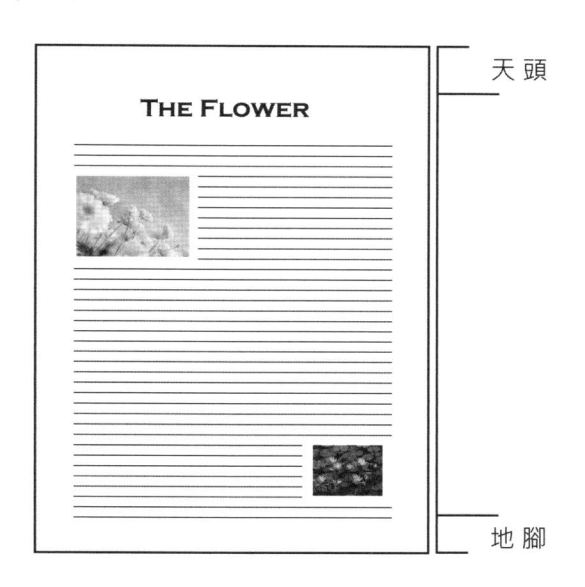

開書邊

一般的開書邊（外側翻閱的位置）須大於書背邊（內側裝訂的位置），實際閱讀的版面不會因裝訂而減縮，翻閱兩側版面才有整體美觀的感覺。

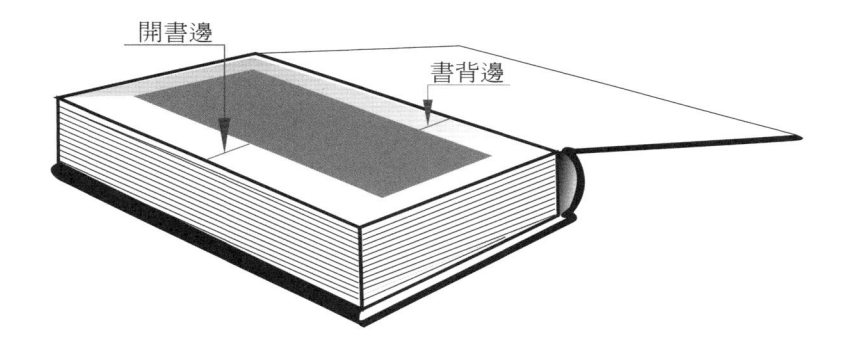

中西式書籍編排

中式編排書籍

由左向右翻，內文則直式由上而下、由右行向左行書寫，所以又稱之為右翻書或右開書。

西式編排書籍

右向左翻，內文則橫式由左而右、由上行向下行書寫，所以又稱之為左翻書或左開書。

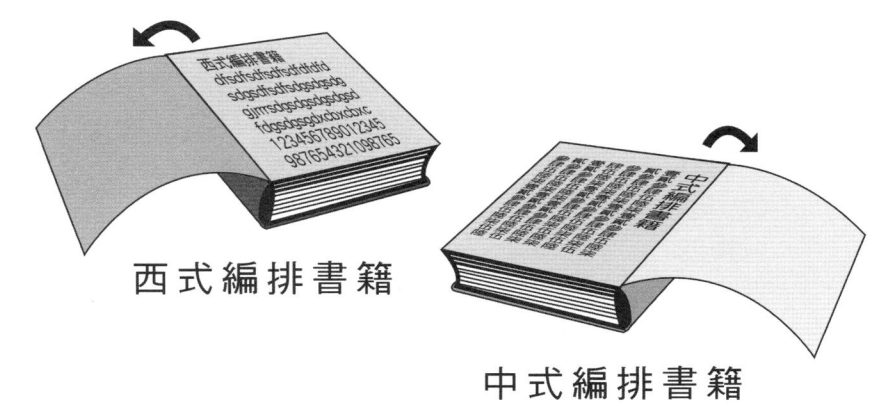

二、拼版

紙張裝訂的「一台」

印刷用語,稱一張全紙摺疊成一疊為「一台」。每一台〈全紙〉的頁數,一般以「八的倍數」為佳,常見為 16 頁 1 台,或 32 頁 1 台等。

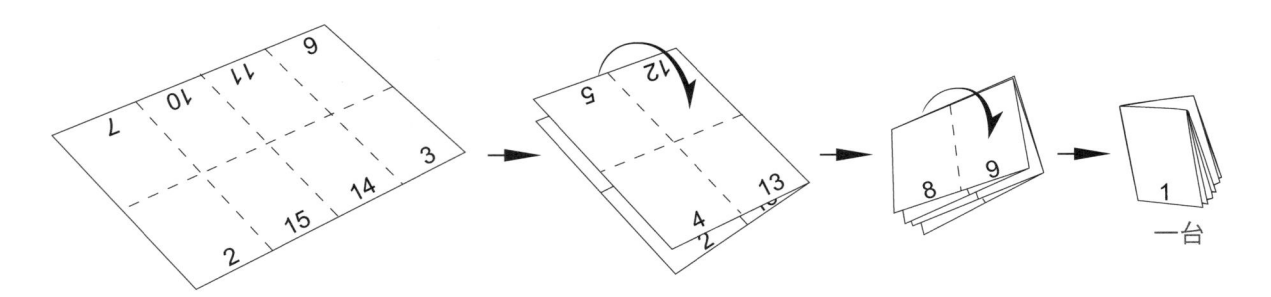

印刷時為加快處理程序與降低成本,印刷機一次將列印多張(4、8 或 16 張)到一張大紙,而決定如何放置每張頁面之組合在一張大版的程序就稱為拼版(Imposition)。

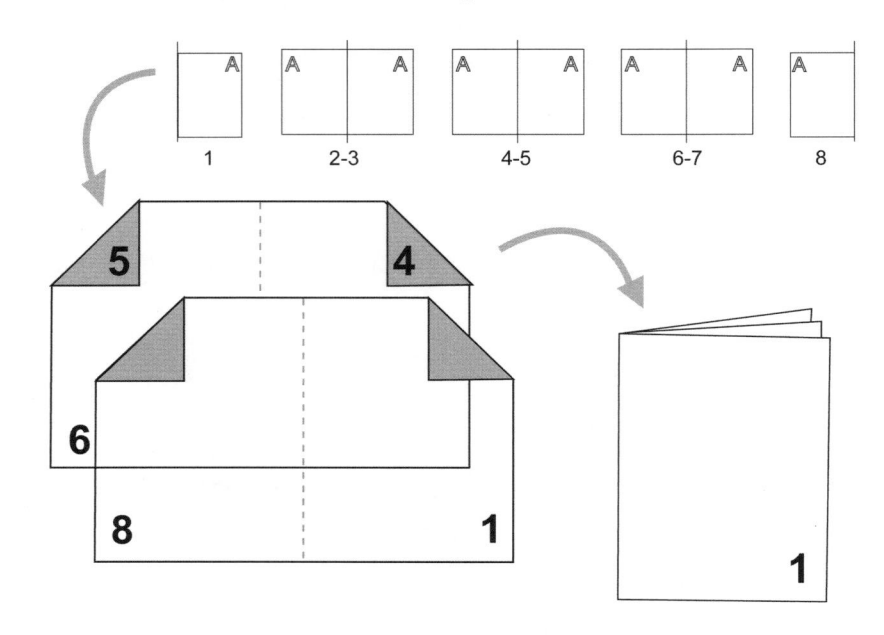

三、印刷種類

印刷是用直接或間接方法,將圖畫或文字原稿製成印版,在印版上塗以印墨,經加壓將印墨移轉於紙張或其它印刷物上。

印刷種類	常見適用範圍
凸版印刷	標籤、燙金、壓凸、請帖、信紙、信封
平版印刷	雜誌、書刊、報紙、海報、傳單、型錄、月曆
凹版印刷	鈔票、商業包裝、壁紙
網版印刷	旗幟、花布、電路板印刷、玻璃瓶、塑膠罐
無版印刷	少量多樣化之短版印刷品、餐廳菜單

四、裝訂

書籍的結構

封面/封底：若選擇以膠裝進行裝訂，可以前後摺頁一併作設計。

摺頁：製作摺頁（摺封口）最適宜的規格為封面 1/2～1/3 大小。

襯頁：是黏貼在書板內面，可使封面更為堅固的紙頁。

扉頁/蝴蝶頁：即書籍翻開後的第一頁，扉頁/蝴蝶頁可印刷也可不印刷，精裝書的扉頁前後各二張，但前後有各一張是黏在硬紙板上，紙材可與內頁相同也可不同。

書背：書籍的厚度，會因紙的磅數及裝訂不同有差異。

書腰：因礙於行銷需求版面配置無法以突顯本書重點，於封面外加強之宣傳性文案，譬如作家推薦、得獎、銷售量、排行榜的輝煌等紀錄，以版面的 1/4 為原則的紙包住書，像書的腰帶而稱之。

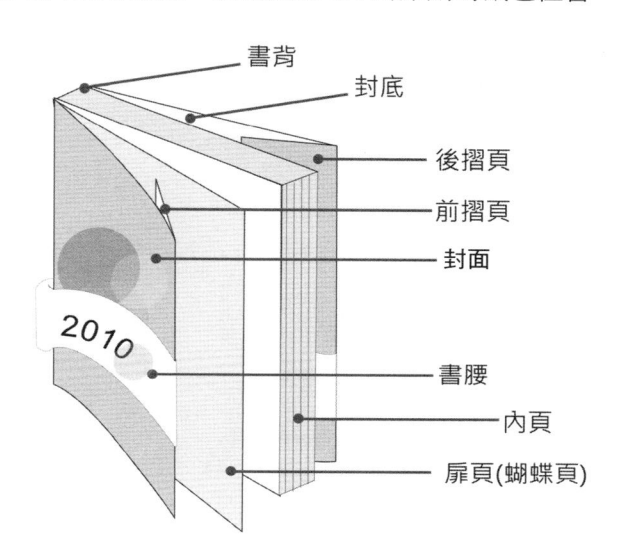

書籍裝訂的方式

平裝：分平裝、縫線騎馬釘、平釘、穿線膠裝、膠裝、線圈裝、機械裝、活頁裝等。

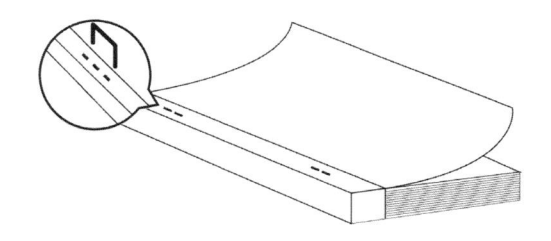

精裝：書身與穿線平裝同，但外殼不同，分硬面精裝及軟面精裝兩類。硬面精裝又因書背不同，分為圓背精裝、方背精裝、軟背精裝。

騎馬釘

將內文各書帖及封面依先後順序用騎馬釘的套帖方式配帖後,在書脊處打入兩支到三支的鋼絲釘(打釘的材質,分鋼絲、鐵絲、銅絲三種),打釘後再經三邊修切即完成裝定。因為在套帖及打釘時,書帖是由中央部攤開上下疊,如屋頂或馬鞍狀,所以稱為「騎馬釘」。

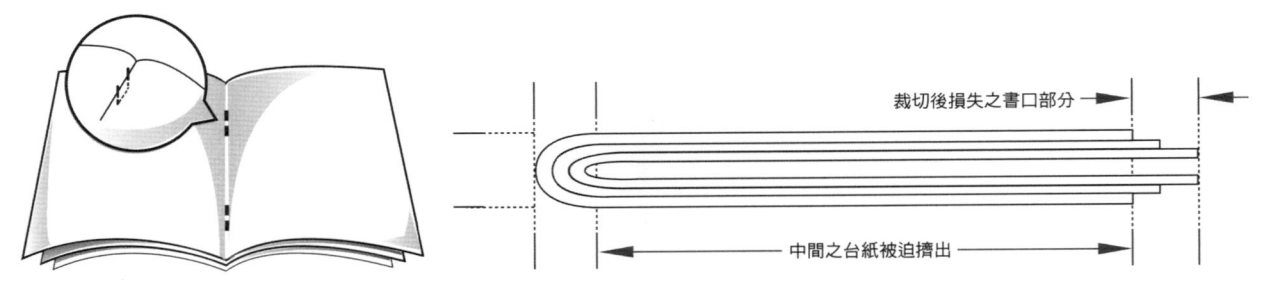

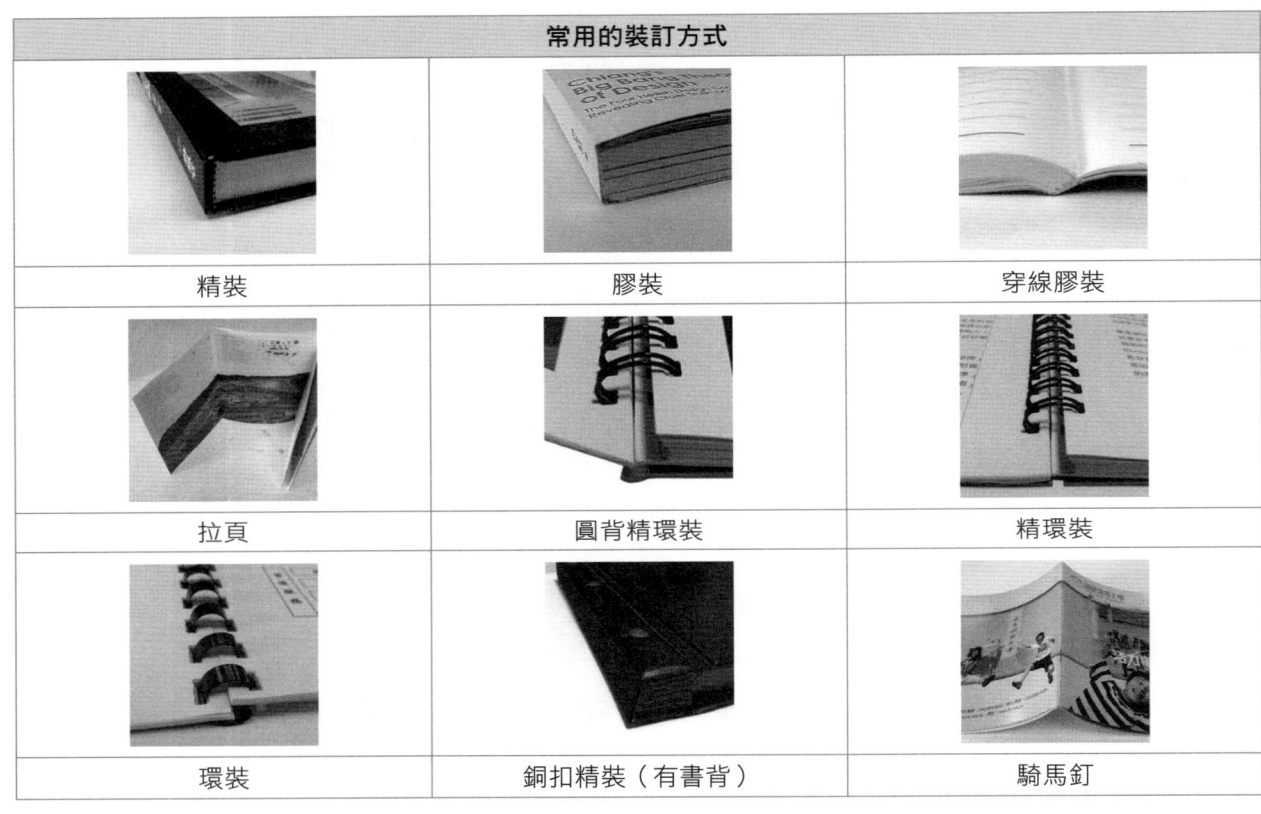

常用的裝訂方式		
精裝	膠裝	穿線膠裝
拉頁	圓背精環裝	精環裝
環裝	銅扣精裝(有書背)	騎馬釘

裝訂程序

成冊書籍	齊紙 → 修邊 →（壓線）→ 摺紙 → 配頁 → 裝訂 → 裁切（修三邊）
單張印件	齊紙 → 修邊 →（壓線）→ 摺紙 → 裁切（修四邊）

- 齊紙

  印妥的印件要先用齊紙機將頁紙整理整齊，在裁切時才可以準確裁切。

- 修邊

  整好的紙張在摺紙前要先電腦裁刀修邊。

- 壓線

  一般薄紙在摺紙前不需要經過壓線處理，但厚紙為了降低其摺紙可能，產生的伸張現象，必須在摺紙前先經過壓線處理。利用圓面壓線尺在厚紙上直接壓線，壓線尺的厚度依不同紙張厚薄而定。

- 摺紙

  修邊好的頁紙就可送入摺紙機進行摺紙動作。

- 配頁

  摺好的頁紙稱之為「一台」，如果是單張印件就直接進行四邊裁切。如果是成冊書籍，乃是由數台紙所組合，所以在裝訂前要先將各台紙集合一起，這個步驟稱之為「配頁」。

- 裝訂

  裝訂的種類主要分為精裝及平裝，平裝又可為釘裝、線裝及膠裝等三種。

- 裁切

  不管採用何種裝訂，最後還必須進行修邊，為的是要讓每本書的尺寸一樣，最後的修邊是使用三面裁刀，一次就可以將書天、地、外各修掉 3mm 的紙邊。

五、台數算法

穿線膠裝

一、先求一台正、反兩面可以排列幾頁？設為 P。

二、頁序 ÷ P = 第 _____ 台序（小數點需無條件進位）。

例如：一本 A4 穿線膠裝的書籍，以 A1 紙張來印製。試問，第 84 頁是在此書的第幾台（封面台不算）？

解：A1 紙張一面可以印 8 頁 A4 版面，正、反兩面可以印 16 頁 A4 版面。

84 ÷ 16 = 5...4 = 第 6 台

A4 穿線膠裝的書籍，第 84 頁是在第 6 台。

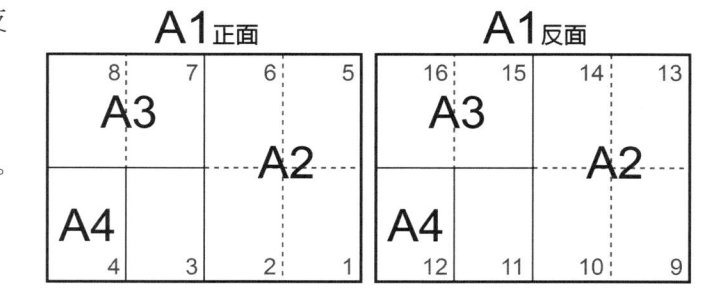

騎馬釘裝

一、先求一台單面可以排列幾頁？設為 P。

二、以 P 為差遞增，依序列出順序（要補為偶數台）。

三、將所有台數等分為二。

四、由序列首及末同時依序標註台數。

例如：一本 A3 騎馬釘裝的雜誌，以 A1 紙張來印製。試問，第 25 頁是在此雜誌的第幾台（封面台不算）？

解：A1 紙張一面可以印 4 頁 A3 版面。

　　A3 騎馬釘裝的雜誌，第 25 頁是在第 2 台。

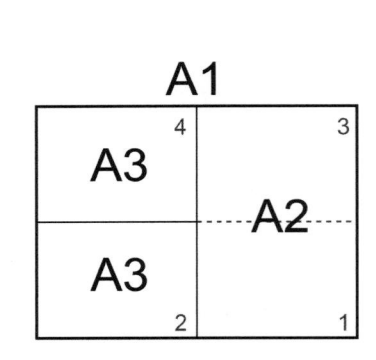

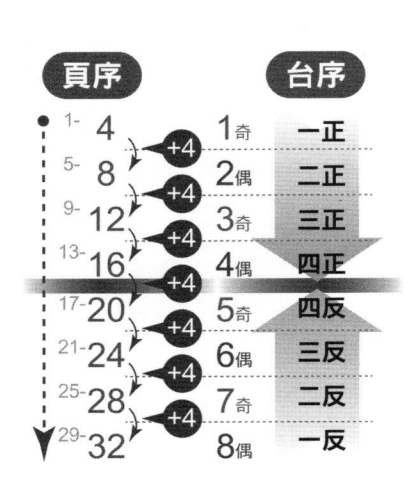

重點考題

1. ( ) 設計稿輸出後經檢查黑色版有角線，其他版沒有角線，重新輸出時應將角線的顏色改為 ①C0 M0 Y0 K0 ②R100 G100 B100 ③R0 G0 B0 ④C100 M100 Y100 K100。 (4)

> **解析** 角線就是在印版邊緣利用CMYK四色作為校版和檢驗套準的依據。

2. ( ) 「實際印刷範圍」是指 ①裁切完成後的面積 ②「印刷實物」面積的大小 ③含出血後的外邊框線區域 ④出血範圍內的區域。 (3)

> **解析** 實際印刷範圍是指未扣除印刷機咬口處及加工裁切邊的原始紙張實際尺寸。

3. ( ) 「部分出血」為印刷品版面 ①全部滿版 ②左右滿版 ③底色滿版 ④圖像滿版。 (2)

> **解析** 左右滿版時，中心有一個色塊橫跨頁面，稱為「部分出血」。

4. ( ) 下列印刷品中何者屬於「不出血」媒體？ ①雜誌 ②海報 ③報紙 ④型錄。 (3)

> **解析** 印刷報紙時，沒有修邊只有裁斷，因此無法製作出血。

5. ( ) 封面及封底的底色印刷往摺封口延伸之目的何者為非？ ①避免裁切 ②讓裝訂時避免歪斜的預留 ③避免封底的圖文露出封面 ④讓封面更美觀。 (3)

> **解析** 折封口就是封面或封底書皮本身，往內反摺的那一部分。

6. ( ) 出版品的製版尺寸相較於實際的尺寸 ①較大 ②較小 ③不一定 ④無法比較。 (1)

> **解析** 裁切尺寸為出版品之製版尺寸，包含出血的部分。
> 實際尺寸為印刷後，經過裁切的實際印刷品大小，因此裁切尺寸較實際尺寸大。

7. ( ) 在繪圖、排版軟體中所進行排版的設計工作不包含 ①輸入文字 ②局部上光 ③繪製圖形 ④置入圖像。 (2)

> **解析** 完整的印刷製程包含印前、印刷及印後加工等三大部分。而①輸入文字③繪製圖形④置入圖像皆屬印前加工時原稿編輯排版所會運用到之作業，而②局部上光則屬於印刷裁切後（印後加工），針對印刷品以強化特別之視覺效果。

8. ( ) 國際標準組織ISO制定的A、B尺寸的紙張其長寬比為 ①$1:\sqrt{2}$ ②$1:\sqrt{3}$ ③$1:2$ ④$1:3$。 (1)

> **解析** 國際標準組織ISO 216定義大多數國家使用紙張尺寸的國際標準，其制定A、B尺寸紙張的長寬比，為了使放在一起的兩張紙有著相同的長寬比，也都遵循著$1:\sqrt{2}$的比例。

9. ( ) 版心上邊沿至成品邊沿的空白區域稱為　①天頭　②地腳　③行空　④校對。 (1)

    解析 天頭（Head Margin）指的是頁面上端與版心之間的空白。

10. ( ) 版心下邊沿至成品邊沿的空白區域稱為　①天頭　②地腳　③行空　④校對。 (2)

    解析 地腳（Foot Margin）指的是頁面下端與版心之間的空白。

11. ( ) 版面構成要素中不包含下列哪些內容？　①圖片　②標題　③空白　④裝訂。 (4)

    解析 版面構成規劃屬於印前加工，運用形式原理以編排原稿的圖片、標題、內文、空白及線條等圖文要素，具體將計畫之構思以視覺形式表達出來。而④裝訂則屬於印刷後之加工，不包含在構成要素之中。

12. ( ) 版面編排與設計最重要之目的為何？　①傳達作者想要表達的訊息　②好看和美觀最為重要　③加強訊息傳遞並增強可讀性　④展現自我藝術構思與電腦技術。 (3)

    解析 視覺傳達設計最終的目的是要對消費者達成說服的目標，因此印刷品最重要的是要增強其易讀性，以期有效傳達訊息。

13. ( ) 將影像、線稿或者圖紋延伸到相鄰的頁面稱為？　①跨頁　②組頁　③翻頁　④摺頁。 (1)

    解析 跨頁：為兩頁相連的印刷；每一個跨頁是由兩張紙的編排畫面在一起構成的。

14. ( ) 一般用於檢索篇章的位置，編排於版心上部的文字及符號通稱為　①書衣　②書本　③書眉　④書報頭。 (3)

    解析 書眉一般指的是排在版心上部的頁碼、文字和書眉線，常用於檢索篇章。

15. ( ) 將圖片濃度及層次依百分比降低的處理稱為？　①刷淡　②漸變　③留白　④漸層。 (1)

    解析 刷淡效果（degrade）：運用繪圖軟體將圖片濃度對比程度比較降低。

16. ( ) 把書本包裹起來，常做為加強廣告推薦使用的紙張，通稱為　①書衣　②書本　③書眉　④書腰。 (4)

    解析 書腰：在封面之外，大約為封面的三分之一至一半大小的紙腰帶，內容多是名人推薦、折價訊息或吸引人之大標題等資訊以作為加強推薦書籍之用。

17. ( ) 書本的厚度稱為　①書衣　②書背　③書眉　④書腰。 (2)

    解析 書背指的是書籍的裝訂處，通常印有書名、作者及機構名稱等。

18. ( ) 下列何者對於排版功能的敘述為非？　①版面格式設定與變更　②字體大小、字間、行間設定　③表格繪製與修改　④文案內容及企畫。 (4)

    解析 ①②③解屬於原稿排版編輯，而④文案內容及企畫則屬於排版前的工作。

19. ( ) 適合西式編排的書刊是
①右開橫式閱讀 ②左開橫式閱讀 ③右開直式閱讀 ④左開直式閱讀。　(2)

> 解析：適合西式編排的書刊常見的是由右向左翻，內文則橫式由左而右、由上行向下行書寫，所以又稱之為左翻書或左開書。

20. ( ) 適合中式編排的書刊是
①右開橫式閱讀 ②左開橫式閱讀 ③右開直式閱讀 ④左開直式閱讀。　(3)

> 解析：適合中式編排的書刊常見的是由左向右翻，內文則直式由上而下、由右行向左行書寫，所以又稱之為右翻書或右開書。

21. ( ) 下列何者非書籍「版權頁」的內容？ ①發行者 ②版次、印次 ③書號 ④目錄。　(4)

> 解析：版權頁按有關規定刊載：書名、作者、出版者、印刷者、出版時間、版次、國際標準書號（ISBN）、總經銷、定價等資料。

22. ( ) 下列何種軟體較適用進行編輯排文與組版使用？
①InDesign ②Photoshop ③Illustrator ④Dreamweaver。　(1)

> 解析：InDesign、PageMaker 為排版軟體，Photoshop 為影像處理軟體，Illustrator、CorelDraw 為向量繪圖軟體，Dreamweaver 為網頁編輯軟體。

23. ( ) InDesign 軟體在版面編輯處理上，下列何項功能無法使用？ ①文字塊中具有靈活的分欄功能 ②可用「貝茲（Bezier）工具」畫出曲線 ③可對圖像直接進行羽化、陰影與透明的濾鏡特效 ④進行 OCR 文字辨識。　(4)

> 解析：將紙本文件掃描成圖形檔，再利用 OCR 文字辨識軟體進行文字識別，並將其轉換成有效電子訊號，儲存為 TXT 純文字檔，InDesign 為排版軟體並無文字辨別之功能。

24. ( ) 書籍中如有篇章、分類等需要而所做的區隔，稱為
①書名頁 ②扉頁 ③蝴蝶頁 ④跨頁。　(2)

> 解析：扉頁（Fly Page）是指在書籍內頁裝訂膠裝之外，加一層外封面以保護內頁膠裝本之內摺處，內容通常會印上與作者或相關書籍有關之資訊。

25. ( ) 書籍內容無法一頁呈現，需要加長摺疊、展開閱讀時，稱為
①書名頁 ②底頁 ③拉頁 ④扉頁。　(3)

> 解析：拉頁為書籍內容單頁無法完整呈現需要加長紙張表現的一種方式，並以拉開或展開模式提供閱讀者閱讀所有內容。

26. ( ) 版面編輯中，字元屬性的變化與設定不包含
①對齊方式 ②字間距 ③平長變化 ④斜體字。　(1)

> 解析：對齊方式屬於「段落」屬性的變化設定。

27. ( ) 版面編輯中，段落屬性的變化與設定不包含　①對齊方式　②段落間距　③首行縮排　④斜體字。 (4)

> 解析　斜體字屬於「字元」屬性的變化設定。

28. ( ) Photoshop 軟體中，若要將文字圖層轉換為一般圖層，應經由何項指令來完成？　①色彩增值　②點陣化　③向量化　④銳利化。 (2)

> 解析　文字圖層還保留向量特性，方便設計者調整文字內容、大小等設定。一經點陣化，該圖層即喪失文字調整的屬性，變成了一般「形狀」圖層。

29. ( ) 合版印刷的完稿時，文字的反白與套印應避免幾級以下的字體使用？　①7 級　②8 級　③9 級　④10 級。 (1)

> 解析　合版印刷也是 CMYK 四色版的套印方式，當文字顏色為兩色以上或反白設定時，容易發生套印不準的雙影現象，尤其是講求速度與經濟效益的合版印刷在品質上更無法保證，因此反白字體大小避免小於 7 級，以確保印刷品的品質。

30. ( ) 「1 inch」等於多大？　①2.45 cm　②72 pt　③12 pt　④0.03528 cm。 (2)

> 解析　1 inch（英吋）= 2.54 cm（公分）。

31. ( ) 「1 pt」等於多大？　①2.54 cm　②0.03528 cm　③1/72 cm　④0.3528 cm。 (2)

> 解析　72 pt（點）= 1 inch（英吋）= 2.54 cm（公分）。所以 1 pt = 2.54 cm ÷ 72 約為 0.03528 cm。

32. ( ) 「1 picas」等於多大？　①6 pt　②12 pt　③24 pt　④72 pt。 (2)

> 解析　1 pica（派卡）= 12 pt（點）。

33. ( ) 「72Pt」等於多大？　①1 英吋　②0.7 公分　③0.72 吋　④1 公分。 (1)

> 解析　72 pt（點）= 1 inch（英吋）

34. ( ) 下列軟體中皆有文字輸入與編排的功能，但哪個軟體不適合進行高解析度的文字排版？　①Photoshop　②CorelDRAW　③Illustrator　④InDesign。 (1)

> 解析　Photoshop 為點陣軟體，儲存檔案會保留圖層和特效等以利事後的編輯，低解析度檔案印刷時會出現鋸齒狀；高解析度檔案則因過大的檔案量會造成電腦運作緩慢，所以也不適用。

35. ( ) 要沖洗一張普通的 4×6 相片，若要求 300 dpi 的品質，至少需要多大的圖檔大小？　①二百萬畫素　②四百萬畫素　③六百萬畫素　④八百萬畫素。 (1)

> 解析　高（英吋×像素）× 寬（英吋×像素）= 所需之畫素，所以 (4 × 300) × (6 × 300) = 2,160,000 畫素，因此至少需要二百萬以上畫素。

36. ( ) 一般長篇文章「內文」因為要長時間的閱讀,為了避免造成閱讀疲勞所以較適合哪種字體? ①勘亭流體 ②隸書體 ③中明體 ④粗楷體。 (3)

> **解析** 長篇文章因為閱讀時間較長,使用太重、太粗的字體(粗黑、粗圓、勘亭流、隸書、粗楷等字體)會造成閱讀疲勞,因此會採用中明、細明體來做為內文字。

37. ( ) 文字筆畫骨架較細的字型,適合哪種類型的文字編排使用? ①具文學味道的短文、詩詞 ②貨車公司的標準字 ③海報的主標題 ④學術論文的內文。 (1)

> **解析** 筆骨較細的字體,會營造一種文學的味道,因此適合短文、詩詞等文章的編排。

38. ( ) 下列的文字選項中,何者不適合用來做為「大標題」使用?
①特明體 ②特圓體 ③超黑體 ④細明體。 (4)

> **解析** 重大醒目的內容通常適合運用粗體字(特明、超黑、特圓、儷金黑等的字體)來編排,而細明體則適用於內文文字。

39. ( ) 文字間距組合中,「首行縮排」是指段落的第一行
①文字橫寬縮小 ②文字外凸 ③文字內縮 ④文字放大。 (3)

> **解析** 首行縮排是指輸入段落首行文字內縮若干長度,英文是以「像素數」做為內縮單位,而中文則會以內縮幾個字當單位,譬如我們中文段落第一行通常會內縮兩個字元。

40. ( ) 文字間距組合中,段落編排中的第一行字比其它行要突出稱為
①行高 ②行距 ③縮排 ④凸排。 (4)

> **解析** ①行高:文字大小決定行距的高度。
> ②行距:段落中兩行底線的距離。
> ③縮排:段落第一行文字內縮若干單位。
> ④凸排:段落第一行文字凸出去若干單位。

41. ( ) 文字間距組合中,兩行底線的距離長度稱為 ①行高 ②行距 ③縮排 ④凸排。 (2)

> **解析** 行距是指同一段落內兩行底線的距離。

42. ( ) 要增進由左至右的視覺閱讀效率,下列何者為最佳的字體變化?
①平二 ②長二 ③右斜一 ④加粗。 (1)

> **解析** 平二表示字寬不變,高度縮小為80%。

43. ( ) 字行與字行之間的空白區域名稱為何? ①行間 ②字間 ③行長 ④字長。 (1)

> **解析** 印刷標準術語中將字行與字行之間的空白或上一行基線(Bese Line)與下一行基線(Bese Line)間的空白稱為「行間」,行中心線與行中心線的距離稱為「行距」。但方正、華光排版系統中將標準術語中的「行間」也稱為「行距」。

44. ( ) 行中心線與行中心線的距離名稱為何？ ①行距 ②字距 ③行長 ④字長。 (1)

> **解析** 印刷標準術語中將字行與字行之間的空白或上一行基線（Bese Line）與下一行基線（Bese Line）間的空白稱為「行間」，行中心線與行中心線的距離稱為「行距」。但方正、華光排版系統中將標準術語中的「行間」也稱為「行距」。

45. ( ) 將文字依圖形邊緣進行排列，效果給人親切自然與生動之感，是文學作品中最常用的插圖形式，此方式稱為 ①文字方塊 ②文字繞圖 ③文件註腳 ④定位點。 (2)

> **解析** 文字繞圖是指文字繞著圖形外輪廓排列，形成圖文鑲嵌接合之愉悅生動流暢之感受。

46. ( ) 目前電腦排版所使用的文字大小格式為何？ ①號數 ②齒數 ③線數 ④點數。 (4)

> **解析** 目前電腦上計算所使用的文字大小是點數制（pt）。

47. ( ) 平二的中文字是指
①高度減少 20% ②寬度減少十分之二 ③高度增加 20% ④字高為字寬的 1.2 倍。 (1)

> **解析** 平二為字體寬度不變，高度縮小為 80%。

48. ( ) 長二的中文字是指
①高度減少 20% ②寬度減少十分之二 ③高度增加 2 倍 ④字高為字寬的 1/2 倍。 (2)

> **解析** 長二為字體的高度不變，寬度縮小為 80%。

49. ( ) 平三的中文字是其上下大小縮小 ①1/3 ②3 公分 ③30% ④3 倍。 (3)

> **解析** 平三為字體寬度不變，高度縮小為 70%，就是比原尺寸字體的寬縮小 30%。

50. ( ) 副檔名預設為 .psd 表示此檔案屬於
①網頁專用格式 ②點陣檔案格式 ③純文字檔格式 ④向量檔案格式。 (2)

> **解析** Photoshop 為專業的影像編輯軟體，.psd 檔為 Photoshop 的副檔名，屬於點陣檔案格式。

51. ( ) 副檔名預設為 .ai 表示此檔案屬於
①網頁專用格式 ②點陣檔案格式 ③純文字檔格式 ④向量檔案格式。 (4)

> **解析** Illustrator 為向量繪圖軟體，.ai 檔為 Illustrator 副檔名，屬於向量檔案格式。

52. ( ) 副檔名預設為 .cdr 表示此檔案屬於
①網頁專用格式 ②點陣檔案格式 ③純文字檔格式 ④向量檔案格式。 (4)

> **解析** CorelDraw 為向量繪圖軟體，.cdr 檔為 CorelDraw 副檔名，屬於向量檔案格式。

53. (1) 副檔名預設為 .ind（.indd）表示此檔案屬於
①排版專用格式　②圖像檔案格式　③純文字檔格式　④向量檔案格式。

> **解析** InDesign 為專業排版軟體，.ind（.indd）為 InDesign 的副檔名。

54. (2) 單位面積中的點數稱為　①銳利度　②解析度　③模糊度　④真實度。

> **解析** 單位面積中的像素數，就是圖像的解析度（Resolution）。

55. (3) 圖形的解析度若設定為 300dpi，一張 600×900 像素大小的圖片其列印尺寸應為
①1 英吋×1/2 英吋　②1 公分×2 公分　③2 英吋×3 英吋　④2 公分×3 公分。

> **解析** 300dpi 指的是一英吋中有 300 像素，長：600 ÷ 300 = 2，寬：900 ÷ 300 = 3 所以圖片的列印尺寸為 2 英吋×3 英吋。

56. (3) 甲圖的尺寸是乙圖的 300%，所以乙圖的面積是甲圖的
①1/3 倍　②3 倍　③1/9 倍　④9 倍。

> **解析** 甲圖的尺寸是乙圖的 300%，也就是說甲圖是乙圖的三倍，那乙圖尺寸就是甲圖尺寸的 1/3 倍，所以乙圖的面積為長 (1/3 倍)×寬(1/3 倍) = 1/9 倍。

57. (2) Big-5 碼之中的每一個中文字內碼是以多少位元組（Byte）表示？
①1 位元組　②2 位元組　③3 位元組　④4 位元組。

> **解析** 電腦資訊的紀錄是以一個位元組（1 byte）表示一個字元（英文字母、數字或特殊字元），而 Big-5 碼為正體中文的一種內碼，其每一個中文字需要 2 個位元組成。

58. (2)「DPI」影像解析度的單位其英文名稱是
①Data Per Image　②Dot Per Inch　③Data Per Inch　④Dot Per Image。

> **解析** dpi（dot per inch）指的是每一英吋的墨點數量，為印表機或輸出機的解析度單位，數字愈大表示列印品質愈好。例如：300 dpi 的解析度，表示每一英吋中有 300 個點的數量，而 300 dpi 當然比 72 dpi 的輸出品質高。

59. (4) 要沖洗一張 8×10 英吋的照片，若要求 300 dpi 的品質，需要多大的圖檔大小為佳？
①一百萬畫素　②三百萬畫素　③五百萬畫素　④七百萬畫素。

> **解析** (8×300)×(10×300) = 7,200,000（畫素），因此至少需要七百萬以上畫素。

60. (2) 同尺寸、解析度的圖，存成下列那一種格式，其所需的資料量最小？
①TIFF　②JPEG　③BMP　④EPS。

> **解析** JPEG 檔運用破壞性壓縮法（Lossy compression），以得到較高的壓縮效果，因此資料量最小。

61. (1) 在 Windows 系統下的排版編輯軟體而言，通常「剪下」的快速鍵為何？
①CTRL + X　②CTRL + V　③CTRL + A　④CTRL + C。

> **解析** Ctrl + X =【剪下】，Ctrl + V =【貼上】，Ctrl + A =【全選】，Ctrl + C =【複製】。

62. ( ) 若有一種影像是以 6 bits 來記錄顏色,最多可以記錄幾種顏色? (4)
①512 ②256 ③128 ④64。

> **解析** 顏色的數量為 2 的 n 次方,n 就是記錄顏色的 bit 數。因此當 n＝6,即 2 的六次方＝64 色。

63. ( ) 構成圖像最小的單位稱為 Picture element,也就是所謂的 (2)
①基素 ②像素 ③圖素 ④讀素。

> **解析** 像素:一張圖片是由眾多個點所構成,其中每單個點即是「像素」,是構成圖片的的最小單位,其單位為 pixel。

64. ( ) 若印刷網線數訂為 175 LPI,在掃描一張彩色圖片時應設定多少 DPI 的圖像解析度最為適當? ①125~175 dpi ②275~325dpi ③175~225 dpi ④375~425dpi。 (2)

> **解析** 圖像解析度最好為網線數 1.5 倍-2 倍,因此彩色圖片解析度最好設定在 175×1.5 倍～175×2 倍＝263～350 dpi 之間,所以最佳答案為②。

65. ( ) 在 Photoshop 軟體中,若要保留影像中的所有圖層,適合儲存何種檔案格式? (2)
①JEPG ②PSD ③GIF ④BMP。

> **解析** PSD 檔為 Photoshop 的專用檔案格式,可保留所有特效設定、圖層與各種原始參數提供日後繼續邊修使用。

66. ( ) 下列檔案格式中,何者不具備影像壓縮的能力? ①EPS ②PSD ③GIF ④TIF。 (2)

> **解析** Photoshop 為目前最理想的影像編輯軟體,該專用檔案格式 PSD 檔並不提供壓縮保存模式。

67. ( ) 可以將點陣影像、向量圖形以及文字包含在內,專為不同軟體間傳送檔案的格式為何? (2)
①JEPG ②EPS ③GIF ④BMP。

> **解析** EPS 檔為 Encapsulated PostScript 的縮寫,該格式可以同時紀錄向量與點陣資訊,應用於程式間自由的轉換。

68. ( ) 下列何種檔案格式不支援透明背景的效果? ①GIF ②PNG-24 ③PNG-8 ④JPEG。 (4)

> **解析** GIF 檔支援交錯的顯示方式,能製作透明背景,且可以將數張圖存成一個檔案,形成動畫效果。PNG 檔為可攜式網路圖形格式,支援透明色彩但只適用於單張圖片但不具動畫效果。JPEG 檔是運用失真(Loosy)壓縮壓縮技術,會將周圍近似色階變成相同顏色,無法支援動畫與透明。

69. ( ) 下列何種檔案格式能涵蓋的色彩範圍最大? ①CYMK ②RGB ③BMP ④Lab。 (4)

> **解析** Lab 模式色域最大,RGB 模式次之,CMYK 模式最小。

70. ( ) 索引色彩模式的圖像最高可包含多少種顏色？
①128 色　②256 色　③64 色　④512 色。　(2)

> **解析** 索引色彩模式（Index Color），只能儲存一個 8 位元的影像檔案，也就是 256 種預先定義好的色彩。

71. ( ) 向量圖形在進行印刷輸出顏色時，最好以什麼為基準？
①視覺感受　②螢幕顯示器　③印表機打樣　④色彩數值。　(4)

> **解析** 色彩數值為每個色彩透過不同的數值在不同的色彩空間內，擁有其絕對的位置，所以最為精確。

72. ( ) 下列哪個顏色不是 RGB 色域空間的原色？　①紅色　②黃色　③綠色　④藍色。　(2)

> **解析** 色光三原色：紅（Red）、綠（Green）、藍（Blue）。

73. ( ) 下列哪個顏色不是 CMYK 色域空間的原色？　①洋紅色　②黃色　③綠色　④青色。　(3)

> **解析** 色料四原色：青（Cyan）、洋紅（Magenta）、黃（Yellow）、黑（Black）。

74. ( ) 下列檔案格式中，可以儲存為 CMYK 形式的影像資料？
①GIF　②PNG　③BMP　④EPS。　(4)

> **解析** GIF 檔與 PNG 檔常見於螢幕顯示僅支援 RGB 模式，BMP 為 Windows 標準圖像檔案格式也僅支援 RGB 模式。

75. ( ) 在 Photoshop 色彩檢色器中的警告標語的意義與功能？　①系統中沒有目前顏色的資訊　②告知圖檔的顏色濃度超過負荷　③顏色超出列印的色域範圍　④系統中沒有色票存在。　(3)

> **解析** 色彩檢色器中的警告標語是以提醒螢幕中選取的色彩，已超過可列印的顏色範圍。

76. ( ) 打開 Photoshop 的圖像後，視窗欄上不會顯示下列哪些資訊？　①圖像文件的名稱　②圖像文件的格式　③圖像目前顯示的百分比大小　④圖像文件的解析度。　(4)

> **解析** 圖像文件的解析度，須透過工具列中【影像\影像尺寸】，查詢或修改文件的解析度。

77. ( ) 在 Photoshop 選項中，可以減少圖像的飽和度為何項工具？
①模糊工具　②海綿工具　③修補工具　④漸層工具。　(2)

> **解析** 海綿工具（Sponge Tool）可降低局部色彩其飽和度。

78. ( ) 任何表色模式中所能表達的顏色數量，其所構成的範圍稱為？
①色表　②色樣　③色域　④色階。　(3)

> **解析** 色域指的是某一表色模式所能表達顏色數量的區域範圍，如輸出印刷品及螢幕顯示器所表現的色彩範圍。

79. ( ) 當 RGB 轉換為 CMYK 模式時，可作為色彩空間轉換模式為何？ (1)
①Lab 模式 ②黑白模式 ③雙色調模式 ④半色調模式。

> **解析** 色彩模式中色域空間最大為 Lab 模式，其中包含 RGB、CMYK 中所有的色彩，因此可以 Lab 模式作為色彩空間轉換之模式。

80. ( ) 在 Photoshop 軟體中，下列哪種色彩格式可以直接轉換為雙色調模式？ (1)
①灰階模式 ②索引色 ③點陣圖 ④多重色版。

> **解析** 雙色調模式（Duotone）是使用兩種油墨疊印的效果，而要將色彩轉換成「雙色調模式」前，必須先轉換成「灰階模式」。

81. ( ) 在寬度、高度和解析度相同的情況下，何者色彩資料量最小？ (2)
①灰階模式 ②點陣圖模式 ③RGB 模式 ④CMYK 模式。

> **解析** 灰階模式為 8bit，點陣圖模式為 1 bit，RGB 模式為 24bit，CMYK 為 32bit，所以點陣圖模式色彩資料量最小。

82. ( ) 下列檔案格式並非圖型檔所使用的範圍？ ①BMP ②JPG ③PPT ④GIF。 (3)

> **解析** PPT 檔為 PowerPoint 之副檔名，PPT 為簡報檔而非圖型檔之範圍。

83. ( ) 數位相片的尺寸為 3 × 5 英吋（inch），若解析度為 200dpi，色彩模式為 CMYK，則其圖像儲存大小約為？ ①2MB ②3MB ③4MB ④5MB。 (1)

> **解析** 數位相片尺寸為 3×5 英吋且解析度為 200dpi，故可得知圖片像素為 (3 × 200)×(5 × 200) = 600,000 像素，且知色彩模式為 CMYK 每像素需要 4bit 來表現，所以 600,000 像素若以 CMYK 色彩模式表示需要 600,000 × 4 = 2,400,000bit 約為 2MB。

84. ( ) 檢視印刷稿件時，在多少色溫條件下較不會偏色？ (2)
①4500°K ②5500°K ③6500°K ④7500°K。

> **解析** 世界印刷業公認 5500°K 為感光材料專業標準色溫，其為模擬正中午的太陽光，能正確呈現出色彩。

85. ( ) 採用全彩（True Color）模式來處理數位影像時，每個像素的色彩組成為何？ (1)
①綠、紅、藍 ②綠、紅、藍、黑 ③黃、紅、藍 ④黃、紅、藍、黑。

> **解析** 全彩（Ture Color）是由紅（Red）、綠（Green）、藍（Blue）所組成。

86. ( ) RGB 色彩模式中，黑色組成為何？ (4)
①R255、G0、B0 ②R255、G255、B255 ③R0、G0、B255 ④R0、G0、B0。

> **解析** RGB 為色光的三原色，當紅（Red）、綠（Green）、藍（Blue）三種顏色混合數值皆成為 0 時，就形成了黑色。

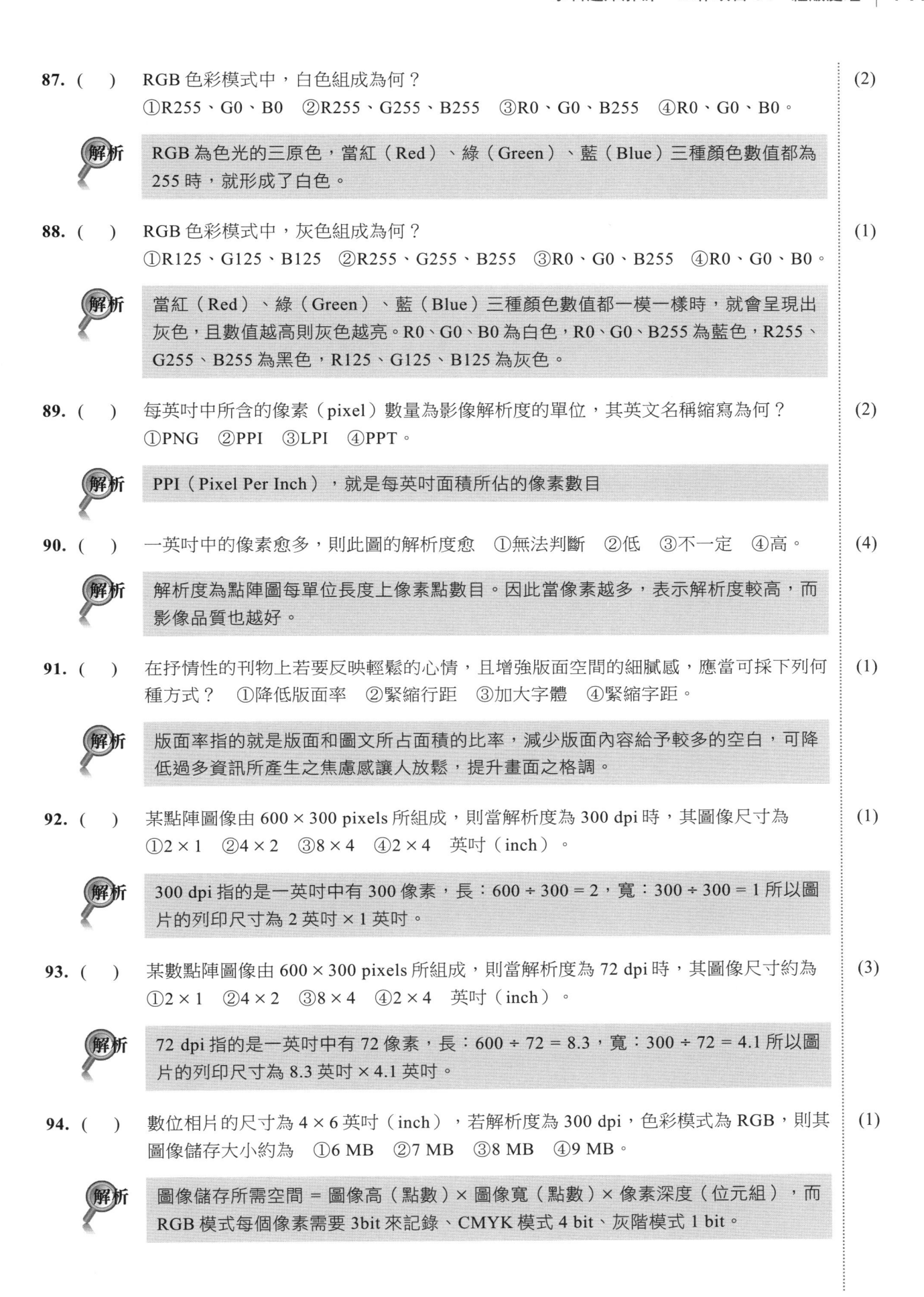

87. ( ) RGB 色彩模式中，白色組成為何？ (2)
①R255、G0、B0　②R255、G255、B255　③R0、G0、B255　④R0、G0、B0。

> **解析** RGB 為色光的三原色，當紅（Red）、綠（Green）、藍（Blue）三種顏色數值都為 255 時，就形成了白色。

88. ( ) RGB 色彩模式中，灰色組成為何？ (1)
①R125、G125、B125　②R255、G255、B255　③R0、G0、B255　④R0、G0、B0。

> **解析** 當紅（Red）、綠（Green）、藍（Blue）三種顏色數值都一模一樣時，就會呈現出灰色，且數值越高則灰色越亮。R0、G0、B0 為白色，R0、G0、B255 為藍色，R255、G255、B255 為黑色，R125、G125、B125 為灰色。

89. ( ) 每英吋中所含的像素（pixel）數量為影像解析度的單位，其英文名稱縮寫為何？ (2)
①PNG　②PPI　③LPI　④PPT。

> **解析** PPI（Pixel Per Inch），就是每英吋面積所佔的像素數目

90. ( ) 一英吋中的像素愈多，則此圖的解析度愈　①無法判斷　②低　③不一定　④高。 (4)

> **解析** 解析度為點陣圖每單位長度上像素點數目。因此當像素越多，表示解析度較高，而影像品質也越好。

91. ( ) 在抒情性的刊物上若要反映輕鬆的心情，且增強版面空間的細膩感，應當可採下列何種方式？　①降低版面率　②緊縮行距　③加大字體　④緊縮字距。 (1)

> **解析** 版面率指的就是版面和圖文所占面積的比率，減少版面內容給予較多的空白，可降低過多資訊所產生之焦慮感讓人放鬆，提升畫面之格調。

92. ( ) 某點陣圖像由 600×300 pixels 所組成，則當解析度為 300 dpi 時，其圖像尺寸為　①2×1　②4×2　③8×4　④2×4　英吋（inch）。 (1)

> **解析** 300 dpi 指的是一英吋中有 300 像素，長：600÷300 = 2，寬：300÷300 = 1 所以圖片的列印尺寸為 2 英吋×1 英吋。

93. ( ) 某數點陣圖像由 600×300 pixels 所組成，則當解析度為 72 dpi 時，其圖像尺寸約為　①2×1　②4×2　③8×4　④2×4　英吋（inch）。 (3)

> **解析** 72 dpi 指的是一英吋中有 72 像素，長：600÷72 = 8.3，寬：300÷72 = 4.1 所以圖片的列印尺寸為 8.3 英吋×4.1 英吋。

94. ( ) 數位相片的尺寸為 4×6 英吋（inch），若解析度為 300 dpi，色彩模式為 RGB，則其圖像儲存大小約為　①6 MB　②7 MB　③8 MB　④9 MB。 (1)

> **解析** 圖像儲存所需空間 = 圖像高（點數）×圖像寬（點數）×像素深度（位元組），而 RGB 模式每個像素需要 3bit 來記錄、CMYK 模式 4 bit、灰階模式 1 bit。

由於數位相片尺寸為 4×6 英吋且解析度為 300 dpi，故可得知圖片像素為 (4×300)×(6×300) = 2,160,000 像素，且知色彩模式為 RGB，每像素需要 3 bit 來表現，所以 2,160,000 像素若以 RGB 色彩模式表示需要 2,160,000 × 3 = 64,800,000 bit。64,800,000 ÷ 1,024 ÷ 1,024 = 61.8 MB 約為 6 MB。

95. ( ) GIF（Graphics Interchange Format）檔通常適用於色塊、線條，並且支援透明檔案、可做簡單動畫，其色彩模式最多可支援多少色？ (2)
①128 色　②256 色　③1024 色　④全彩色。

解析 GIF 檔壓縮圖檔格式僅能顯示 RGB 色彩，也就是 256 色（8 bit）或 8 bit 以下的索引色，但可支援表現透明背景與動畫（卡通圖案）。

96. ( ) 在 Photoshop 軟體中，查看影像解析度的指令為 (1)
①影像尺寸　②羽化邊緣　③圖樣印章　④步驟記錄筆刷工具。

解析【影像\影像尺寸】。

97. ( ) Photoshop 的工具箱中何項目可以將影像的髒點去除？ (2)
①橡皮擦工具　②污點修復筆刷工具　③海綿工具　④步驟記錄筆刷工具。

解析
①【橡皮擦工具】是用來擦除影像區域，更改區域內成透明或背景色。
②【污點修復筆刷工具】功能是修復影像上局部的污點或刮痕。
③【海綿工具】是調整影像飽和度的工具，可選擇「去除飽和度」或「飽和度」模式。
④【步驟記錄筆刷工具】為記錄影像從開啟到關閉，每一個使用過程紀錄，基本設定為 20 筆，最多可記錄到 100 筆。

98. ( ) 下列檔案格式中，可以將圖層儲存為獨立狀態的影像為何？ (1)
①PSD　②GIF　③EPS　④JPG。

解析 PSD 檔為 Photoshop 專用的影像格式，可記錄合成影像時所用的圖層（Layer）和遮罩（Mask）色板、（Path）路徑…等檔案內所有的參數以便日後修改。

99. ( ) 進行印刷圖片的壓縮考量項目中，下列何者為非？ ①影像品質的優劣　②圖檔資料量的大小　③檔案傳輸時間的多寡　④是否包覆在排版檔案中。 (4)

解析 壓縮圖片是以考慮圖片未來的用途而進行壓縮，影像品質的優劣、圖檔資料量的大小、檔案傳輸時間的多寡都是考量因素。是否包覆在排版檔案中並不屬於印刷圖片壓縮的考量項目。

100.( ) 將原稿圖像上的各種顏色轉換為青（C）、洋紅（M）、黃（Y）、黑（K）四種原色色版的過程稱為　①原色　②分色　③校色　④描色。 (2)

解析 分色製版時，設法正確分析原稿圖像之分佈與成分，然後在青（C）、洋紅（M）、黃（Y）、黑（K）之單色版上，賦予不同粗細、疏密的網紋，以供疊印的過程稱之為分色。

101. ( ) 影像 TIFF 檔或是 EPS 檔格式輸入排版軟體進行編輯時，彩色圖檔應為 ①CMYK 模式 ②索引色模式 ③Lab 模式 ④HSB 模式。 (1)

解析 TIFF 檔以及 EPS 檔要輸入排版軟體進行編輯時，彩色圖檔應轉為 CMYK 模式。

102. ( ) 下列何者不是點陣圖檔的色彩模式？ ①RGB ②索引色 ③CMYK ④DOC。 (4)

解析 索引色、RGB 以及 CMYK 均為點陣圖檔的色彩模式。.doc 為微軟（Microsoft）Office 辦公室軟體中的 Word 文書處理軟體的附檔名，2007 以後的版本 Word 文書處理軟體的附檔名以改為 .docx。

103. ( ) 下列何項不是 CMYK 色彩模式所應用的層面？
①噴墨印表機 ②名片 ③數位相機 ④廣告旗幟。 (3)

解析 數位相機是使用 CCD 或 COMS 偵測紅、藍、綠三種波長的強度並予以紀錄影像。

104. ( ) 下列何項不是 RGB 色彩模式所應用的層面？
①液晶螢幕 ②單槍投影機 ③雷射燈光 ④小夜燈的廣告單。 (4)

解析 小夜燈的廣告單可以為單色、雙色或四色印刷所產生。

105. ( ) 16-bit 的 RGB 色彩模式之每個色彩可分成多少色階？
①128x128 ②256x256 ③512x512 ④1024x1024。 (2)

解析
1bit（位元）： 就是 0 與 1，2 種顏色，單色光，稱為「黑白影像」。
2bit（位元）： 2 的 2 次方，4 種顏色，CGA，用於 gray-scale 早期的 NeXTstation 及 Color Macintoshes。
3bit（位元）： 2 的 3 次方，8 種顏色，用於大部分早期的電腦顯示器。
4bit（位元）： 2 的 4 次方，16 種顏色，用於 EGA 及不常見及在更高的解析度的 VGA 標準。
5bit（位元）： 2 的 5 次方，32 種顏色，用於 Original Amiga Chipset。
6bit（位元）： 2 的 6 次方，64 種顏色，用於 Original Amiga Chipset。
7bit（位元）： 2 的 7 次方，有 128 個組合。
8bit（位元）： 2 的 8 次方
◎256 種顏色，用於最早期的彩色 Unix 工作站，低解析度的 VGA，Super VGA。
◎灰階，有 256 種灰色（包括黑白）。若以 24 位元模式來表示，則 RGB 的數值均一樣，例如（200,200,200）。
12bit（位元）：4,096 種顏色，用於部分矽谷圖形系統，Neo Geo，彩色 NeXTstation 及 Amiga 系統於 HAM mode。
16bit（位元）：65,536 種顏色。
24bit（位元）：16,777,216 種顏色又稱全彩，能提供比肉眼能識別更多的顏色。
1bit 就是 0 與 1，僅可以表示兩種顏色，也就是說每一個像素所表現出來的顏色，不是黑就是白。所以 1bit 影像我們常稱為「黑白影像」。

106. ( ) 關於 RGB 色彩模式的敘述何者不正確？ ①可應用在網頁編輯 ②三原色各可產生 256 種不同的階調 ③為加法混色方式 ④R255,G255,B255 代表純黑色。 (4)

> **解析** R255,G255,B255 代表白色，純黑色為 R0,G0,B0。

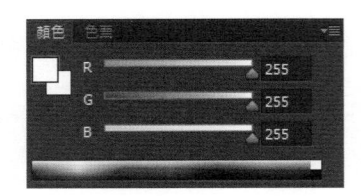

107. ( ) 若將 1 張色彩模式為 RGB 的圖檔，使用點陣軟體轉換成索引色進行儲存，請問會有什麼狀況？ ①影像的明度階調變豐富 ②影像的尺寸變大 ③影像的檔案大小變小 ④影像的解析度提高。 (3)

> **解析** RGB 模式的圖檔使用點陣軟體轉換成索引色模式進行儲存，影像檔案會變小。

108. ( ) 永永 左方的文字輸入格式的敘述下列為非？ (4)

①左方「永」字應為向量字型 ②右方「永」字應為點陣式字型 ③向量字體適合文字編輯的輸出 ④點陣式字型可透過轉成 GIF 檔改善鋸齒狀。

> **解析** 點陣式字型無法透過轉成 GIF 檔來改善鋸齒狀。

109. ( ) 一本 A4 軟精裝的旅遊書，內頁共有 20 台（以 A1 紙張來印製），試問第 200 頁是在此書之第幾台（封面台不計）？ ①10 台 ②11 台 ③12 台 ④13 台。 (4)

> **解析** 軟精裝為穿線平裝，採用堆疊法，將摺好的台數依照頁碼順序疊起來。每一台（A1=菊全）可印 A4（菊 8k）正反頁共 16 頁，第 200 頁位於 (200÷16=12.5)，超出 12 台，屬於第 13 台。

110. ( ) 若有一本 A4 騎馬釘裝的數學講義書，內頁共有 20 台（以 A1 紙張來印製），試問第 200 頁是在此書之第幾台（封面台不計）？ ①14 台 ②15 台 ③16 台 ④17 台。 (3)

> **解析** 印刷每一台（A1）可印 A4 正反頁 16 頁，內頁 20 台總計 320 頁。騎馬釘採用套帖，第一台包含前 8 頁與最後 8 頁，以此類推，第 200 頁在 16 台。

台數	1	2	3	4	5	6	7	8
頁碼	1~8 313~320	9~16 312~305	17~24 297~304	25~32 289~296	33~40 281~288	41~48 273~280	49~56 265~272	57~64 257~264
台數	9	10	11	12	13	14	15	16
頁碼	65~72 249~256	73~80 241~248	81~88 233~240	89~96 225~232	97~104 217~224	105~112 209~216	113~120 201~208	121~128 193~200
台數	17	18	19	20				
頁碼	129~136 185~192	137~144 177~184	145~152 169~176	153~160 161~168				

111. (　) 一本內頁 128 頁 A5 的膠裝文學類小說，以 A2 紙張來印刷時，試問此書（含封面台）總共有幾台？　①6 台　②7 台　③8 台　④9 台。　(4)

> **解析**　A2 紙印刷 A5 尺寸，一台可印 16 頁，內頁 128 頁可分為（128÷16=8）8 台，再加封面台總共 9 台。

112. (　) 若以編輯排版軟體自行拼大版時，應注意之事項，下列敘述何者為非？　①要考慮裝訂方式為何　②要注意角線與十字線的位置與顏色　③只要考慮三邊出血　④要考慮是天對天或是地對地的落版方式。　(3)

> **解析**　不同的裝訂方式會有不同的出血設定。

113. (　) 下列書籍印刷的規劃，何者組合之台數的頁數為 8 頁為一台？　①A1 紙張製作為 A3 成品　②A2 紙張製作為 A6 成品　③A3 紙張製作為 A6 成品　④A4 紙張製作為 A5 成品。　(1)

> **解析**　A1（菊全）印 A3（菊 4K）= 正反共 8 頁為一台，正解選項為「A1 紙張→A3 成品」。A2 印 A6 = 32 頁為一台，A3 印 A6 = 16 頁為一台，A4 印 A5 = 4 頁為一台。

114. (　) 以菊全紙張印刷 A4 尺寸之某一台「高鐵資訊雜誌」，此台為二分之一輪轉台，試問此台之頁數共有幾頁？　①4 頁　②8 頁　③16 頁　④32 頁。　(2)

> **解析**　菊全（A1）可印 A4（菊 8K）正反頁共 16 頁，二分之一輪轉台為總頁數的 1/2，16 頁的 1/2 等於 8 頁。

115. (　) 下列何者為拼大版之主流方式？　①人工拼大版為主流　②PDF 拼大版為主流　③編輯排版軟體拼大版為主流　④1-Bit TIFF 拼大版為主流。　(2)

> **解析**　目前拼大版之主流方式為 PDF 拼大版。

116. (　) 一本內頁 128 頁 A5 的膠裝文學類小說，以 A2 紙張來印刷時，試問此書之第二台的頁數為何？　①1~16 頁　②17~32 頁　③33~48 頁　④49~64 頁。　(2)

> **解析**　A2 紙印刷 A5 尺寸，一台可印 16 頁，膠裝採用堆疊法：摺好的台數依照頁碼順序疊起來，因此第一台為 1～16 頁，第二台為 17～32 頁。

117. (　) 一本內頁 64 頁 16 開的騎馬釘裝講義，以對開紙張來印刷時，試問此書之第二台的頁數為何？　①1~16 頁　②17~32 頁　③1~8 頁與 57~64 頁　④9~16 頁與 49~56 頁。　(4)

> **解析**　對開紙印 16 開尺寸，一台可印 16 頁，騎馬釘採用套帖，第一台包含前 8 頁與最後 8 頁，以此類推，第二台為 9~16 頁與 49~56 頁。

118. (　) 下列何種檔案格式無法使用 Photoshop 軟體來開啟？
①DOC　②EPS　③PSD　④PDF。　(1)

> **解析**　.doc 為微軟（Microsoft）Office 辦公室軟體中的 Word 文書處理軟體的附檔名，無法使用 Photoshop 軟體來開啟。

119. ( ) 有一 300 DPI 之 RGB 檔案,當轉換成 CMYK 色彩模式後,其檔案大小應為多少? (1)
①變為原來的三分之四倍 ②變為原來的三分之八倍 ③變為原來的四分之三倍
④變為原來的四分之六倍。

> **解析** RGB 是三個色版(8X3=24)的 24 位元影像,CMYK 是四個色版(8X4=32)的 32 位元影像,因此 RGB 檔案轉換成 CMYK 就是增加了三分之一的檔案量,變成原檔案的三分之四倍。

120. ( ) 現今業界最常使用字型的標準為何? (4)
①Screen 字型 ②TrueType 字型 ③Postscript 字型 ④Open Type 字型。

> **解析** 現今業界最常使用字型的標準為 Open Type 字型。

121. ( ) 欲編輯排版一本 A4 大小之美食書,裝訂方式為穿線膠裝,有關出血的設定應為如何? (3)
①上 3mm 下 3mm 內 3mm 外 3mm ②上 3mm 下 3mm 內 0mm 外 0mm
③上 3mm 下 3mm 內 0mm 外 3mm ④上 3mm 下 3mm 內 3mm 外 0mm。

> **解析** A4 穿線膠裝書需裁切三邊,出血的設定應為上 3mm 下 3mm 內 0mm 外 3mm。

122. ( ) 欲編輯排版一本 B4 大小之旅遊攝影書,裝訂方式為騎馬釘裝,有關出血的設定應為如何? ①上 3mm 下 3mm 內 3mm 外 3mm ②上 3mm 下 3mm 內 0mm 外 3mm (2)
③上 3mm 下 3mm 左 3mm 右 3mm ④上 3mm 下 3mm 左 0mm 右 0mm。

> **解析** B4 騎馬釘裝書需裁切三邊,出血的設定應為上 3mm 下 3mm 內 0mm 外 3mm。

123. ( ) 欲編輯排版一本 A4 大小以對頁編輯方式之高考用書,裝訂方式為穿線膠裝,需轉存為 PDF 檔案以利後續落版之用,試問此 PDF 檔案之頁面尺寸大小應為多少? (3)
①210*297mm ②213*300mm ③213*303mm ④216*303mm。

> **解析** 穿線裝不需預留內裝訂邊,只需做書口邊以及天、地出血,因此 A4 尺寸的版面只需 (210+3) * (297+3+3)。

124. ( ) 有一向量製作之彩色卡通人物,若用 Photoshop 開啟,下列何種設定較不會影響圖像之品質? ①放大倍率 ②色彩模式 ③尺寸大小 ④解析度多寡。 (2)

> **解析** 使用 Photoshop 放大倍率、調整尺寸大小及解析度多寡都會影響圖像品質。

125. ( ) 假設欲印刷輸出一高階精品目錄,且使用高達 400 LPI 的 AM 網點,建議影像圖檔之解析度應為多少較適合? ①300 DPI ②400 DPI ③500 DPI ④600 DPI。 (4)

> **解析** LPI(網線數)換算 DPI(解析度),是以 DPI 為 LPI 的 1.5~2 倍換算,因此輸出 400 LPI 須使用 600~800 DPI 的影像圖檔。

126. ( ) 有關印刷版面設定尺寸之大小，下列何者尺寸為最小？ (3)
①製版尺寸 ②含出血尺寸 ③完成尺寸 ④印刷尺寸。

> **解析** 印刷只有「製版尺寸」與「完成尺寸」兩種尺寸，而最終、最小的尺寸是「完成尺寸」。

127. ( ) 有關可攜式文件格式（Portable Document Format，簡稱 PDF）的敘述，下列何者錯誤？ (4)
①可以保留各種應用軟體與平台建立的來源檔案字型、影像以及版面 ②可進行印前檢查、補漏白、拼版、分色等 ③PDF/X 可管理色彩、字型和補漏白等許多變數 ④無法超連結支援互動功能。

> **解析** PDF 具備下列互動功能：書籤、影片和聲音剪輯、超連結、交互參照、頁面切換效果。

128. ( ) 有關 Photoshop 色版的敘述下列何者為非？ ①點陣圖、灰階、雙色調和索引色模式都有一個色版 ②雙色調模式有兩個色版 ③RGB 和 Lab 影像有三個色版 ④CMYK 影像有四個色版。 (2)

> **解析** RGB 模式具有三個 Channel（色版）。
> CMYK 模式具有四個 Channel（色版）。
> Index（索引色）模式具有一個 Channel（色版）。
> Grayscale（灰階）模式具有一個 Channel（色版）。
> 雙色調印刷又稱 Duotone 具有一個 Channel（色版）。

129. ( ) 有關 Photoshop 色版的敘述下列何者為非？ ①影像中的預設色版數目，視其檔案大小而定 ②除了色彩色版外，還可以在影像中增加 alpha 色版 ③alpha 色版的用途是當作遮色片用來儲存和編輯選取範圍 ④可增加特別色色版，以增加特別色印版，供列印時使用。 (1)

> **解析** Photoshop 色版數目固定，例如：RGB 模式三個色版，CMYK 模式則有四個色版。

130. ( ) Photoshop 軟體「選取」清單中的「儲存選取範圍」功能是將影像選取範圍儲存在哪裡？ (2)
①圖層 ②色版 ③路徑 ④濾鏡。

> **解析** 選擇選取範圍的目的地影像。根據預設，選取範圍會儲存作用中影像的色版。

131. ( ) 關於 8 位元/色版 RGB 色彩模式的敘述，下列何者為非？ ①強度值範圍是從 0 到 255 ②R246、G20、B5 為亮紅色 ③RGB 的值相等時，呈現的顏色會是無彩度的黑灰白 ④RGB 皆為 255 時，結果會是黑色。 (4)

> **解析** RGB 皆為 255 時，結果會是白色。

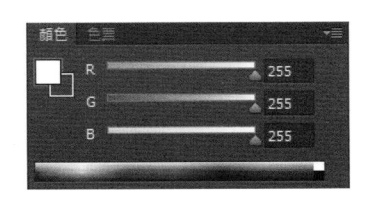

132. ( ) 8 位元/色版 RGB 色彩模式影像的位元深度為？
①8 位元　②16 位元　③24 位元　④32 位元。 (3)

解析　RGB 是三個色版（8X3=24）的 24 位元影像。

133. ( ) 8 位元/色版 RGB 色彩模式的影像，每個像素最多約可以呈現幾種色彩？
①256 色　②65,536 色　③100 萬色　④1,677 萬色。 (4)

解析　以 8 位元的顯色原理，每個 RGB 元件（紅、綠、藍）各自有 2 的 8 次方 = 256 階的變化，從 0（黑）到 255（白）。RGB 三色的 24 位元即為每像素 (256 X 256 X 256) = 1,670 萬色。

134. ( ) 8 位元/色版 RGB 色彩模式若改用 16 位元/色版 RGB 色彩模式時會造成？　①每像素可以重製更多色彩　②檔案大小不變　③像素增加　④所有濾鏡功能仍可使用。 (1)

解析　8 位元 RGB 影像的每一色有 2 的 8 次方 = 256 階的變化，16 位元 RGB 影像每一色有 2 的 16 次方 = 65536 階的變化，位元數越多，可重製更多色彩。

135. ( ) 關於位元深度（bit depth）的敘述下列何者為非？　①是指影像中每一個像素有多少色彩資訊可用　②每個像素的位元資訊越多，可用色彩就越多、色彩呈現也就越精確　③位元深度為 1 的影像，其像素有 8 種可能的數值　④位元深度為 8 的灰階模式影像具有 256 個灰階數值。 (3)

解析　色彩深度是 n 位元，即有 2^n 種顏色，而儲存每像素所用的位元數目就是 n。而位元深度為 1 的影像，其像素只有 2^1 = 2 種顏色。

136. ( ) Photoshop 16 bpc（位元/色版）影像不支援的色彩模式為？
①灰階　②RGB 色彩　③CMYK 色彩　④索引色。 (4)

解析　「索引色」模式最多產生 256 色的 8 位元影像檔案，無法轉換為多重色版模式。

137. ( ) 若要保留所有 Photoshop 功能（圖層、效果、遮色片等等），不適合儲存成下列哪一檔案格式？　①TIFF　②PSD　③JPEG　④PDF。 (3)

解析　JPEG 檔沒有 Photoshop 功能（圖層、效果、遮色片等等）。

138. ( ) 在 Photoshop 軟體中，有關大型文件格式（PSB）的敘述，下列何者為非？　①在任一維度上最多能支援高達 300,000 像素　②能支援圖層、效果與濾鏡　③能支援 32 位元影/色版影像　④最大可支援到 2GB。 (4)

解析　Photoshop 軟體的 .psb 檔，是一種專供大型檔案的格式，不管文件的像素及檔案大小有多大都能儲存。

139. ( ) 下列哪一種影像檔案格式不可支援 16bpc（位元/色版）影像和 32 bpc（位元/色版）影像？　①PSD　②PSB　③TIFF　④EPS。 (4)

解析　EPS 無法支援 16bpc（位元/色版）影像和 32 bpc（位元/色版）影像。

140. ( ) 影像處理中有關 HDR 的敘述下列何者為非？　(4)
① 英文全名為 High Dynamic Range 中文叫做「高動態範圍」
② 通常是用多張不同曝光照片，透過軟體的合成，呈現具有亮部及暗部曝光細節皆正常清楚的影像
③ 類似攝影師會用「黑卡」手法來減少天空曝光時間，增加地面/海面的曝光時間，來達到類似的效果
④ 8bpc（位元/色版）檔案可以儲存所有 HDR 影像資料。

解析 影像處理中有關 HDR 英文全名為 High Dynamic Range 中文叫做「高動態範圍」，通常是用多張不同曝光照片，透過軟體的合成，呈現具有亮部及暗部曝光細節皆正常清楚的影像，類似攝影師會用「黑卡」手法來減少天空曝光時間，增加地面/海面的曝光時間，來達到類似的效果，HDR 影像資料已經支援到 32bpc（位元/色版）。

141. ( ) 有關 JPEG2000 壓縮演算法的敘述，下列何者為非？　(3)
① 相對於目前的 JPEG 格式，JPEG2000 的壓縮效能約提升 20% 左右
② 兼具有損失的高壓縮比與無損失壓縮的模式
③ 不具有位元錯誤的容錯、改錯能力，不適合用於使用網路、無線方式傳輸
④ 可以嵌入 sRGB 或 ICC 色彩管理等描述資訊，確保相同的影像在不同的設備上呈現出一致化的顏色。

解析 JPEG2000 作為 JPEG 的升級版，壓縮比更高，同時支持破壞性資料壓縮和非破壞性資料壓縮，以及更複雜的漸進式顯示和下載，更適合網路與無線方式傳輸。

142. ( ) Photoshop 目前無法處理下列哪一類型的影像？　(4)
① 8bpc 影像　② 16bpc 影像　③ 32bpc 影像　④ 64bpc 影像。

解析 Photoshop 目前無法處理 64bpc 影像。

143. ( ) 有關 LZW（Lemple-Zif-Welch）壓縮方式的敘述，下列何者為非？　① 會造成影像失真　② TIFF 支援這種壓縮方式　③ PDF 支援這種壓縮方式　④ 多半用於包含大範圍單一顏色的影像。　(1)

解析 LZW（Lemple-Zif-Welch）是一種無損數據壓縮演算法。

144. ( ) 下列哪一種壓縮方式是有失真的演算法，會改變檔案的原始內容？　(3)
① CCITT 壓縮　② LZW 壓縮　③ JPEG 壓縮　④ RLE 壓縮。

解析 JPEG 壓縮是一種失真壓縮標準方法。

145. ( ) 有關 Photoshop EPS 檔案格式的敘述，下列何者為非？　① 支援 Lab、CMYK、RGB、索引色、雙色調、灰階和點陣圖色彩模式　② 支援 Alpha 色版　③ Desktop Color Separations（DCS）格式是 EPS 格式的一種　④ 支援剪裁路徑。　(2)

解析 EPS 檔案格式不支援 Alpha 色版。

146. ( ) 有關向量圖與點陣圖的敘述，下列何者為非？ ①點陣影像可以更有效率地表現出陰影和色彩的細微漸層 ②點陣圖影通常需要大量的儲存空間，有時需要壓縮，以保持較小的檔案大小 ③向量圖形是由像素所組成 ④修改向量圖形不會喪失細節或清晰度，因為向量圖形與解析度無關。 (3)

解析 向量圖形是電腦圖形學中用點、直線或者多邊形等基於數學方程幾何圖元所表示出的影像。

147. ( ) 印刷拼大版時，對位標記的顏色設定為？ ①K100 ②R100 G100 B100 ③R0G0B0 ④C100M100Y100K100 方利於 CMYK 四色版精準套印。 (4)

解析 印刷拼大版時，對位標記的顏色設定為四色黑（C100M100Y100K100）

148. ( ) 要製作滿版印刷品則必須將圖像延伸至文件外，這個動作叫做？ ①擴張 ②分色 ③留白 ④出血。 (4)

解析 要製作滿版印刷品則必須將圖像延伸至文件外叫做出血。

149. ( ) 當使用複合字體時，發現兩字體高度不齊、大小不一時該如何？ ①可調整大小及基線 ②無解，再找另一個字體搭配 ③可調整字體 pt ④只能調整大小，而基線無法調整。 (1)

解析 當使用複合字體時，發現兩字體高度不齊、大小不一時可調整大小及基線。

150. ( ) 文字樣式是字體系列中個別字體的變體版本，通常不會有下列哪一種變體？ ①Regular ②Italic ③Bold ④Round。 (4)

解析 個別字體的變體版本包含 Regular（正體）、Bold（粗體）或 Italic（斜體），沒有 Round 字體

151. ( ) 在 InDesign 中，當字體從 Arial 變更為 Times 時，Arial Bold 會變更為 ①Times Bold ②Times ③Times Regular ④Times Italic。 (1)

解析 從一種字體系列變更為另一種時，InDesign 會嘗試使用新字體系列的可用樣式，以符合目前的樣式。

152. ( ) 上圖為 InDesign 文字清單下之字體種類表，請問「Adobe 明體 Std L」的字體規格是？ ①OpenType ②Type1 ③TrueType ④點陣字體。 (1)

解析 「Adobe 明體 Std L」的字體規格是屬於 OpenType。

153. (3) 在 InDesign 軟體中新增文件時,有關印刷邊界的敘述,下列何者為非? ①位於印刷邊界區域中的物件會列印出來 ②文件裁剪至最後頁面大小時,印刷邊界就會被切除 ③印刷邊界區域小於實際頁面大小 ④印刷邊界區域中可以呈現列印資訊、指示或其他資訊的描述。

解析 圖稿包含出血或印刷邊界區域時,須延伸超過裁切標記,以容納出血或印刷邊界,因此印刷邊界區域將大於實際頁面。

154. (1) 上圖文字編排中的「太」字放大,高度跨兩行,稱為? ①首字放大(跨行) ②左側縮排 ③首行縮排 ④繞圖排文。

解析 第一個文字高度跨兩行,稱為首字跨行大寫。

155. (3) 有關上圖文字編排的設定敘述,下列何者為非? ①字體設定為細明體 ②行距設定約為 1.5 倍字高 ③對齊方式設定為齊左 ④首字放大行數設定 2。

解析 上圖文字編排對齊方式設定為「強制齊行」。

156. (4) 上圖圖文編排方式稱為? ①圖壓文 ②中間縮排 ③自由編排 ④繞圖排文。

解析 上圖圖文編排方式稱為繞圖排文。

157. (3) 上圖圖文編排方式稱為? ①齊行 ②左側縮排 ③凸排 ④居中排列。

解析 每段首行凸出,第 2 行內縮→凸排效果。

158. ( )
```
目　錄
第一章--------------------P3
第二章--------------------P12
第三章--------------------P65
第四章--------------------P102
```
欲完成左圖文字編排，應使用哪一編排功能，才可有效率的進行編輯與修改？
①繞圖排文　②定位點　③齊行+空白鍵　④首行縮排。 (2)

解析 定位點會套用到整個段落，將文字放置在文字框內的特定水平位置，藉由定位點在文章中建立凸排、縮排等效果，可更有效率的完成編排。

159. ( )
```
目　錄
第一章--------------------P3
第二章--------------------P12
第三章--------------------P65
第四章--------------------P102
```
左圖文字編排中的「-」，稱為？
①填充字元　②空白字元　③前置字元　④定位點。 (3)

解析 上圖文字編排中的「-」，稱為前置字元。

160. ( ) 在文字編排時，要加入定位點，需按鍵盤上的哪一個鍵？
①Tab　②Shift　③Page Down　④Insert。 (1)

解析 在文字編排時，要加入定位點，需按鍵盤上的 Tab 鍵。

161. ( ) 在 InDesign 軟體中，有關段落嵌線的敘述，何者正確？
①有上線、中線及下線三種　②不可設定嵌線寬度　③文字重新流排時會跟著移動　④距離段落文字固定為 0.5 mm。 (3)

解析 段落嵌線有上線及下線兩種，沒有中線。在「段落」/「段落嵌線」/「寬度」中，選擇寬度或輸入數值就可以決定嵌線的粗細。嵌線是段落屬性，可在頁面上隨著段落移動並調整大小。

162. ( ) 一般印刷品出血尺寸約為？　①1cm　②1mm　③3cm　④3mm。 (4)

解析 一般印刷品出血尺寸約為 3mm。

163. ( ) 有一數位相機所拍攝的影像，其像素為 5184 x 3456，請問若將該影像解析度設定為 300dpi，則該影像的長寬尺寸約為？　①17.3 cm * 11.5 cm　②51.8 cm * 34.6 cm　③43.9 cm * 29.3 cm　④21 cm * 29.7 cm。 (3)

解析 $5184 \div 300 \times 2.54 = 43.8912$ cm，$3456 \div 300 \times 2.54 = 29.2608$ cm

164. (1) 有一數位相機規格表為 1800 萬像素,請問該相機所拍攝出的影像在未改變解析度之前（原為 72dpi）的影像尺寸約為？ ①182.9 cm * 121.9 cm ②102.4 cm * 76.8 cm ③18.0 cm * 10.0 cm ④90 cm * 20 cm。

> **解析** 182.9 ÷ 2.54 × 72 = 5184.57 像素,121.9 ÷ 2.54 × 72 = 3455.43 像素,
> 5184.57 × 3455.43 = 17914919,1791 萬像素約為 1800 萬像素。
> 102.4 ÷ 2.54 × 72 = 2902.68 像素,76.8 ÷ 2.54 × 72 = 2177 像素,
> 2902.68 × 2177 = 6319151,631 萬像素。
> 18 ÷ 2.54 × 72 = 510.24 像素,10 ÷ 2.54 × 72 = 283.47 像素,
> 510.24 × 283.47 = 144633,14.4 萬像素。
> 90 ÷ 2.54 × 72 = 2551.19 像素,20 ÷ 2.54 × 72 = 566.93 像素,
> 2551.19 × 566.93 = 1446338,144.6 萬像素。

165. (4) 欲原寸掃描一影像,已知該影像用於商業印刷編排,長寬尺寸各要放大 3 倍,請問掃描時要設定多少解析度？ ①100dpi ②300dpi ③600dpi ④900dpi。

> **解析** 一般商業印刷使用 133～175Lpi 線數,掃描輸入解析度為 LpiX 2 = Dpi,放大則為 LpiX 2 X 放大倍數 = Dpi,本題預估解析度為 150X2X3 = 900 Dpi。

166. (4) 有關影像重新取樣後,影像變化的敘述,下列何者為非？ ①如果只改變影像尺寸,影像資料總量會改變 ②如果只改變解析度,影像資料總量會改變 ③解析度不變,影像尺寸變小則像素會減少 ④影像像素的內插補點方式,以「最接近像素法」品質最佳,但速度較慢。

> **解析** 重新取樣影像時,選項「最接近像素法」是較快速、但比較不準確的方法。較慢但較準確的方法應為「環迴增值法」。

167. (3) 一般四色印刷雜誌,所使用的印刷網屏線數 lpi 是多少？ ①30lpi-60lpi ②85lpi-100lpi ③150lpi-200lpi ④250lpi-300lpi。

> **解析** 印刷四色雜誌使用表面細緻的塗佈紙,通常使用高品質網屏 133～175lpi。

168. (2) 影像解析度和網線數間的關係,決定列印影像的細節品質。若要製作最佳品質的半色調影像（傳統網點）,使用的影像解析度通常是網線數的幾倍？ ①1 到 1.5 倍 ②1.5 到 2 倍 ③2 到 3 倍 ④3 到 3.5 倍。

> **解析** 「影像解析度」是表示螢幕顯示的像素「點」,網線數則為輸出網片的過網「線」數,因此兩者關係一般為網線數 X 2=解析度。

169. (3) 下列有關於像素尺寸和列印影像解析度的敘述,何者錯誤？ ①每英吋的像素越多,解析度就越高 ②除非重新取樣影像,否則當您更改列印尺寸或解析度時,影像資料的總量仍維持不變 ③在關閉重新取樣的狀態下,提高解析度則寬度與高度不變 ④在重新取樣的狀態下,縮小寬或高度尺寸則解析度不變。

> **解析** 如果關閉了重新取樣,當進行變更尺寸或解析度其中一個值,Photoshop 會自動調整另外一個值,維持像素的總數。

170. ( ) 利用電腦進行文字編排完稿時,若因電腦安裝的字型庫不同,以下操作方法何者較佳? ①可依"字型對照表"的對應設定編排 ②因無一樣的字型,所以隨性操作 ③將文字轉成"外框字"再逐字修正對位 ④重新規劃字型類型設定。 (1)

解析 利用電腦進行文字編排完稿時,如果電腦安裝的字型庫和所編排的文件字型不同時,應該以「字型對照表」的對應字型重新設定編排為宜。

171. ( ) 採用 INDESIGN 軟體操作,若執行製作合併列印(可變印紋套印)時,那些功能是目前無法順利完成的? ①可自動置入圖檔 ②可產生一頁一筆資料或一頁多筆資料 ③可於文字框內將溢排文字做自動縮放 ④可設定單模套入資料後自動產生多筆資料。 (3)

解析 操作 InDesign 軟體時,若執行必須製作合併列印(可變印紋套印),文字框內如有溢排文字,將無法自動縮放。

172. ( ) 利用拼版(落大版)軟體完成 48 頁 A4 書籍時,對小版頁面規格的要求何者正確? ①小版只要有製作出血尺寸,不一定需要標記符號 ②小版只要有製作出血尺寸,一定要有裁切線 ③四邊出血尺寸一定都是 3mm ④如採用騎馬釘裝訂時,小版不需調整內縮尺寸位移。 (1)

解析 利用拼版(落大版)軟體完成 48 頁 A4 書籍時,小版只要有製作出血尺寸,不一定需要裁切線。

173. ( ) 對於中文字製作陰影效果的作法,下列何者不適宜? ①於電腦字型庫中,直接選有陰影的字體 ②可將文字重覆做二層並錯開的方法製作套用 ③選擇製作陰影功能的方法,如 Illustrator 的製作陰影功能 ④選擇製作陰影功能的方法,如 InDesign 選擇文字框後,於物件選單>效果>陰影。 (1)

解析 中文字製作陰影效果的作法,可採取:1.重覆做二層並錯開的方法製作套用,2.與軟體(Illustrator、InDesign)中選擇製作陰影功能。不建議選擇有陰影的字體。

174. ( ) 對於文字格式,若要製作"文字邊框"的作法,何者為非? ①直接設定字的顏色和筆畫顏色 ②可用筆畫調整文字外框的粗細 ③先將文字轉成外框字,再分別設定字及框線色彩及粗細 ④所有字體設定筆畫顏色後,一定不會產生破字、框線重疊或造成字體筆劃交錯處縷空的情形。 (4)

解析 作業系統中的「細明體」、「新細明體」、「標楷體」等字體,這些字體轉成曲線或建立外框之後,會造成字體筆劃交錯處鏤空而產生破字、框線重疊或造成字體筆劃交錯處縷空的現象。

175. ( ) 專業圖文編排軟體(如 InDesign)操作中,若頁面共通性圖文資料(如:書眉、背景底紋)可於軟體什麼功能下進行編輯操作,減少反覆非必要的操作動作,提升效率。 ①樣式視窗 ②頁面中主版(主頁)功能 ③屬性 ④互動中液態版面功能。 (2)

解析 專業圖文編排軟體操作時,若頁面有共通性圖文資料(如:書眉、背景底紋)時,應該於頁面中的主版(主頁)進行編輯操作,以減少反覆之非必要的操作動作,提升效率。

176. ( ) 專業圖文編排軟體（如 InDesign）操作中，書籍式文件的目錄可藉由"版面\目錄"的功能產生，但在目錄的相關文字格式編輯必需先套用軟體的什麼功能，最後方可自動產生目錄文字與其對應頁碼文字。 ①物件樣式 ②表格樣式 ③段落樣式 ④字元樣式。 (3)

解析 專業圖文編排軟體操作時，書籍式文件的目錄可藉由「版面\目錄」的功能產生，但在目錄的相關文字格式編輯必需先套用「段落樣式」。

177. ( ) 專業圖文編排軟體（如 InDesign）操作中，中英文雜排的內文編輯設定，若同時要針對中英文設定不同字型，該如何操作？ ①建立字元樣式 ②建立段落樣式 ③建立複合字體（字體集） ④文字建立外框。 (3)

解析 專業圖文編排軟體操作時，若有中英文混排的內文編輯設定，要針對中英文設定不同字型時必須建立複合字體(字體集)。

178. ( ) 進行拼版規劃時，在進行頁序樣張編碼前，頁序樣張的配置不需考量下列哪個條件？ ①頁碼位置 ②裝訂方式 ③翻法 ④頁面天地對齊方式。 (1)

解析 進行拼版規劃頁序樣張編碼前，頁序樣張的配置不需考量頁碼位置，因為頁碼位置屬於內文編排的範疇。

179. ( ) 專業型排版軟體中，為降低記憶體的佔用，提升排版操作效率，均能夠提供圖檔高、低解析的自動替換的功能？ ①CMS ②RIP ③OPI ④Printer。 (3)

解析 專業型排版軟體中，為降低記憶體的佔用，提升排版操作效率，提供圖檔高、低解析的自動替換的功能為開放式的印前介面，簡稱 OPI(Open Pre-press Interface)。

180. ( ) 左圖為 8 頁摺帖樣張，由此圖可判定此出版品的規格為？ ①右翻天對天 ②右翻地對地 ③左翻天對天 ④左翻地對地。 (4)

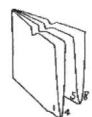

解析 摺線在下，地對地左翻書

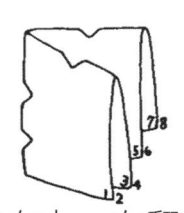

摺線在上，左翻天對天 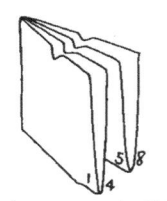　　摺線在下，左翻地對地

181. ( ) 製作〝直角摺〞的頁序樣張，是指當紙張對摺後，在下一摺帖動作前，需先順時針旋轉多少度再摺紙？ ①30° ②45° ③90° ④180°。 (3)

解析 製作頁序樣張時，為使摺向固定，常在對摺時採順時針旋轉 90°。

182. ( ) 印件的開數相同，但裝訂方式不同（一為平釘，一為騎馬釘）之書籍，其台紙所繪製之標線，下列何者不同？ ①付印尺寸標線 ②印紙咬口線 ③裁切線 ④裝訂線。 (4)

> **解析** 騎馬釘的裝訂線與書背摺線位置一致，而平釘書籍的打釘位置應距離書背 6mm。

騎馬釘　　平釘

183. ( ) 左圖為一正擺的頁序樣張摺帖，其摺帖 B 邊在書的結構名稱上稱之為？ ①天邊 ②地邊 ③書口邊 ④裝訂邊。 (2)

> **解析** A 天邊、B 地邊、C 書口邊、D 裝訂邊

A 天邊、B 地邊、C 書口邊、D 裝訂邊

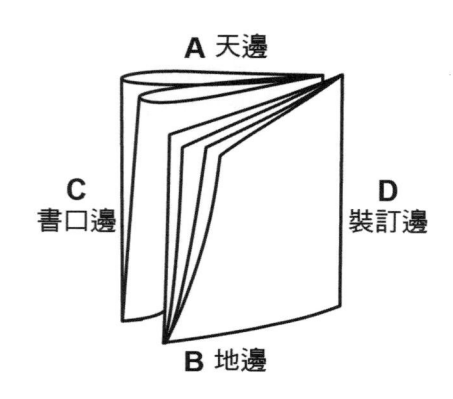

PART 1　學科題庫解析

工作項目 05　輸出

重點整理

一、電腦的組成

硬體（Hardware）

可分六大類：1.螢幕、2.主機、3.鍵盤、4.滑鼠、5.磁碟機、6.其他周邊設備（如印表機、掃描器）。

軟體（Software）

可分兩大類：

1. 作業系統（Operating System）簡稱 OS，是一種管理電腦硬體與軟體資源的程式，同時也是電腦系統的核心。目前常見個人電腦的作業系統有微軟公司（Microsoft）的 Windows 以及蘋果公司（Apple）的 OS X 兩大陣營。
2. 應用程式（Application Software），是針對不同的工作需求所開發的軟體，常用的軟體如下：

文書處理軟體	Word、Writer、Pages
點陣式影像處理軟體	Photoshop、PhotoImpact、Painter
向量式繪圖軟體	Illustrator、CorelDraw
排版組頁軟體	InDesign

資料儲存的單位：

單位	說明	換算公式
Bit 位元	電腦最基本的儲存單位，只能存 0/1 兩種值。	
Byte 位元組	資料處理最小單位。	1byte＝8bits
kilobyte，KB	某圖片檔案大小為 512KB。	1KB＝1024bytes
megabyte，MB	3.5 吋磁片的容量為 1.44MB。	1MB＝1024KB
gigabyte，GB	個人電腦硬碟容量是 600GB。	1GB＝1024MB
terabyte，TB	網路儲存裝置 NAS（Network Attached Storage）硬碟容量是 1TB。	1TB＝1024GB

※各個單位的倍數之所以是 1024〈而非 1000〉倍，是因為二進位時，$2^{10} = 1024$

二、數位檔案處理

數位檔案儲存格式

檔案格式	檔名	用途	優點	缺點
JPEG	.jpg	列印	儲存 24 位元全彩影像可以減少檔案大小，但不支援透明或動畫。	破壞性壓縮，壓縮比愈高時影像的資料耗損程度會愈大，影像也會愈失真。
GIF	.gif	多媒體簡報 網頁動畫	屬 LZW（Lempel-Ziv-Welch）壓縮格式 可以儲存透明背景 能儲存動畫效果的 GIF 89a 規格	只適用於螢幕顯示，RGB 色彩 不支援 Alpha 色版 不適合用於相片及全彩影像的儲存

檔案格式	檔名	用途	優點	缺點
TIFF	.tif	列印	跨平台的圖形檔案格式 非破壞性壓縮 不失真的 24 位元彩色影像格式	列印 CMYK 檔案的速度比 EPS 格式慢 無法儲存 Duotone 資料
EPS	.eps	列印	印前系統中功能最強的一種圖檔格式 可跨 PC 及 MAC 兩平台 可用於向量圖像和點陣影像的存取 採用 PostScript 語言進行描述，保存更多影像資訊〈例如路徑〉	預覽較為麻煩且會增加檔案容量 五個分色檔儲存追蹤較難
BMP	.bmp	多媒體簡報視頻訊號	Windows 的標準影像格式 與大部分 Windows 應用程式相容	許多 Macintosh 應用程式不支援 不能儲存為 CMYK 模式、檔案大。
PDF	.pdf	列印、電子交換	PostScript技術壓縮完整的圖文資訊。 視窗瀏覽與列印結果都與原件無異。 可在各種不同的作業平台與系統間相互交換及瀏覽，附免費軟體瀏覽。 可加上數位簽名或密碼保護。	主要用於文件格式，解讀圖檔功能不強。
DOC	.doc	列印、簡報	Word 文件檔案	在不同平台間傳遞時，因系統字體不同會改變版面編排。
PNG	.png	照片、透明圖	非破壞性的壓縮技術讓影像不失真，可儲存 48 位元的彩色影像，像素色彩也有 256 種不同的透明度選擇	
PICT	.pic	列印	麥金塔的標準影像格式 通常用於黑白或是 256 色內的彩色影像。而另一格式 PICT2 則用於 8 位元灰階或 24 位元彩色影像。	
TXT	.txt	純文字編輯	不受軟體與作業系統限制，將文字內容提供各種軟體應用	無法包含任何格式設定

點陣圖的格式與特性

一般紀錄圖形的點陣圖格式為了減少檔案佔有的儲存空間，以及使檔案有更好的攜帶傳遞性，便產生了各種壓縮演算法，常見的壓縮演算法有以下兩類：

無失真壓縮法 （Lossless Compression）	破壞性壓縮法 （Lossy Compression）
資料在經過壓縮後，可以透過解壓縮（或稱反壓縮）的演算法再還原。	因為提高壓縮比率，使得和原始資料有少許差異卻可得到較高的壓縮效果。
PCX、GIF、TIFF、TGA、PNG 等影像格式都屬於這類。	JPEG 就是屬於這類。

壓縮格式 GIF、JPEG、PNG 三者差異					
檔案格式	位元	壓縮方式	型態	傳輸方式	適用範圍
GIF	8 bits	非破壞性	點陣圖	交錯式	動畫、圖示、透明圖
JPEG	24 bits	破壞	點陣圖	漸進式	照片
PNG	8-24 bits	無損耗	可攜式網路圖形	交錯式	照片、透明圖

常見影像、繪圖專業軟體之檔案格式

檔案格式	軟體名稱	說明
PSD	Photoshop	為點陣影像處理軟體，由於可以保留所有原始資訊，在影像處理中對於尚未製作完成的圖像，是最佳的選擇保存的格式，目前為專業影像處理的翹楚。
AI	Illustrator	為向量繪圖軟體，由於擁有良好的版面控制功能，除插畫繪製之外，也常應用印前的設計工作。因為可支援該公司其他多項軟體，所以最為業界所使用。
UFO	PhotoImpact	為點陣影像處理軟體，由於可以保留所有原始資訊，在影像處理中對於尚未製作完成的圖像，是最佳的選擇保存的格式。
CDR	CorelDRAW	為向量繪圖軟體，由於擁有良好的版面控制功能，除插畫繪製之外，也常應用印前的設計工作，一般合版印刷公司經常使用該套軟體。
DWG	AutoCAD	為向量製圖軟體，多用於製造業以及室內設計業的製圖工作，因為擁有精確的 2D 及 3D 製圖功能所以常被認為製圖領域的入門軟體。

三、CTF／CTP／CTcP

CTF（Computer to Film）**底片輸出機**是一台底片成像的機器，透過對輸出在底片上的電子圖文影像進行感光，再透過影像沖洗後，製成可製版的印刷的底片。在製作底片時，可依印刷的解析度來選擇不同的 LPI 與印刷套色的色數。

CTP（Computer-to-Plate）**直接製版又稱電腦直接製版或離線製版**是利用電腦拼好的頁面依照印刷機的型號、折頁的要求拼組成大版，再利用 RIP 直接在印版上成像的設備。它不需經過軟片、顯影等，簡化了成像的程序，加快生產降低成本，因此很快普及於印刷界。

CTcP（Computer to Plate）**電腦直接製版技術**是一種直接製版技術，不需要底片的顯影、定影等沖洗處理程序，而是直接把將數位的圖文資訊拷貝到印版上面。

CTP 版材種類

紫光雷射 CTP（Violet）→ 光聚合型版材

熱感 CTP（Thermal）→ 熱熔解型版材

CTcP（Converntional）→ PS 版

四、打樣

軟式打樣（Soft Proofing）是透過掃描修正或處理圖像後，在彩色螢幕上顯示色彩，目的在於調整拼版處理的綜合製版效果，以綜合製版的效果為依據來修正圖像又稱「虛擬打樣」。軟式打樣與印刷品會有一定的差距，這是因為顯色的方式不同與印刷條件的差異所造成。

數位打樣（Digital Proofing）是不需在正式印刷的紙張上利用油墨印刷，取而代之的則是在軟體上利用色料或是其他顏料印刷樣張。相對於由膠片生產的類比樣張，數位樣張則是透過數位資料產生，不論是熱印技術、熱昇華技術、噴墨技術和雷射技術等都是屬於數位打樣。

傳統打樣（Traditional Proofing）是透過打樣機的類比印刷使圖像再現的效果，透過在紙張上利用油墨進行四色疊合套印形成彩色樣張。

五、RIP 與 Postscript

RIP（Raster image processor）

「光柵圖像處理器」或稱「點陣影像處理器」，是將文字、線條、區塊、影像等圖像資料轉換成輸出設備接受的數位機械碼。簡單的說，就是把各種圖像的檔案格式，解譯成輸出設備能接受的訊號再輸出成有形的影像。

廣義上來說，對所有頁面描述語言的光柵化處理程序都可以稱為 RIP，但 RIP 通常是指 PostScript(PS)解釋器，就是將 PS 文件解釋轉變成為點陣數據的處理器。

PostScript

PostScript 是美國 Adobe 公司所發展的頁面描述語言技術，目的為解決電腦與周邊輸出設備不能統一的問題，它具有周邊之獨立性（Device Independent）、解析度獨立性（Resoution-Independent）、所見即所得 WYSIWYG（What You See Is You Get）、高階繪圖功能及影像呈像功能。運用 Postscript 語言，可以將設計完成的電腦稿件與各種不同的輸出設備溝通，得到與原稿無異的輸出結果。

六、半色調與網點

半色調

半色調（Halftone）：是一種表達色彩漸層的影像模式，藉由不同疏密或不同大小的網點來構成圖案，用以表現灰階影像的錯覺效果。而影響半色調網點有四個重要參數 1、網點濃度（又稱網點百分比）2、網線數（又稱過網頻率）3、網點形狀 4、網屏（點）角度。

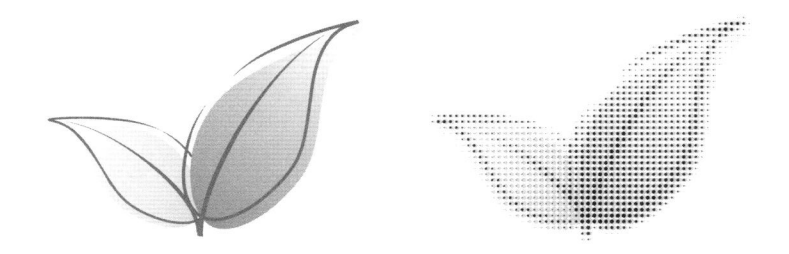

網屏（點）角度

網點角度的選擇對於印刷製版有著相當重要的影響。各色調的網屏必須依照一定的角度旋轉堆疊，網點才能交錯產生混色效果以重現色彩。常見的網點角度有 90 度、15 度、45 度、75 度。45 度的網點表現最佳，圖像穩定；15 度和 75 度的圖像穩定性稍差；90 度的角度是可以顯示最穩定的圖像，但是視覺效果呆板。一般來說，兩種網點的角度差在 30 度和 60 度的時候，整體的干涉條紋較美觀；其次為 45 度的網點角度差；當兩種網點的角度差為 15 度和 75 度的時候，干涉條紋就會損害圖像品質。

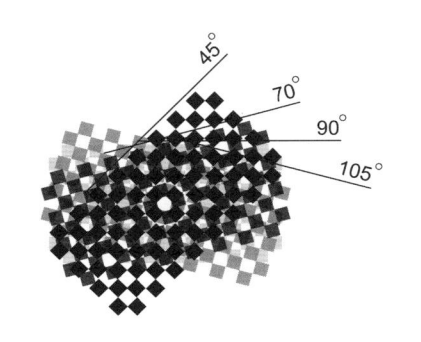

調幅網點 AM（Amplitude Modulation）又稱為亂數網點（Stochastic Screening）是目前使用的最為廣泛的一種網點，在網點的位置和排列角度固定不變的情況下，利用網點的大小變化來表現圖像的深淺，從而實現了階調。在印刷中，調幅網點的使用主要需要考慮網點大小、網點形狀、網點角度、網線精度等因素。其缺點在於當圖片有線條狀的影像或印刷歸位不準確時，就很容易產生網花。

調頻網點 FM（Frequency Modulation）是 90 年代新發展的一種加網方式，它和調幅網點不同之處在於網點大小是固定的，透過控制網點的密集程度來實現階調。亮調部分的網點稀疏，暗調部分的網點密集，但當中間調的網點密度極高時，網點就容易擴大。

複合式網點（Hybrid Screening）是融合了 AM 與 FM 網點的特點，因為 AM 網點技術在邊界高頻區域不能表現較佳的解析度，而 FM 網點技術的網點擴張情形較 AM 網點技術嚴重，導致影響圖像階調的表現。所以適當地利用混合網點，可綜合 AM 與 FM 網點技術的特性及優勢，亮部與暗部以 FM 網點呈現，中間調的部份則使用 AM 網點呈現以達到較佳的輸出圖像表現。

七、色彩管理系統

CMS（Color Management System）色彩管理系統就是將不同的設備所產生的顏色數值，運用規格化的系統管理將其一致性顏色重現的方法。一般而言即使這些設備處理的是相同數據的資料也會因為每一個設備本身擁有的顏色特性和設定而有差異，CMS 就是提供管理者進行檔案色彩管理的工作。

重點考題

1. (　) 底片輸出機（Imagesetter）的英文簡稱為　①CTC　②CTD　③CTF　④CTP。　(3)

    解析 CTF 底片輸出機（Computer to Film）是一套能將數位圖檔轉換成一般底片的機器。

2. (　) 一般所謂的無版印刷，基本上可以指　①大圖輸出機　②CTF　③CTP　④CTcP。　(1)

    解析 無版印刷（Plateless Printing）意指無需製版的印刷技術，例如：大圖輸出機、噴墨列表機及雷射列表機，都可被歸類為無版印刷機。CTF 為底片輸出機，CTP 與 CTcP 皆為直接製版技術。

3. (　) 電腦直接製版（又稱離線製版）的英文是　　(2)
    ①Computer-to-Paper　②Computer-to-Plate
    ③Computer-to-Press　④Computer-to-Proof。

    解析
    ①Computer-to-Paper 電腦數位印刷。
    ②Computer-to-Plate 電腦直接製版（又稱離線製版）。
    ③Computer-to-Press 印刷機上直接製版（又稱機上製版）。
    ④Computer-to-Proof 電腦數位打樣。

4. (　) 印刷機上製版（又稱機上製版）的英文是　　(3)
    ①Computer-to-Paper　②Computer-to-Plate
    ③Computer-to-Press　④Computer-to-Proof。

    解析
    ①Computer-to-Paper 電腦數位印刷。
    ②Computer-to-Plate 電腦直接製版（又稱離線製版）。
    ③Computer-to-Press 印刷機上直接製版（又稱機上製版）。
    ④Computer-to-Proof 電腦數位打樣。

5. (　) 數位印刷（Digital Printing）可以有的詮釋，下列敘述何者為非？　(4)
    ①Computer-to-Paper　②Computer-to-Proof
    ③None-Impact-Printing　④Computer-to-Press。

    解析 數位印刷又稱無版印刷，是在印刷的過程中全部或部分過程數位化，就是將印刷技術數位化。例如：照相排版、遠端傳版、異地印刷、數位打樣、電腦直接製版、數位化工作流程、印刷廠 ERP 等都屬於數位印刷的範圍。
    ①Computer-to-Paper 電腦數位印刷。
    ②Computer-to-Proof 電腦數位打樣。
    ③None-Impact-Printing 無印壓印刷。
    以上都是屬於數位印刷
    ④Computer-to-Press 印刷機上直接製版（又稱機上製版）還是需要製版。

6. ( ) 若是以 2400 dpi 解析度之電腦直接製版機，輸出 150 線之印刷品，應有多少的層次階調？ ①16 階 ②64 階 ③100 階 ④256 階。 (4)

> **解析** 網線數為 150 線表示印刷品每一英吋有 150 顆半色調網點，以一單位的半色調網點（以方形點為例），單一邊長有 2400 dpi /150 = 16 個小光點（Spots），故一單位的網點能形成 16 × 16 = 256 階調。

7. ( ) 若有一高階藝術畫本要出刊，且需要以 200 線印刷，則影像圖檔之解析度不宜低於 ①50 dpi ②150 dpi ③250 dpi ④350 dpi。 (4)

> **解析** 高階藝術畫本解析度的設定應為網線數 2 倍，因此該圖檔的解析度為 200 × 2 倍，也就是解析度應該不得低於 400 dpi，所以 350 dpi 最接近正確答案。

8. ( ) 下列何種解析度較適合於輸出線條稿（Line-art）？ ①72 dpi ②200 dpi ③300 dpi ④1000 dpi。 (4)

> **解析** 線條稿在實際印刷尺寸下設定為 800～1200dpi，解析度若過低會造成印刷品質不佳，解析度過高，則檔案太大不利傳輸。

9. ( ) 某一 CTP 之解析度為 2540 dpi，這表示每一公分擁有？ ①254 個點 ②508 個點 ③1000 個點 ④2540 個點。 (3)

> **解析** 解析度為 2,540dpi，代表每英吋（2.54 公分）中有 2,540 點，因此每公分則有 2,540 ÷ 2.54 = 1,000 點。

10. ( ) 某一報紙的輸出線數為 120 線，其原稿的掃描解析度以何者較為適當？ ①72 dpi ②200 dpi ③400 dpi ④800 dpi。 (2)

> **解析** 報紙解析度的設定應為網線數 1.5 倍，因此該圖檔的解析度為 120 × 1.5 倍，也就是解析度應該不得低於 180 dpi，所以 200 dpi 最接近正確答案。

11. ( ) 欲原寸掃描一張用於 200 線印刷之正片，且印刷時原稿將放大為 200%，其掃描之解析度應為多少較理想？ ①100 dpi ②200 dip ③400 dpi ④800 dpi。 (4)

> **解析** 一張以 200 網線數印刷的影像圖檔，其解析度應於印刷線數的 2 倍，因此可知該影像解析度 200 × 2 = 400dpi。而印刷時原稿將放大 200% 就是兩倍，所以掃描的解析度 400dpi × 2 = 800 dpi。

12. ( ) 報業輸出線數較常使用的是？ ①100 lpi ②150 lpi ③175 lpi ④200 lpi。 (1)

> **解析** 報紙所用的輸出線數的典型值是每英寸 100（lpi）線，若是設定太高，較容易造成墨糊現象。

13. ( ) 報紙的輸出，CTF 或是 CTP 的輸出解析度是多少就已經足夠？ ①1200 dpi ②1800 dpi ③2400 dpi ④3600 dpi。 (1)

> **解析** CTF 或是 CTP 的輸出解析度 dpi 值通常必須大於 lpi 值 10～20 倍，報紙線數 120 lpi × 10 = 1,200 dpi，由於報紙無法表現太精緻的圖文，所以超過 1,200 dpi 也沒有多大意義。

14. ( ) CTP/CTF 之輸出線數與解析度之設定值越高，下列敘述何者為真？ ①印刷品質一定最有保障 ②輸出速度較快 ③輸出時間較長 ④印版或是底片之沖洗時間較長。 (3)

> **解析** 印刷設備的解析度有一定規格，理論上輸出線數與解析度越高輸出品質就越佳，但是如果超過印刷設備的設定值，最好也就只能呈現出印刷設備的品質。輸出線數、解析度和檔案大小呈正比，即是說當輸出線數越高、解析度越高所包含的色彩資訊也相對增加，因此產生的影像就越細膩，進而增加檔案輸出的時間。輸出線數和解析度高低與印版或是底片之沖洗時間無關。

15. ( ) 網路圖片影像較不適宜用於印刷品的輸出，其最主要的原因是？ ①圖片影像尺寸太小 ②圖片影像尺寸太大 ③圖片影像解析度過低 ④圖片影像解析度過高。 (3)

> **解析** 印刷品輸出的解析度最少需要 300dpi，如果能提高到 350dpi 效果會更理想。而網路圖片解析度大多只有 72dpi。如果原寸製作會造成解析度不足的馬賽克現象；若將圖檔調整為 300-350dpi，卻可能面臨圖檔尺寸變得非常小的狀況，因此網路圖片不適合用於印刷品的輸出。

16. ( ) 一般而言，600 dpi 與 1200 dpi 的彩色雷射印表機的敘述，下列何者為真？ ①前者輸出碳粉較多色 ②前者輸出品質較佳 ③前者所佔體積較大 ④前者輸出速度較快。 (4)

> **解析** 在同一圖形檔案 600 dpi 條件下，理論上來說：輸出碳粉色彩數量一樣，輸出品質也一樣，輸出解析度與機器大小無關。輸出速度一樣，影響輸出速度的因素取決於彩色雷射印表機的處理器與記憶體多寡，最後才是檔案解析度大小，今例 600dpi 都在兩者規格條件之內。
> 在同一圖形檔案 1200 dpi 條件下，理論上來說：後者輸出碳粉色彩較多，後者輸出品質較佳，輸出解析度與機器大小無關。輸出速度前者因為解析度較小，所以速度較快。

17. ( ) 1200 dpi 與 2400 dpi 的 CTF 的比較，下列敘述何者為真？ ①前者網點比較小 ②前者輸出時間較長 ③前者輸出品質較差 ④前者沖片時間較快速。 (3)

> **解析** 相較於底片輸出機（CTF）輸出的 1200 dpi 與 2400 dpi 片子，解析度越高的片子所包含的網點密度越高，因此表現越為細緻，品質就越好。沖片時間並不會因為解析度不同而增加或減少。

18. ( ) 將檔案輸出到輸出裝置時，其解析度的選擇為 ①解析度越高越好 ②解析度越低越好 ③解析度與輸出裝置無關 ④解析度的選擇要看輸出裝置與輸出目的而定。 (4)

> **解析** 輸出解析度之設定取決於輸出之目的，不同印刷品所需輸出的也解析度不同，確定輸出目的之後再選擇適宜的輸出設備，一昧選擇高解析度設備並無助於輸出的效果，譬如若只需 120 dpi 的印刷物，而選擇了 600 dpi 的輸出裝置，結果也只能表現出 120 dpi 的效果。

19. ( ) 在輸出電子檔案時，需要注意的選項，下列敘述何者為非 (1)
①輸出裝置的價格　②輸出裝置的解析度　③是否需要分色　④輸出尺寸的大小。

解析 輸出時應注意檔案相關的設定，如：尺寸大小、是否需要分色以及印表機、螢幕能表現出來的解析度範圍…等要素，以影響輸出之品質。而輸出裝置的價格非輸出時應考量之因素，但可為購買時考慮之依據。

20. ( ) 檔案製作輸出之結果，下列何者敘述為真？ (1)
①圖檔解析度為 72 dpi 時，只適用於螢幕顯示　②螢幕顯示結果一定與印刷結果相同
③一定可以表現疊印或直壓現象　④色彩模式不會影響輸出之結果。

解析 一般螢幕解析度皆設定為 72 dpi，而印刷品的解析度則須設定高於 300 dpi，因此若圖檔解析為 72 dpi 時，只適用螢幕顯示。螢幕使用 RGB 色彩作顯色原理，而印刷品是透過 CMYK 色彩作套印，因此須透過色彩管理系統，以確保輸出結果較為相近。直壓與疊印大都應用在有底色上方的黑色文字，是為了避免印刷時未套準而漏白邊。檔案設定之色彩模式當然會影響後端印刷品的輸出品質。

21. ( ) 相同檔案以不同條件輸出到不同的輸出裝置，需要注意的是　①其檔案應該要一模一樣　②應視不同的輸出裝置做適當檔案內容的調整　③檔案一定要重做　④檔案內的影像圖檔之解析度一定要修改。 (2)

解析 檔案需要依照不同輸出裝置需求的輸入格式做設定之調整，設定如：色彩模式、圖檔解析度…等設定。

22. ( ) CTcP 與 CTP 在輸出時的相異之處？　①RIP 的使用不同　②版材使用的不同　③輸出線數（LPI）的不同　④輸出設備解析度的不同。 (2)

解析 CTcP 為新的電腦直接製版技術，與 CTP 技術的區別在於兩者的版材不同。CTcP 採用的版材就是傳統的 PS 版材，而 CTP 可區分為熱感 CTP 與紫光 CTP 各自使用的版材不同，熱感 CTP 使用熱感型印版材料為印版；紫光 CTP 則可能使用銀鹽印版、感光聚合物印版或是複合式印版。

23. ( ) 數位印刷在短版印刷有其優勢，但在輸出時與 CTP 之差異，下列敘述何者為非？ (4)
①同為四色印刷輸出　②大都還需要拼成大版來輸出
③都可以完成客戶交代的工作　④都是輸出於印版上。

解析 數位印刷是透過電腦軟硬體的搭配同時也採用 CMYK 四色混合及拼成大版，再將數位檔案傳送到印表機上，最後利用雷射、噴墨、電子照相、熱轉印…等技術，將文字、影像印於紙張上，不需使用印版。而 CTP（電腦直接製版技術）則是將數位資訊透過電腦傳送到雷射製版機上，製作出印版再進行複製。

24. ( ) 在影像處理時，輸出於印表機時要注意何事？　①解析度夠不夠　②色彩模式一定是 CMYK　③色彩之 Channel 是否為 4 位元　④色彩夠不夠乾淨。 (1)

解析 輸出於印表機最重要就是解析度，解析度多寡會直接影響輸出影像品質。當解析度不足又要印出原寸時，輸出成品就會出現馬賽克現象。

25. ( ) 檔案輸出於 CTF 時，需注意 (2)
①底片的廠牌 ②網目的線數 ③輸出機的廠牌 ④操作人員的心情。

> **解析** 網目線數為單位長度內排列的網點數，又稱為網點的線數，當然會直接影響檔案輸出的品質。

26. ( ) 下列何種情形較不會影響印刷輸出之品質？ (3)
①輸出時的解析度 ②CTP 之藥水濃度
③輸出時間在白天或是晚上 ④網點擴大的管控。

> **解析** 印刷輸出品質的相關設定中，印刷品及輸出設備的解析度設定、製版藥水的濃度都直接影響印版網點的呈現，印刷網點的選擇及控管也會影響輸出品質的表現，只有輸出的時間較不會直接影響印刷輸出的品質。

27. ( ) 檔案輸出於 CTP 時，下列何者不是主要考量？ (2)
①輸出尺寸是否相符 ②螢幕的尺寸是否較大
③輸出機解析度之高低 ④影像圖檔是否有連結完善。

> **解析** 螢幕尺寸不會影響檔案輸出品質，所以不是主要的考量因素。

28. ( ) 以高階彩色數位印刷的輸出而言，下列何者不是噴墨印表機輸出的優點？ (4)
①輸出不會有熱的產生 ②被印紙張的平滑度較不受限制
③輸出尺寸較大 ④壓電式輸出噴頭不需要額外保養。

> **解析** 壓電式輸出噴頭必須定期拆卸保養，如此才能常保噴頭通暢。

29. ( ) 以一般辦公室所用之印表機而言，下列何者不是雷射碳粉輸出的優點？ (3)
①輸出速度較快 ②被印紙張較不受限制 ③輸出尺寸較大 ④輸出成本較經濟實惠。

> **解析** 目前普及的雷射輸出設備最大尺寸仍無法達到全開尺寸，而噴墨輸出設備的尺寸已經超過全開，甚至長度部分可依輸出需求再加長。

30. ( ) 目前辦公室常用之桌上雷射印表機的最大輸出尺寸為？ (2)
①A4 ②A3 ③B4 ④B3。

> **解析** 目前市面上常見的雷射印表機最大輸出尺寸為 A3。

31. ( ) 目前業界所使用的 RIP 大多以 Adobe 為核心，所以輸出的檔案給不同公司的 RIP： (3)
①其結果都會一樣 ②運算的速度都會一樣快
③檔案與 Ripping 後之預檢仍是要檢查 ④其色彩網點的表現都會一樣。

> **解析** 每家公司要求預設檢查的項目不一，因此在 Ripping 後仍要再次檢查確認符合不同公司之需求。

32. ( ) 檔案經過 RIP 輸出完畢後，下列敘述何者為非？ (3)
①應保留原始檔案，並將之轉存為 PDF，以便日後所有輸出的可能
②為求輸出結果的一致性，可保留 RIP 後之 1-bit TIFF 之檔案
③RIP 之後的 1-bit TIFF 檔案不等於印刷製版檔案
④RIP 之後的 1-bit TIFF 檔案太大了，經客戶同意才可不需要保留。

解析 RIP 之後的 4 色 1-bit TIFF 檔可以合併為全彩圖。

33. ( ) RIP 的主要功能是 ①只能解譯文字檔案到輸出裝置 ②只能解譯影像檔案到輸出裝置 ③解譯數位圖文資料檔案到輸出裝置 ④只能解譯向量檔案到輸出裝置。 (3)

解析 RIP（Raster image processor）為「光柵圖像處理器」或稱「點陣影像處理器」，是將文字、線條、區塊、影像等圖像資料轉換成輸出設備接受的數位機械碼。簡單的說，就是把各種圖像的檔案格式，解譯成輸出設備能接受的訊號再輸出成有形的影像。

34. ( ) 實務上大圖輸出的檔案大多是經由 RIP 來輸出，下列何者原因為非？ (3)
①輸出速度較快 ②較容易控制輸出流程
③RIP 比較簡單易學 ④可以有預視的功能來確保輸出的正確性。

解析 RIP 輸出不僅必須熟悉軟體操作，有時更必須排除故障，所以不僅要懂得還必須熟練才可能勝任工作。

35. ( ) 要加速 RIP 輸出的速度，下列方法何者為非？ ①更新版本 ②增加 RIP 工作站的 RAM ③加大 RIP 工作站的螢幕 ④降低輸出的解析度。 (3)

解析 更新軟體版本、增加記憶體與降低圖形解析度都是提升 RIP 速度的方法。而將 RIP 工作站的螢幕加大並無法提升 RIP 輸出的速度。

36. ( ) 應用 CTP 與 CTF 作為輸出裝置，輸出材質的描述何者為非？ (4)
①CTP 的版材為金屬 ②CTF 的輸出材質為底片
③CTP 輸出製程較為環保 ④CTP 版面內容錯誤可以手工修改。

解析 CTP 輸出網點可達 2,400 dpi，無法使用手工直接修改。

37. ( ) 數位印刷在輸出時，設備商較不會在下列何者項目持續下功夫？ (3)
①被印材料的多元化 ②尺寸的大小 ③設備體積的大小 ④列印的速度。

解析 設備商較會在意被印材料的多元、改善影響輸出的速度、品質等因素，而設備體積的大小並非影響輸出的主要影響的因素。

38. ( ) 數位印刷業者希望數位印刷設備商不要太著墨在 (4)
①單位成本的降低 ②噴墨技術的研發 ③印刷品質一致性 ④紙槽的增加。

解析 印刷業者多希望設備商能將技術著重於開發及改善輸出的品質及成效，因此紙槽的增加與輸出品的品質與成效無直接相關。

39. ( ) CTF/CTP 之輸出解析度之選擇，下列何者為真？ (2)
①輸出的時間越短越有效率 ②解析度的選擇以輸出印刷品線數為標準
③輸出的時間較長，才可確保品質 ④解析度的選擇是越高越好。

> **解析** 解析度是指每英吋中包含多少點數（Pixel），而印刷品線數是指在垂直或水平方向上每英吋網線數，單位為「線/英吋」（Line/Inch）簡稱 LPI。

40. ( ) CTP/CTF 的底片或是印版的曝光方式，下列敘述何者為非？ (4)
①平台式 ②內輥式 ③外輥式 ④波浪式。

> **解析** 不同的成像原理和光源其機械結構和曝光方式也不相同，而現有的曝光方式大體可以分為：平台式、內輥式（內滾式）、外輥式（外滾式）三種。

41. ( ) 在彩色打樣的趨勢當中，下列何者較為業界普遍選用 ①螢幕軟式打樣 ②數位打樣 (2)
③印刷機打樣 ④傳統打樣機打樣。

> **解析** 「打樣」就是試印幾份交由客戶進行最後上機印刷前的確認動作，螢幕軟式打樣其混色原理與印刷原理不同，無法真實展現稿件的原貌。上印刷機打樣與傳統上打樣機打樣都必須將版面製妥再進行打樣，如果發現錯誤需要修改，印版就必須重製。數位打樣與傳統打樣技術相比，具有彩色圖像再現性高、色差小、圖像解析度準確、樣張輸出穩定性高、輸出速度快打樣及總成本較低的優點。

42. ( ) 在選擇數位打樣時最應注意 ①與最終印刷紙張相同 ②數位打樣設備的廠牌 (1)
③色墨越多越好 ④並無特別事項需要注意。

> **解析** 數位打樣就是將稿件直接由印表機輸出樣張，作為印前作業圖像品質檢查之參考，因此使用與最終印刷相同的紙張打樣才能確保接近最後印刷的品質。

43. ( ) 所謂的軟式打樣，下列敘述何者為真？ ①多用於塗佈紙張的輸出 ②適合彩色內容 (3)
的書籍 ③適合黑白內容的書籍 ④多用於噴墨印表機。

> **解析** 軟式打樣是藉由螢幕顯示器，檢視編排調整綜合製版的效果，因此又稱為「虛擬打樣」。此外因為螢幕呈現色彩的模式為 RGB 色光混色，印刷品為 CMYK 色料混合模式。因此軟式打樣往往會與印刷品有一定的差距，所以軟式打樣適合應用在無色彩（黑白、灰階）等印刷品。

44. ( ) 原始檔案要輸出為 PDF 檔案時，下列何者處理方式為非？ (1)
①任何軟體檔案皆可以直接轉存為 PDF 檔案
②先儲存為 EPS 檔案，再轉存為 PDF 檔案
③先儲存為 Postscript 檔案，再轉存為 PDF 檔案
④在 QuarkXpress 軟體中，檔案可直接轉存為 PDF 檔案。

> **解析** 一般文件轉製成 PDF 檔有以下幾種常見方式：
> 1.由文件中存檔產生 PDF 文件，但需要軟體支援 PDF 格式才能做到。
> 2.列印的時候將 PDF（PDFMaker）作為虛擬印表機。
> 3.將文件儲存成頁描述語言的圖形（Postscript File），再經由 Distiller 輸出。

45. ( ) 適合印刷時輸出的 PDF 檔案，在其儲存時的種類選擇為？ (1)
①Press　②Printer　③Proof　④Screen。

> **解析** 早期 Acrobat Distiller 在輸出時提供「Screen」、「Print」、「Press」、「eBook」、「CJKScreen」等五個選項供使用者選擇。
>
> 「Screen」該工作選項適用於網際網路顯示，或透過電子郵件傳遞進行螢幕檢視的 PDF 檔案。「Print」該工作選項適用於要送到桌上印表機、數位影印機、光碟片出版或送給客戶進行出版校對的 PDF 檔案。「Press」工作選項適用於作為高品質的最終輸出傳送到相紙輸出機或影印機來列印的 PDF 檔案。「eBook」該工作選項適用於主要通過螢幕閱讀的 PDF 檔案。「CJKScreen」只有使用 CJK 安裝程式，CJK 工作選項檔案才可用。
>
> 檔案大小依序 Press＞Print＞eBook＞CJKScreen＞Screen。新版的 Acrobat Distiller 所提供之轉換設定選項更加詳細。

46. ( ) PDF 檔案可以藉由軟體以 Open 的方式開啟，下列哪一種軟體無法達成？ (4)
①Photoshop　②Illustrator　③Acrobat　④InDesign。

> **解析** Photoshop、Illustrator、Acrobat 都可以使用 Open「開啟」指令直接開啟 PDF 檔案。InDesign 不支援 Open「開啟」指令直接開啟 PDF 檔案，但可以使用「置入」指令置入指定 PDF 檔案。

47. ( ) 下列何種影像檔案格式最不會失真？　①RAW　②EPS　③TIFF　④PICT。 (1)

> **解析**
> ①RAW 格式是直接紀錄影像感測元件上的原始資料，沒有經過曝光補償、色彩平衡、GAMMA …等調整。所以我們可以使用專屬軟體，進行後續各種設定調整。
> ②EPS 為 PostScript 格式，可以包含點陣圖或向量資訊，主要用於繪圖、排版及印前作業使用。
> ③TIFF 採非破壞性壓縮，為使用最廣泛的行業標準點陣圖檔案格式，可以跨作業平台，適用於排版印刷用途。
> ④PICT 採非破壞性壓縮，為麥金塔作業系統（Macintosh）標準的影像格式，可處理印刷和繪圖兩種模式的影像資料。

48. ( ) 那種檔案格式可以同時包含向量和點陣圖像且還可以重新編輯？ (3)
①PICT　②TIFF　③EPS　④JPEG。

> **解析** EPS 為 PostScript 格式，可以包含點陣圖或向量資訊，主要用於繪圖、排版及印前作業使用。JPEG 檔（Joint Photographic Experts Group）為一種破壞性壓縮格式，主要為紀錄影像資訊。

49. ( ) TIFF 檔案格式屬於點陣格式，但若是檔案過大時，可以轉以何種檔案格式儲存而不太會影響其品質？　①Photoshop EPS　②Photoshop PSD　③TIFF LZW　④JPEG。 (3)

> **解析** TIFF LZW 是一種減小檔案大小的非破壞性技術檔案格式。

50. ( ) 影像檔案處理後，儲存之檔案格式，下列何種較會影響輸出的品質？ (1)
①JPEG ②EPS ③TIFF ④PDF。

解析 JPEG 檔（Joint Photographic Experts Group）為一種破壞性壓縮格式，主要為紀錄影像資訊，相較其他影響輸出品質最大。

51. ( ) 以 Postscript 為核心相關聯的檔案，下列何者為非？ (4)
①EPS 檔案 ②PDF 檔案 ③PS 檔案 ④TIFF 檔案。

解析 EPS 檔案為 PostScript 格式，主要用於繪圖、排版及印前作業使用。PDF 檔案為 Postscript 的衍生版本，PS 檔案即為 PostScript 檔的副檔名。TIFF 檔案則為點陣圖檔。

52. ( ) 下列影像檔案格式在輸出時較不會出現失真的情形是 ①GIF 檔案格式 ②TIFF LZW 檔案格式 ③JPEG 檔案格式 ④EPS 之 JPEG 檔案格式。 (2)

解析 GIF 檔案格式為無失真的影像壓縮格式，但 GIF 檔最大極限只能表現 8 位元的 256 色。JPEG 檔案為一種破壞性壓縮格式。TIFF LZW 檔案採非破壞性壓縮。EPS 之 JPEG 檔案格式即採 JPEG 破壞性壓縮格式。

53. ( ) 現今印刷出版業界最常用印前輸出的檔案格式為 (4)
①DOC ②EPS ③INDD ④PDF。

解析 PDF 已被國際標準組織（ISO）批准為國際標準，ISO 32000 包含完整的 PDF 規格，是各種衍生標準的基礎，並為印刷出版業界最常用印前輸出的檔案格式。

54. ( ) 有關 PDF 檔案格式的論述，下列敘述何者為非？ (3)
①比較不易修改 ②檔案大小比較小 ③需要購買正版軟體才可開啟 ④可以跨平台。

解析 能開啟檔案的格式方法不只有付費購買的軟體才可以，當然也包含免費軟體，例如：Adobe Reader、Foxit PDF Reader 都可開啟 PDF 檔案格式。

55. ( ) 不同網屏網點輸出是會影響印刷品視覺上的優劣，一般而言而何者有較佳的品質？ (3)
①AM 網點 ②FM 網點 ③Hybrid 網點 ④網屏網點並不會影響印刷品質。

解析 複合式網點（Hybrid Screening）就是融合了 AM 與 FM 網點的特點，可獲得更佳的影像效果，有利於高階印刷品的複製。

56. ( ) FM 網點的輸出，下列敘述何者為真？ ①必須使用不同的油墨 ②較易產生網花 ③網點大小以 100 micro meter 最為恰當 ④其網點擴大較為嚴重。 (4)

解析 AM（Amplitude Modulation）與 FM（Frequency Modulation）為網點技術與油墨種類無關，FM 網點相較 AM 網點較不容易產生網花，FM 調頻網點的大小介於 10 到 50 微米（micro）之間，AM 網點利用網點的大小變化來表現圖像的深淺，FM 網點則利用中間調的網點密度表現，因此較容易會產生控制網點擴大的現象。

57. ( ) 傳統 AM 網點的表現是： (2)
①以不同網點的形狀來表示顏色的深淺　②以不同網點的大小來表示顏色的深淺
③網點的疏密程度來表示顏色的對比　④網點越多來表示亮部。

> **解析** 調幅網點（Amplitude Modulation）在網點的位置和排列角度固定不變的情況下，利用網點的大小變化來表現圖像的深淺。

58. ( ) 有關複合式網點（Hybrid Screening）的論述，下列敘述何者為真？ (3)
①以 AM 網點為主　②以 FM 網點為主　③以 AM 與 FM 網點為主　④印刷線數較低。

> **解析** 複合式網點（Hybrid Screening）融合了 AM 與 FM 網點的特點，亮部與暗部以 FM 網點呈現，中間調的部份則使用 AM 網點呈現。

59. ( ) 印刷時所發生的網點擴大，最好於哪一個階段加以修正較佳？ (3)
①掃描圖像時　②影像處理軟體操作時　③輸出於 RIP 時　④改變印刷的紙張。

> **解析** 印刷過程無法停工重來，所以可以利用 RIP 於 Calibration 網點校正時調整輸出設定以產生較正確的網點，解決不同紙張所造成的網點擴大情形。

60. ( ) 一般認為 FM 網點印刷輸出的可能缺點，下列敘述何者為非？　①印刷的時間必須增加　②膚色的呈現較不理想　③平網的呈現較不理想　④網點擴大的可能性會增加。 (1)

> **解析** FM Screening 存在的缺點：1.光位層次和平網容易產生粗糙，顆粒感。FM 網點印刷是針對印刷技術中網點組成的改變，與實際印刷工法及時間是沒有改變的。

61. ( ) 一般在所謂色彩管理系統中，為確保印刷品質所需要校正的裝置，下列何者為非？ (2)
①電腦螢幕　②黑白雷射印表機　③彩色噴墨印表機　④四色印刷機。

> **解析** 黑白雷射印表機所產生的色彩只是黑、灰、白，不會有色偏等問題。因此也就無須透過色彩管理系統校正色彩。

62. ( ) 色彩管理系統（CMS）是要將輸出入設備的色彩加以控制與管理，下列何者設備無法加以管控？　①電腦螢幕　②鍵盤　③掃描機　④彩色雷射印表機。 (2)

> **解析** CMS 為控管色彩之相關機制，但鍵盤為資料輸入設備非關色彩資訊的輸入設備，因此無法控管。

63. ( ) Screen Font 的主要功能就是螢幕的顯示，如要確保輸出的品質，則必須 (1)
①安裝 Postscript 字於 RIP 中　②安裝 Postscript 字於工作站中
③安裝 TrueType 字於 RIP 中　④安裝 TrueType 字於工作站中。

> **解析** Screen Font（螢幕字體）大多是精密度較低的系統字型，主要是用於顯示器上觀看而已。如果要進行列印專業品質的出版品印刷，一般會將 PostScript 字型安裝在後端輸出設備以提高品質。

64. ( ) 下列何種字型在放大輸出較會產生鋸齒狀？ (1)
　　①Screen 字型　②TrueType 字型　③Postscript 字型　④Open Type 字型。

> **解析**
> ①Screen 字型為點陣圖檔案，一般而言只供螢幕上預覽用，為了節省螢幕顯示時間，其解析度差可能會呈現鋸齒狀。
> ②TrueType 字型是利用三個控制點來描述曲線，為利用數學方式來描述字的外框，不會有鋸齒狀發生。
> ③Postscript 字型是利用四個控制點來描述曲線，不會有鋸齒狀發生。
> ④Open Type 字型是一種可縮放字型（Scalable Font）的電腦字體類型，主要是在弧形的貝茲曲線描繪上面比 TrueType 多了一個描述點，採用 PostScript 格式，不會有鋸齒狀發生。

65. ( ) 現今較為適合跨平台的字型是？ (1)
　　①Open Type 字　②Postscript 字　③Screen Font 字　④TrueType 字。

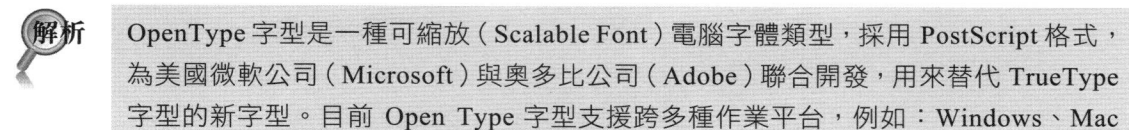

> **解析**
> OpenType 字型是一種可縮放（Scalable Font）電腦字體類型，採用 PostScript 格式，為美國微軟公司（Microsoft）與奧多比公司（Adobe）聯合開發，用來替代 TrueType 字型的新字型。目前 Open Type 字型支援跨多種作業平台，例如：Windows、Mac 及 Unix 等平台。

66. ( ) 數位時代下，將小版組合而成所謂「拼大版」的方式中，下列敘述何者為非？ (4)
　　①以 PDF 方式拼成大版　②以編輯排版軟體方式拼成大版
　　③以 1-bit TIFF 檔案方式拼成大版　④以手工方式拼成大版。

> **解析**
> 拼大版的工作已由過去的手工拼版提昇為電腦拼版。

67. ( ) 拼好大版的檔案頁面，下列檢查之要點敘述何者為非？ (4)
　　①頁數的落版是否正確無誤　②尺寸是否符合輸出的要求
　　③角線與裁切線是否為四色滿版黑　④是否是 8 頁的組合。

> **解析**
> 拼版時，書籍的尺寸大小將決定一張對開或菊全開是由幾頁拼成，而非固定由 8 頁一台的組合。

68. ( ) 菊全的紙張，在落版時可以落幾頁的 A4？　①4 頁　②8 頁　③16 頁　④32 頁。 (3)

> **解析**
> 印刷書籍時，若干頁拼成一整張菊全開印出來，稱為一台。因此一張菊全開的紙張可摺三折為 8 張 A4 的尺寸，紙張有正反兩面，因此一台可落版的 A4 尺寸有 16 頁。

69. ( ) 以菊全紙張印刷，二分之一輪轉台，應該可以印刷成幾套相同的頁數？ (2)
　　①1 套　②2 套　③4 套　④8 套。

> **解析**
> 輪轉版印刷就是前、後面共用一個印版，1/2 輪轉台可以印刷相同頁數 2 套。

70. ( ) 在落大版時，需要注意之事項，下列敘述何者為非？ ①最好能放置印刷導表 ②角線的寬度不能太粗 ③要留意輸出尺寸的大小 ④無論任何印刷品一定要預留出血邊。 (4)

> **解析** 落大版是作安排書籍裝訂順序的一個步驟，透過編排頁面來達到多頁一次印刷及裝訂為目的。而選項出血邊之設定應在印刷步驟前於設計完稿時就有所規劃。

71. ( ) 一般 A4 大小的雜誌（以菊全紙張印刷時），其封面輪轉印刷的設定是 ①1/8 輪轉 ②1/4 輪轉 ③1/2 輪轉 ④無須輪轉之設定。 (2)

> **解析** 常見輪轉台為 1/2 或 1/4 輪轉，1/2 台為四頁＋四頁，1/4 台分為兩頁＋兩頁。封面輪轉印刷就是封面＋封底一次，封面裡＋封底裡一次，共四頁 1/4 台。

72. ( ) 拼版標示色多用於裁切線對位之顏色，它代表 ①單色黑 ②雙色黑 ③三色黑 ④四色黑。 (4)

> **解析** 在排版軟體 InDesign 中色票中標示的「黑」，指的就是只有 K100 的黑，如果在黑色裡還混有其他色版，都可以統稱為「四色黑」，尤其是色票中的「拼版標示色」⊕裡的「黑」就是由 C100 M100 Y100 K100 所組成的。

73. ( ) 下列哪一種軟體較為適於雜誌之編輯排版的製作與輸出？ ①InDesign ②Photoshop ③Illustrator ④Corel Draw。 (1)

> **解析** InDesign 為專業的排版軟體，善於書冊編輯，跨章自動分頁，表單目錄產生，因此最為適用於書籍雜誌編排。而 Photoshop 為影像處理軟體，Illustrator、Corel Draw 為向量繪圖軟體。

74. ( ) 使用 MS Excel 時所產生的圖表檔案資料時，可能會導致圖表檔案資料印刷輸出時顏色有所偏差，其原因為： ①是否有多張工作表單 ②欄位的屬性 ③檔名 ④圖表的色彩模式。 (4)

> **解析** Microsoft Office 軟體的色彩模式目前仍然是以 RGB 色光混合為主，與一般印刷的 CMYK 模式不同，因為色彩模式的差異，所以有可能造成印刷輸出色彩的誤差。

75. ( ) 以特別色輸出到輸出裝置時，下列敘述何者為非？ ①可用於局部上光 ②可用於企業識別色 ③比較開心也比較炫 ④可用於 Pantone 色。 (3)

> **解析** 其中③選項內容與設定者的觀感有關，但與輸出設定無直接關係。

76. ( ) 在電腦網路中，使用者與遠端伺服主機連線進行檔案傳輸，所使用的通訊協定為下列何者？ ①Wi-Fi ②BBS ③3G ④TCP/IP。 (4)

> **解析** 目前 Wi-Fi（Wireless Fidelity）通訊協定是屬於使用者端和無線基地台取得訊號連結的一種協定。BBS 電子佈告欄是藉由電腦網路連線遠端登入（Telnet）後，讓來自四面八方的使用者相互交換資料與情報的系統平台。3G（3rd-Generation）則為第 3 代行動通訊系統的簡稱，為高速數據傳輸的蜂窩移動通訊技術，屬於全球通訊系統之一。TCP/IP（Transmission Control Protocol/Internet Protocol）則是由 TCP（傳輸控制協定）和 IP（網際協定）所組成，藉由標準傳輸協定讓使用者取得網際網路上各種不同資訊。

77. ( ) 底片輸出機通常需要儀器檢測雷射值，下列哪一種項目是無法檢測的？ (2)
①滿版濃度 ②有無足夠的層次階調 ③50% 灰階 ④網點擴大。

> **解析** 常用於檢測的儀器為濃度計，其檢測的項目有：滿版濃度、印刷對比、網點脹大、灰色平衡、油墨疊印、區塊色差、印刷蠕動。

78. ( ) 底片輸出機面板出現「Media Jam」時，表示原因是 (3)
①不正常裁片 ②底片尺寸不符 ③夾片 ④底片用完。

> **解析** Jam 英文常翻譯為夾紙，出現「Media Jam」表示板夾發生問題。

79. ( ) 就影像處理中，一般而言一個 8-bit Channel 基本具備多少種顏色的變化？ (3)
①8 ②16 ③256 ④1024。

> **解析** 色頻（Channel）為紀錄色彩配置及百分比的一種媒介。8-bit 通常會以 0～255 不同的階層來表示共 256 種色階的變化。

80. ( ) 電腦直接製版機面板出現「Media Jam」時，表示原因是： (4)
①印版廠牌錯誤 ②印版尺寸不符 ③印版用完 ④夾版。

> **解析** Jam 英文常翻譯為夾紙，出現「Media Jam」表示板夾發生問題。

81. ( ) RGB 之每一色版可以表現的階調層次為 (3)
①0～50 ②0～100 ③0～255 ④0～350。

> **解析** RGB 是由紅（Red）、綠（Green）、藍（Blue）三種色光所混合而成的。每一個顏色都能表現 0～255，共 256 種變化。數值為 0 的時候最暗、255 時最亮，例如當藍色數值達到 255 時，就是最亮的藍色。

82. ( ) CMYK 之每一色版可以表現的階調層次為 (2)
①0～50 ②0～100 ③0～255 ④0～350。

> **解析** CMYK 是由青（Cyan）、洋紅（Magenta）、黃（Yellow）和黑（Black）所組成的印刷四色，每一個顏色都以 0～100% 來表示之。

83. ( ) 以黑墨取代 CMY 三色墨，下列敘述何者為非？ ①可以在 InDesign 上執行 ②可以在 Photoshop 上執行 ③可以在 PDF 的相關軟體上執行 ④可以降低油墨的總使用量。 (1)

> **解析** GCR 灰色置換是以黑色墨替代以 CMY 三色構成灰色部分，使暗部細緻部分會加強。而 InDesign 為專業排版軟體為整合圖片以及文字的軟體，無法直接進行灰色置換。

84. ( ) 在設計大面積的「黑底反白字」時，黑底輸出的顏色如何設計較為理想？ (4)
①單色黑 ②三色黑 ③四色黑 ④單色黑加適當百分比的 C 墨。

> **解析** 習慣上避免四色黑的色彩填色或避免四色總值超過 200% 的印刷填色，原因是容易所造成油墨慢乾而有背印的狀況，因此建議輸出黑色方塊時色彩可加上 10% 的青（Cyan）作為調整。

85. ( ) 所謂的遠端輸出通常可以說是 (3)
①將網路線拉的很長來輸出 ②客戶的公司必須距離輸出設備端很遠
③可由用戶端來控制廠內的輸出裝置 ④透過原廠國外之設備商來協助輸出。

> **解析** Internet 的開放架構提供各種不同作業平台的用戶端，透過 FTP（File Transfer Protocol）或 Web 等協定，讀取、寫入檔案甚至控制遠端的輸出裝置。

86. ( ) 影像檔案在圖文組版時，其放大縮小之合理比例，下列何者為佳？ (4)
①5～500% ②10～400% ③20～300% ④70～140%。

> **解析** 如果縮小比例過大，很多級數較小或圖片細節就會不清楚，如果放大比例過高，將改變圖片解析度影響圖片清晰度。

87. ( ) 所謂的輸出用的環保印版，下列敘述何者為非？ (2)
①不需要顯影劑定影劑等化學藥劑的處理 ②完全不會對環境造成重大傷害
③價格比 PS 印版為貴 ④輸出時間與銀鹽版材相當。

> **解析** 環保印版只能減少化學藥水對於環境的影響及傷害，目前並無法做到對環境完全無害。

88. ( ) A5 大小的騎馬釘裝之筆記本，以幾刀修邊為原則？ (3)
①一刀 ②兩刀 ③三刀 ④四刀。

> **解析** 騎馬釘的裝訂重點如下：
> 1. 頁數應以 4 的倍數做編排。
> 2. 以騎馬跨式折疊成冊而封面包於外。
> 3. 由書背連封面一起以線縫的方式或鐵絲釘穿訂完成。
> 4. 所有刊物皆是三面裁切成書，留一邊作為裝訂邊，因此以三刀修邊為原則。

89. ( ) 檔案輸出的儲存裝置，下列的容量何者較大？ (3)
①DVD ②Floppy Disk ③Hard Disk ④SD Card。

> **解析**
> ①市面常見 DVD 空白片為 DVD-5 格式，容量為 4.7 GB。
> ②軟碟（Floppy Disk）為電腦設備中最早使用的可移動儲存媒體，主流的 3.5 吋軟碟片僅有 1.44MB 的容量，現已為市場淘汰。
> ③硬碟（Hard Drive）為使用堅硬的旋轉碟片當基礎的非揮發性（Non-Volatile）儲存裝置，是大部分資料儲存的地方，容量空間動輒數百 GB 目前已出現 3TB 容量。
> ④記憶卡 SD Card（Secure Digital Memory Card）安全數位卡為記憶卡的一種，是由 Panasonic、Toshiba 和 SanDisk 共同開發，容量大、性能高，目前容量空間包含 2 至 64GB。

90. ( ) 當圖文整合完成之後，為求最快速的時效，可以利用下列何者輸出打樣方式來爭取時間？ ①打樣機打樣 ②印刷機打樣 ③大圖輸出機打樣 ④螢幕軟式打樣。 (4)

> **解析** 所謂軟式打樣（Soft Proffing）就是經過色彩管理後，由螢幕上確認排版組頁後的內容及色彩效果。優點在於可隨時看見更新效果、不用到印刷廠就能校稿以及較硬式打樣節省時間成本。

91. ( ) RIP 的英文全名是 ①Raster Image Processor ②Raster Information Processor ③Raid Image Processor ④Raid InformationProcessor。 (1)

> **解析** RIP 為 Raster Image Processor 的縮寫，中文翻譯為「光柵圖像處理器」或「點陣影像處理器」，是將 PS 文件解譯運算轉換成點陣影像數據的軟體或硬體。

92. ( ) 目前的噴墨大圖輸出設備，大多具有多色印刷的能力，除了基本四色墨水之外，另使用何種顏色之墨水匣來搭配？
①Light Cyan 與 Light Magenta ②Light Cyan 與 Light Yellow
③Light Magenta 與 Light Yellow ④Light Cyan 與 Light Black。 (1)

> **解析** 基本四色墨水 CMYK（青 Cyan、洋紅 Magent、黃 Yellow、黑 Black）再加上淺洋紅 Lightmagent、淺青 Lightcyan 組成 6 色墨水色彩。

93. ( ) 數位照相機檔案儲存設定之決定是取決於？ ①依最常用的方式為主 ②依自己的喜好為主 ③依用途來決定 ④一定以最高畫素量為原則。 (3)

> **解析** 檔案格式與尺寸設定取決於圖檔的用途，如果只是練習，檔案格式可以設定為 JPEG 檔，尺寸也就不需要設定太大。但如果為印刷輸出使用，就應該考慮使用 RAW 格式或 TIFF 格式，尺寸品質都必須調整到最佳。

94. ( ) 以掃描機掃描正片時，若掃描比例不足時，如何處理較佳？ ①在影像軟體上作處理 ②增加掃描解析度 ③改變掃描之色彩模式 ④和客戶溝通改變比例。 (2)

> **解析** 掃描機的解析度取決於掃描器在掃描時每英吋的取樣點數 DPI（dot per inch），因此掃描比例不足表示掃描時每英吋的點數不足，所以只要提高掃描解析度就可解決問題。

95. ( ) 我們通常以印刷線數的兩倍，來當作掃描時解析度的設定，而理論上應該是印刷線數的多少倍左右就可以？ ①1 倍 ②1.4 倍 ③2 倍 ④4 倍。 (2)

> **解析** 印刷線數 LPI（Line Per Inch）就是每英吋的網線數，線數愈高質感愈細緻，線數愈低質感則愈粗糙。然而印刷線數多少才適宜，取決於印刷品之紙張。一般印刷線數為 175LPI 所以掃描解析度設定為 1.5 倍即可。

96. ( ) 多色（四色以上）大圖印表機的好處，下列敘述何者為真？ ①可以增加廠商信譽 ②印刷解析度較高 ③印刷機可以確切的呈現相同的顏色 ④色彩表現可以較為豐富。 (4)

> **解析** 一般輸出與大圖輸出最大差異在於大圖輸出會將經過校色（ICC 檔）的過程，就是針對輸出機的墨水及材質進行校色，所以大圖輸出的色彩較為正確且鮮豔。

97. (1) 一般出版電子檔案最後抵達輸出設備變成帶有網點的四色分色的結果，最主要是經由下列何者的運算？ ①RIP ②PDF ③EPS ④OPI。

解析 RIP 為 Raster Image Processor 的縮寫，中文翻譯為「光柵圖像處理器」或「點陣影像處理器」，是將 PS 文件解譯運算轉換成點陣影像數據的軟體或硬體。

98. (3) 從 600 dpi 之彩色雷射印表機印出彩色樣張後，檢視內容中圖片解析度出現鋸齒狀，以下何種原因不列入考慮？ ①原圖片檔案解析度不足 ②列印檔案時沒有注意高低圖檔替換 ③沒有加強印表機解析度 ④列印檔案時沒有注意連結更新圖檔。

解析 無論噴墨印表機或雷射印表機的列印品質皆是以解析度 dpi（Dots Per Inch）作為依據，使用 600 dpi 的印表機足以表現大多數的印刷品，若輸出後仍出現鋸齒狀則應判定是原圖檔影像品質的問題。

99. (2) 當一頁數位檔案進行樣張的列印時，除指定印表機外，下列何者不是必要條件？ ①紙張種類數量 ②列印順序 ③縮放比例尺寸 ④列印位置方向。

解析 樣張是要製作一張忠於原稿以提供色彩複製的樣本，因此最後輸出因素如：紙張種類、紙張大小、縮放比例以及列印位置及方向都會影響最後輸出品的效果，而列印順序則不是必要的考量。

100. (4) 當您使用了 FTP 傳輸作業，下列何者不是某一方提供應該連線具備之要件？ ①Server IP ②ID ③Password ④Router。

解析 Server IP 是檔案伺服器的網路位置，ID（Identity）是使用者登入的帳號，Password 是使用者登入的密碼。Router 中文為路由器，因為不同網域的資料流必需要透過該設備進行轉譯，以便溝通不同的網域之間的資料。

101. (1) 列表機的列印稿、螢幕色彩與實際印刷顏色會有差異，製作時請務必參照 ①CMYK 色票的 % 數來製作填色 ②RGB 色域的 % 數來製作填色 ③Lab 色域的 % 數來製作填色 ④HSB 色票的 % 數來製作填色。

解析 列表機使用色料混合輸出，因此必須使用印刷四色—CMYK 的 % 數來設定稿件色彩，才能獲得正確的實際輸出顏色。

102. (2) 電子檔編輯完成後，要進行單色印刷，其印版網屏角度應為多少為佳？ ①30° ②45° ③75° ④90°。

解析 電子檔編輯完成後，要進行單色印刷，其印版網屏角度應為 45°。

103. (3) 電子檔編輯完成後，要進行雙色印刷，其印版網屏角度應為多少為佳？ ①15°、30° ②0°、45° ③45°、75° ④75°、90°。

解析 電子檔編輯完成後，要進行雙色印刷，其主色或深色印版的網屏角度為 45°，淡色印版的網屏角度為 75°。

104.( ) 電子檔編輯完成後，要進行三色印刷，其印版網屏角度應為多少為佳？ (4)
①0°、90°、180° ②0°、45°、90° ③45°、90°、135° ④45°、75°、105°。

解析 電子檔編輯完成後，要進行三色印刷，其印版網屏角度應為 45°、75°、105°。

105.( ) 電子檔編輯完成後，要進行四色印刷，其印版 BK,M,Y,C 各色網屏角度下列選項何者 (2)
為佳？ ①45°、90°、135°、180° ②45°、75°、90°、105° ③0°、45°、60°、90°
④0°、45°、135°、180°。

解析 印版兩色以上的網屏組合，若角度錯誤將會出現干涉條紋，就會產生錯網（moire）、網花（rosette）等現象。
各色網屏角度應錯開在 30°以內才不會產生錯網的現象，其餘選項的網屏，角度錯開均達 45°或 90°皆不適合。

106.( ) 業界推出相當多款高速數位列印機種，尤其都可增添後加工裝訂設備，因此可想而 (4)
知，其接受印前組版多頁檔案均具備 ①自動合版功能 ②自動出版功能 ③自動換版功能 ④自動落版功能。

解析 目前已有數位列印設備支援自動落版功能，毋須使用軟體進行印前落版工作。

107.( ) 某數點陣圖檔被置入專業排版軟體中組版完成後，採用『連結（Link）』圖檔方式提 (4)
供製版單位輸出，若輸出時發生圖檔遺漏，請問以下何者非主要原因是 ①來源圖檔
路徑被更動 ②來源圖檔檔名被更動 ③來源圖檔沒有跟隨主檔案一起提供 ④來源
圖檔是低解析度。

解析 編排圖片使用「連結（Link）」，該圖檔只連接到文件，本身保持獨立，仍存在其來源檔案夾中，若在來源檔案夾將圖稿改名、移動到別處，或刪除該圖稿，就會發生遺失連結 → 圖檔遺漏的情形。圖檔遺漏與圖檔本身解析度設定無關。

108.( ) 當您選擇一般桌上型彩色噴墨或雷射印表機，欲執行 1 張單頁列印輸出時，以下何者 (4)
非主要重點注意事項？ ①印表機類型 ②紙張尺寸與縮放比例 ③列印品質 ④列印份數。

解析 當您選擇一般桌上型彩色噴墨或雷射印表機，欲執行 1 張單頁列印輸出時，列印份數並非是主要重點注意事項。

109.( ) 某設計者設計一個 K50% 色塊，經過解譯輸出測量發現平均每 2.54 公分有 100 顆 AM (2)
方形網點，請問其輸出線數應為 ①50 lpi ②100 lpi ③150 lpi ④200 lpi。

解析 2.54 公分=1 英吋，每英吋寬度內有 100 個網點，即表示是網線數 100。

110.( ) 某客戶提供一頁單面 A3 尺寸的數位檔案，欲輸出為 A4 紙張列印時，除應選擇紙張規 (2)
格外，還需注意 ①列印份數 ②縮放比例 ③雙面列印 ④列印速度。

解析 某客戶提供一頁單面 A3 尺寸的數位檔案，欲輸出為 A4 紙張列印時，除應選擇紙張規格外，還需注意縮放比例。

111. (2) 一個 PDF 檔案欲輸出到 600dpi 與 1,200dpi 之彩色雷射印表機，下列敘述何者為真？
①前者輸出時間較長　②前者輸出時間較短　③前者輸出品質較佳　④前者輸出設定較複雜。

> **解析** 600dpi 即表示每英吋平方範圍 600X600 點，輸出像素點的數量僅為 1,200dpi 的 1/4，所需時間也相對縮短。

112. (1) 輸出成品於彩色印表機時最需注意之事項，下列敘述何者為非？
①使用之紙張　②彩色列印或是黑白列印　③紙張尺寸　④輸出之縮放比例。

> **解析** 輸出成品於彩色印表機時最需注意之事項為：彩色列印或是黑白列印、紙張尺寸及輸出之縮放比例，使用紙張並不是首要注意之事項。

113. (2) AM 與 FM 網點的比較，下列敘述何者為非？
①AM 網點較大　②FM 網點大小較不規則　③AM 網點有不同的形狀　④FM 較不會有網花或錯網發生。

> **解析** FM（調頻網點）的網點密度是固定的，透過調整網點的大小來表現色彩的深淺，從而實現了色調的過渡。

114. (3) 一般而言，複合式網點的印刷品質較佳，但使用較少，可能的原因為何？
①必需使用較為昂貴的紙張　②使用的印刷機較為昂貴　③印刷時的要求標準較高　④使用較為昂貴的印版。

> **解析** 複合式網點將原稿之暗部與亮部區域用 FM 網點，中間調用 AM 網點，可兼顧影像細緻與色彩表現而獲得良好效果，但印刷時要求標準較繁瑣。

115. (3) 有關複合式網點的敘述，下列敘述何者為真？
①必需輸出於 CTF　②必需使用熱感印版　③必需使用相對應的網點軟體　④必需使用 UV 印刷機。

> **解析** 必需使用相對應的網點軟體。

116. (4) 有關複合式與調頻網點的敘述，下列敘述何者為非？
①前者有調頻與調幅網點　②前者的網點大小有變化　③後者網點大小皆不同　④後者網點輸出之解析度較高。

> **解析** 複合式網點的解析度較高於 FM 調頻網點。

117. (1) 有關複合式網點的優勢，下列敘述何者為真？
①通常印刷之 LPI 較高　②網點大小一致，較能確保品質　③網點的形狀可任意變換　④網點的角度可任意變換。

> **解析** 複合式網點精密完善的網點分佈在相關的角度，加強細節，因而印刷之 LPI 較高。

118. ( ) 有兩個相同內容不同色彩模式（RGB 與 CMYK 色彩模式）的檔案要輸出，下列敘述何者為非？ ①CMYK 之檔案大小較大 ②CMYK 之傳輸時間較長 ③CMYK 較能保有較多的色彩層次 ④CMYK 之 Ripping 時間較長。 (3)

> **解析** 相較之下 CMYK 的檔案較大、傳輸時間也較長、Ripping 時間也較長，而 RGB 比 CMYK 有較廣的色域。

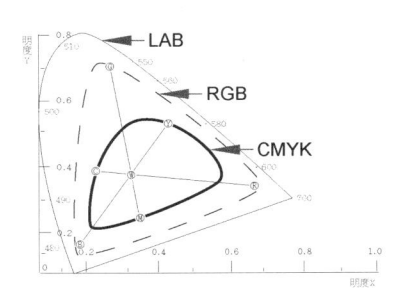

119. ( ) 有關環保印版的敘述，下列敘述何者為非？ ①是不需經過曝光的印版 ②是不需經過化學過程處理的印版 ③以版材之物理特性來印製之版材 ④印版的價格較高。 (1)

> **解析** 環保熱感 CTP 版材，是直接在紅外光（IR LASER）或紫外光（VIOLET LASER）的雷射控制下加以成像，仍需曝光製成。

120. ( ) 目前常用的打樣方式，下列敘述何者為非？ ①數位打樣仍然受到市場的重視 ②雖印刷機打樣較費時且較貴，但還是客戶的最愛 ③打樣可以因為印刷技術的提升而省略 ④彩色的印刷品應不建議以螢幕軟式打樣為主。 (3)

> **解析** 打樣不能因為印刷技術的提升而省略。

121. ( ) 下列何者之印刷品較適用軟式打樣提供給客戶校稿？ ①商業雜誌的汽車廣告 ②報紙之精品廣告 ③輕小說之封面 ④研討會論文之內頁。 (4)

> **解析** 研討會論文之內頁多屬黑白文字稿件，可使用軟式打樣（電腦檔案）進行校對。

122. ( ) 當圖文整合完成之後，在考量時效緊急的情形下，可以利用下列何者輸出打樣方式？ ①螢幕軟式打樣 ②打樣機打樣 ③大圖輸出機打樣 ④印刷機打樣。 (1)

> **解析** 當圖文整合完成之後，在極端考量時效的情形下，可以利用螢幕軟式打樣。

123. ( ) 當要執行線條稿的輸出時，其檔案的敘述，下列何者為真？ ①掃描時以 RGB 為原則 ②線條一定要很細 ③掃描解析度最少要 600dpi ④以儲存為 EPS 檔案較佳。 (3)

> **解析** 處理黑白線條稿（Line Art）時，應以輸出設備之解析度作為掃描解析度。黑白線稿掃描解析度最少要（600 到 1200dpi），並使用 CMYK 模式，存為 TIFF 格式為佳。

124. (4) 在確保後端輸出的順暢，一本書的設計出版在印前製作時需要注意的事項，下列敘述何者為非？ ①封面之摺頁尺寸大小的設定 ②書背寬度的設定 ③書籍裝訂方式的選擇 ④封面顏色深淺的選擇。

> 解析：封面顏色深淺的選擇在設計階段就必須考量。

125. (3) 一般而言，沖洗一張 8*10 英吋的照片，畫素量約為多少即可有還不錯之輸出品質？ ①300 萬畫素 ②500 萬畫素 ③700 萬畫素 ④900 萬畫素。

> 解析：一般相片輸出需要最低 200dpi 解析度，8 × 200 = 1,600，10 × 200 = 2,000，1,600 × 2000 = 3,200,000 約 300 萬畫素。

126. (3) 欲輸出一張數位相機所拍攝的照片，此檔案輸出到彩色印表機之注意事項，下列敘述何者為非？ ①要注意到彩色印表機的使用紙張 ②要注意到此影像之畫素量之大小 ③要注意到彩色印表機的廠牌 ④要注意到彩色印表機可輸出的大小尺寸。

> 解析：彩色印表機的廠牌在輸出階段並不是必要的考量。

127. (4) 欲列印一份 A3 頁面的彩色樣張於 A3 彩色印表機中，後發現所印出內容變小，其可能發生的原因是？ ①印表機設計不良 ②驅動程式沒有安裝完整 ③檔案設計不理想 ④受限印表機起印點須搭配紙張列印範圍而自動變小。

> 解析：A3 尺寸彩色印表機列印 A3 尺寸版面時，如果設定原寸列印，出血或滿版部分將被裁切而無法印出。而如果設定列印出全部版面時，可能配合出血或滿版部分而出現縮小以符合印表機版面之情形。

128. (3) 有關大圖輸出機（Plotter）的敘述何者為真？ ①墨水匣大都多僅有四色墨水匣 ②輸出尺寸大多只有 A1 大小 ③多為噴墨印表機 ④列印輸出品質一定優於雷射印表機之列印輸出品質。

> 解析：大圖輸出機（Plotter）墨水匣大都多有六色墨水匣，其輸出尺寸可達全開尺寸，多為噴墨印表機，列印輸出品質不一定優於雷射印表機之列印輸出品質。

129. (4) 印刷業常用的高階雷射印表機與噴墨印表機，下列敘述之差異何者為真？ ①設備價格都相當實惠 ②色墨都是只有 C、M、Y、K 四色 ③耗材的價格也都相當便宜 ④噴墨印表機之輸出尺寸較不受限制。

> 解析：印刷業常用的高階雷射印表機與噴墨印表機設備價格高昂，輸出碳粉匣亦有六色組合，碳粉匣耗材價格不斐，輸出紙張尺寸較受限制。

130. (2) 在所謂色彩管理系統（CMS）中，為確保 What You See Is What You Get 之情形下，下列輸出裝置較不需要考慮校正的問題？ ①電腦螢幕 ②黑白雷射印表機 ③大圖印表機 ④投影機。

> 解析：黑白雷射印表機輸出之資料僅能表現黑白，所以比較不需要考慮校正的問題。

131. ( ) 若要加速供應輸出裝置 RIP 輸出的速度，最為經濟實惠的方式為何（不考慮品質的情形下）？ ①更換較快的電腦 ②更換較快速的 CPU ③更新 RIP 版本 ④降低輸出的解析度。 (4)

> **解析** 若要加速供應輸出裝置 RIP 輸出的速度，最為經濟實惠的方式為（不考慮品質的情形下）降低輸出的解析度。

132. ( ) Computer-to-Plate（CTP）輸出印版之論述，下列敘述何者為真？ ①各種版材皆使用相同雷射波長 ②皆可使用 PS 印版輸出 ③一定要經過化學沖版處理 ④有環保印版。 (4)

> **解析** Computer-to-Plate（CTP）電腦直接製版的印前設備，其種類可依感光光源可分為光感、熱感式兩大類；而熱感式 CTP 又可分為需處理、免處理（免沖洗熱敏感版）兩種印版。
>
> 另依版材材質分鋁質、多聚脂（PS）等兩種。CTP 雷射光源各有不同：氦氖雷射、氬雷射、紫外線雷射、紫光雷射到紅外線雷射。
>
> 現今 CTP 更縮短流程，免用底片或整版的印紋，只用一次低汙染的 CTP 版材輸出，但仍不屬於真正的環保印版。

133. ( ) 有關 Computer-to-Press（此指機上製版設備，DI）之論述，下列何者為非？ ①印版尺寸較小 ②印刷速度相對較快 ③印機價格相對昂貴 ④適用於少量多樣印刷。 (2)

> **解析** Computer-to-Press 是直接製版 CTP，從電腦直接到印刷，但是僅只於省去繁雜的製版過程，印刷速度並沒有影響。

134. ( ) 當灰階的影像具有 256 階調層次時，其 Bit-depth 應為多少？
①4-Bit ②8-Bit ③16-Bit ④32-Bit。 (2)

> **解析**
> 1bit（位元）： 就是 0 與 1，2 種顏色，單色光，稱為「黑白影像」。
> 2bit（位元）： 2 的 2 次方，4 種顏色，CGA，用於 gray-scale 早期的 NeXTstation 及 Color Macintoshes。
> 3bit（位元）： 2 的 3 次方，8 種顏色，用於大部分早期的電腦顯示器。
> 4bit（位元）： 2 的 4 次方，16 種顏色，用於 EGA 及不常見及在更高的解析度的 VGA 標準。
> 5bit（位元）： 2 的 5 次方，32 種顏色，用於 Original Amiga Chipset。
> 6bit（位元）： 2 的 6 次方，64 種顏色，用於 Original Amiga Chipset。
> 7bit（位元）： 2 的 7 次方，有 128 個組合。
> 8bit（位元）： 2 的 8 次方
> ◎256 種顏色，用於最早期的彩色 Unix 工作站，低解析度的 VGA，Super VGA。
> ◎灰階，有 256 種灰色（包括黑白）。若以 24 位元模式來表示，則 RGB 的數值均一樣，例如 (200,200,200)。
> 12bit（位元）：4,096 種顏色，用於部分矽谷圖形系統，Neo Geo，彩色 NeXTstation 及 Amiga 系統於 HAM mode。

16bit（位元）：65,536 種顏色。

24bit（位元）：16,777,216 種顏色又稱全彩，能提供比肉眼能識別更多的顏色。

1bit 就是 0 與 1，僅可以表示兩種顏色，也就是說每一個像素所表現出來的顏色，不是黑就是白。所以 1bit 影像我們常稱為「黑白影像」。

135. ( ) 當 CMYK 之彩色影像要輸出印刷時，其影像之 Bit-depth 應為多少？ ①8-Bit ②16-Bit ③32-Bit ④64-Bit。 (1)

解析 CMYK 的每一色都是 8bit（位元）。

136. ( ) 全彩印刷中的每一個色板（CMYK）的顏色，其網點大小分佈從 0~100 的階調層次，下列有關 CMYK 之 Bit-depth 之敘述何者為真？ ①Bit-depth 為 7-Bit ②Bit-depth 為 8-Bit ③Bit-depth 為 100-Bit ④Bit-depth 為 101-Bit。 (2)

解析 位元深度（Bit Depth），位元深度也稱為像素深度或色彩深度，是用來度量影像中每個像素有多少色彩資訊可用來顯示或列印。「位元」是二進制位的簡稱，一個單位元能處理兩個數值的其中之一（0 或 1），把位元繼續結合成為更大的單位，稱為「位元組」，一個位元組能容納八個位元。CMYK 的每一色都是 8bit（位元）。

137. ( ) 輸出於螢幕之顏色，下列何種顏色較能延長螢幕壽命？ ①R0G0B0 ②R100G100B100 ③R127G127B127 ④R255G255B255。 (1)

解析 輸出於螢幕之顏色，以黑色較能延長螢幕壽命。

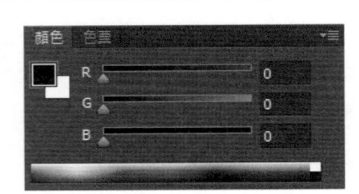

138. ( ) ICC Profile 用於輸出的裝置，下列敘述何者為真？ ①不適用於大圖輸出機 ②不適用於 CRT 螢幕 ③適用於高階滾筒掃描機 ④適用於數位印刷機。 (4)

解析 ICC Profile 用於輸出的裝置適用於數位印刷機。

139. ( ) 有關報業印刷的敘述，下列何者為真？ ①報紙之紙張較高級 ②印刷線數（LPI）較高 ③CTP 印版輸出速度較快 ④輸出解析度（DPI）較高。 (3)

解析 報業印刷 CTP 印版輸出速度較快，使用之紙張較為平價，印刷線數（LPI）與輸出解析度（DPI）均較一般印件來的低。

140. ( ) 網路圖片影像下載後，若要用於印刷品的輸出，下列敘述何者為真？ ①絕對無法使用 ②將解析度調高即可（圖片影像大小相同） ③將解析度調高即可（圖片影像大小按比例縮小） ④可直接用於印刷，不需另作處理。 (3)

解析 網路圖片影像下載後，若要用於印刷品的輸出可將解析度調高即可（圖片影像大小按比例縮小）。

141. ( ) 目前業界所使用 CTcP 的原因，下列敘述何者為真？ ①印版輸出機較為便宜 ②版材較為便宜 ③可節省輸出時間 ④可較低印版輸出機之解析度。 (2)

> **解析** CTcP 最大的優勢是使用普通 PS 版材製版，所以 CTcP 設備的成像系統也就比其它 CTP 產品複雜造價也就比較高，但是我們卻可以使用相對便宜很多的傳統 PS 版材。
>
> CTcP 較於 CTP 的優點有：大幅度降低印前生產成本、提高印刷質量和效率、減少印刷調試時間和材料損耗、充分發揮傳統 PS 版潛在性能、生產更具靈活性、印版選用靈活、與傳統 PS 版印刷工藝快速、穩定、流暢的融入。

142. ( ) 所謂的環保印版，是指下列的何種印版？ ①PS 版 ②銀鹽版 ③Photopolymer 版 ④免沖洗處理之印版。 (4)

> **解析** 所謂的環保印版，是指免沖洗處理之印版。

143. ( ) 以 PDF 檔案輸出於印表機，下列何者敘述為真？ ①PDF 檔案較大 ②輸出品質較不理想 ③PDF 檔案只需有一個即可輸出 ④需要有原生檔案之聯結，才可輸出。 (3)

> **解析** PDF 檔案相較原生檔案並不會比較大，PDF 檔案的輸出品質乃視原生檔案輸出設定時決定之，PDF 檔案並不需要有原生檔案聯結即可輸出。

144. ( ) 印刷科技大幅進步之後，若報業使用 CTP 來輸出印版的原因，下列敘述何者為非？ ①可增加從業人員數量以降低失業率 ②因效率提高，可精簡印刷時間 ③可降低生產之人員之成本 ④減少生產流程。 (1)

> **解析** 印刷科技大幅進步之後，報業使用 CTP 來輸出印版其主因是能提高效率，精簡印刷時間及降低生產之人員之成本和減少生產流程。

145. ( ) 數位印刷與傳統印刷之比較，一般而言下列敘述何者為非？
①前者用於少量多樣印刷 ②前者可處理可變印紋印刷 ③後者適合長版印刷 ④後者的印刷品質較為不理想。 (4)

> **解析** 數位印刷與傳統印刷的印刷品質均為理想。

146. ( ) 印前使用之軟體，輸出的目的選擇較為多元的是？
①Photoshop ②Illustrator ③Flash ④InDesign。 (4)

> **解析** 印前使用之軟體，輸出的目的選擇較為多元的是 InDesign。

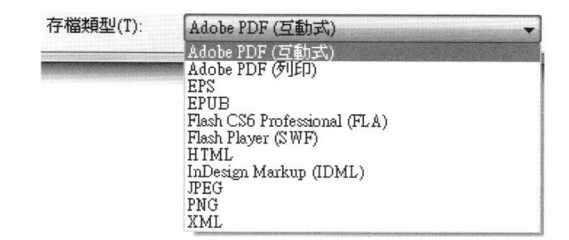

147. ( ) 印前使用之軟體，何者不可以輸出成網頁設計的頁面？ ①InDesign ②Photoshop ③Illustrator ④Acrobat。 (4)

> **解析** 目前 InDesign、Photoshop、Illustrator 都可以輸出成網頁設計的頁面。

148. ( ) 下列有關輸出補漏白（Trapping）之敘述何者為非？ (2)
①出現白邊是印刷之忌諱 ②還是以人工製作較理想 ③可在 RIP 中設定之 ④軟體可自動設定補漏白之寬度大小。

> **解析** 補漏白（Trapping）就是印刷時出現白邊，應以電腦軟體製作較為理想，亦可在 RIP 中設定，軟體可自動設定補漏白之寬度大小。

149. ( ) 數位印刷可勝任的工作，下列敘述何者為非？ ①Article-on-Demand ②Book-on-Demand ③MultiMedia-on-Demand ④Print-on-Demand。 (3)

> **解析** Book-on-Demand→電子書，MultiMedia-on-Demand→多媒體隨選視訊（MOD），Print-on-Demand→視需求出版

150. ( ) 一般印前工作，已經有被 SOHO 族之平面設計師所取代的現象，何謂 SOHO？ (2)
①Small-Office/Human-Office ②Small-Office/Home-Office
③Smart-Office/Human-Office ④Smart-Office/Home-Office。

> **解析** SOHO 族起源於美國是 Small Office Home Office 的縮寫，指的是小型家庭辦公室。SOHO 族最令人羨慕的地方是可以在家中上班,而且工作時間可以自由調配和掌控。

151. ( ) 下列有關「合版印刷」對於一般大眾好處之敘述何者為非？ ①價格實惠 ②時效高 ③可自己上網下單 ④檔案可以較為隨便。 (4)

> **解析** 「合版印刷」對於一般大眾好處有價格實惠、時效高、可自己上網下單、檔案亦須符合相關完稿以及製版規範。

152. ( ) 下列有關「合版印刷」之敘述何者為非？ ①印刷產品選擇較多 ②印刷品質較無法有保障 ③不能有獨立版的服務 ④依契約約定，可於指定地點取貨或收到貨。 (3)

> **解析** 合版印刷依需求也可以有獨立版。

153. ( ) 目前數位印刷業界所印製的高階「相簿書」，下列敘述何者為真？ (1)
①適合畢業紀念冊、生活相簿和婚紗照…的印製 ②價格非常昂貴 ③內容製作困難 ④印刷品質低劣。

> **解析** 目前數位印刷業界所印製的高階「相簿書」價格平價、內容製作簡易、印刷也有一定品質，較適合少量的畢業紀念冊、生活相簿和婚紗照…的印製。

154. (1) 下列有關「合版印刷」與「一般影印店」服務差異之敘述何者為真？ ①前者印刷品之單價較低 ②前者的印件之印量可較低 ③前者的效率較高 ④前者的門市較多。

> **解析** 有關「合版印刷」與「一般影印店」服務差異如下：前者印刷品之單價較低、後者的印件之印量可較低、後者的效率較高、後者的門市較多。

155. (4) 現今業界的印刷品之印刷線數越來越高，下列敘述何者為非？ ①需配合較高階的紙張 ②需以 CTP 輸出印版為原則 ③印刷機最好有 CIP3/4 的串聯為佳 ④需領機師傅來操作印機才有品質之保障。

> **解析** 現今業界的印刷品之印刷線數越來越高，只要依照設定操作印機，亦可有一定品質之印件。

156. (3) 若是要做遠距傳輸最終之印刷資料，為確保資料無誤之最佳傳檔方式為何？ ①PDF 傳檔即可 ②原生檔案傳檔即可 ③Ripping 後之 1-Bit TIFF 資料傳檔即可 ④無所謂。

> **解析** TIFF 是最適宜在跨平台環境間交換的高階影像檔案，經過 Ripping 轉譯處理做為最終印刷資料。

157. (4) 為確保再版印刷產品之品質穩定度與一致性，下列敘述何者為非？ ①使用相同的印版輸出機 ②使用相同之輸出解析度 ③使用相同的印刷機 ④相同的印刷領機師傅。

> **解析** 為確保再版印刷產品之品質穩定度與一致性，宜使用相同的印版輸出機、相同的輸出解析度及相同的印刷機。

158. (2) 有一精品廣告要刊登於不同的紙媒，要確保印製品質情況下先進行數位打樣，下列敘述何者為真？ ①需使用不相同的檔案 ②檔案需嵌入不同的 ICC Profile 來對應不同的數位打樣機 ③一定要在相同的印刷廠來印製 ④需使用相同廠牌之印刷機。

> **解析** 廣告要刊登在不同的紙媒上，如要確保印製品質必須先進行數位打樣，檔案需嵌入不同的 ICC Profile 來對應不同的數位打樣機。

159. (3) 一般而言，為防止長時間閱讀造成的眼睛疲勞問題，較適合閱讀以文字為主之閱讀載體為何？ ①筆記型電腦 ②平版電腦 ③被動式光源電子閱讀器或紙張 ④大尺寸智慧型手機。

> **解析** 有別於長期注視電子螢幕有害視力，採用高清電子墨水技術的電子書閱讀器，其被動光源的設計有利於長時間閱讀也不傷害眼睛，文字顯示清晰，閱讀視角可接近 180°，效果接近紙張，但由於彩色顯示技術尚未成熟，尚未普及於市場。

160. ( ) 電腦輸出後，最後在版面所產生標記符號（如裁切線、十字對位標）的敘述，以下何者正確？ ①只要符合後加工需求，無論美式、日式或自訂的裁切線、十字對位標均可接受 ②一定要完成如試題樣張一模一樣的對位標記 ③考生不可自行繪製，一定要由軟體產生標準的標記符號 ④遇到印出後的標記符號，其圓半徑與線寬一定要完全符合的規定的尺寸。 (1)

解析 電腦輸出後，最後在版面所產生標記符號（如裁切線、十字對位標），只要符合後加工需求，無論美式、日式或自訂的裁切線、十字對位標均可接受。

161. ( ) 關於"可變印紋"的使用時機，下列敘述何者錯誤？ ①可以應用在 4+1 色傳統平版印刷機，前面 4 色印製彩色，後面 1 色印製特別色的可變印紋 ②可以先用傳統印刷大量印製後，再套用數位印刷印製可變資料 ③可以於平版印刷後端加裝噴墨設備印製一物一碼 ④可用數位印刷印在薄膜上，並同時印製每模都不同的行銷圖文內容。 (1)

解析 「可變印紋」不可應用在傳統平版印刷機，也無法在後面 1 色印製特別色的可變印紋。

162. ( ) 可變印紋的應用範圍廣泛，下列敘述何者錯誤？ ①每張紙上可同時編排不同人的名片資料 ②只能採用單張列印方式製作可變印紋，無法進入捲筒紙的輪轉機印製流程 ③可應用於數位上光或數位燙金流程 ④可以印好數張成品後，對齊裁切下來裝訂成為一本本依頁序編好的書。 (2)

解析 可變印紋 VDP (Variable Data Printing)就是可以匯入資料庫(Database)或試算表軟體(如微軟公司的 Excel)的每筆資料紀錄內容，實現每份印件的「變動內容」可從資料庫取得，所印出之成品「變動內容」就會有所不同。和印刷機進紙的方式沒有關係。

163. ( ) 有關可變印紋的敘述，下列敘述何者錯誤？ ①可產生每個字的顏色都不一樣色彩 ②可以在版面上隨機分布纖維紋理的影像 ③可以產生條碼或 QRCODE ④以上功能可用 InDesign 公用程式的指令碼功能完成。 (4)

解析 可變印紋 VDP (Variable Data Printing)的作業重點是「資料庫整合」，有複雜的連結對應，須搭配其他專業軟體才可達成，並非 InDesign 指令碼可以獨立完成。

164. ( ) 有關輸出成品的出血尺寸設定，以下敘述何者錯誤？ ①Illustrator 選擇另存新檔功能，選擇 PDF 格式，於出血處勾選【使用文件出血設定】 ②可於 Illustrator 將物件視為文件尺寸範圍，執行【建立裁切標記】，製作時仍需將物件尺寸調整至出血位置 ③InDesign 開檔的文件設定，不可以依據文件最後完成尺寸再直接加裁切範圍尺寸 ④InDesign 選擇轉存功能，選擇"AdobePDF 列印"格式，並於出血選項處設定出血需求量 3mm。 (3)

解析 InDesign 開檔在「新增文件」對話框中，即可指定文件每邊的出血位置和印刷邊界。

165. ( ) 在書籍的"書衣設計"規劃，為了讓最後的作品呈現完美，因此在完稿設計的過程中，會將作品的封面、封底的尺寸往"摺頁"方向延伸，其延伸尺寸量會基於什麼條件而有所差異考量？ ①紙張類型 ②紙張大小 ③紙張厚度 ④紙張顏色。 (3)

解析 在書籍的「書衣設計」規劃，為了讓最後的作品呈現完美，因此在完稿設計的過程中，會將作品的封面、封底的尺寸往「摺頁」方向延伸，其延伸尺寸量是基於紙張厚度而有所差異考量。

166. ( ) 使用解析度 600dpi 的印表機列印輸出，若有一文字是以 60X60 點陣構成，其字的大小約為？ ①0.1 吋 ②15 級 ③60P ④0.5 公分。 (1)

解析 印表機輸出 600dpi 的解析度，意思是印表機可以在每一平方英吋的面積中輸出 600X600 個輸出點。60X60 點陣構成的文字，大小約為 60/600=0.1 英寸平方。

167. ( ) 當客戶來的稿件為 PDF 檔案，若要進行簡單的編輯調整，但原始檔案卻已經損毀而無法直接進行編修，此時建議以何種軟體來進行編輯調整？ ①用 Photoshop 打開進行修正 ②用 Illustrator 打開進行修正 ③用 InDesign 打開進行修正 ④用 MS Word 打開進行修正。 (2)

解析 Illustrator 可以直接開啟 PDF 檔案進行編修，同時會保持原來向量部分的格式。

168. ( ) 以 InDesign 製作一張 A4 DM 傳單，內容只有文字與向量圖形的設計，後因故需在輸出時放大為 A2，試問要用何種便捷方式進行修正，既可達到尺寸要求且影像輸出品質不下降？ ①用 Photoshop 打開後，調整解析度與尺寸大小 ②用 Illustrator 打開後改尺寸並調整相關圖文之大小 ③用 InDesign 打開後改尺寸並調整相關圖文之大小 ④直接在輸出時更改輸出尺寸即可。 (4)

解析 以 InDesign 製作一張內容只有文字與向量圖形的 A4 DM 傳單，如果要改放大輸出為 A2 尺寸，因其內容只有向量式物件所以在輸出時更改輸出尺寸即可。

169. ( ) 有關 moiré 錯網（網花）的敘述，下列何者為非？ ①是一種頻率干擾所產生的圖案式紋路 ②CMYK 網點角度設定不正確會產生錯網現象 ③掃描印刷品原稿時需設定"去網紋"功能效果 ④套印不準會產生錯網現象。 (4)

解析 印版兩色以上的網屏組合，若角度錯誤將會出現干涉條紋，就會產生 moiré 錯網(網花)等現象。各色網屏角度應錯開在 30°以內才不會產生錯網的現象，其餘選項的網屏，角度錯開均達 45°或 90°皆不適合。並非套印不準所產生的現象。

170. ( ) 常見的印製規劃"大小開印刷"，而下列對於所謂的"大小開印刷"敘述，何者不正確？ ①因四六版全開尺寸，一般印刷機無法印刷 ②一般完成尺寸為長 5 開時，會規劃成大開 3 模，小開 2 模 ③大小開印刷規劃可以省版 ④大小開印刷規劃浪費版。 (4)

解析 臺灣的印刷機台最大尺寸是全開機 A1，A1 其實等於菊全(25*35 吋)，因此一般印刷機無法印刷四六版全開(31*43 吋)。為避免餘紙浪費、減少裁切工序，長 5 開可利用大開紙張印 3 模，小開紙張印 2 模。規劃大小開印刷，印刷流程不需增加印版，因此可以省版。大小開印刷不需增加印版，也不會浪費版。

筆記欄

PART 1 學科題庫解析

90006~90009共同學科

90006 職業安全衛生共同科目 不分級
工作項目 01：職業安全衛生

1. ( ) 對於核計勞工所得有無低於基本工資，下列敘述何者有誤？ (2)
   ①僅計入在正常工時內之報酬　②應計入加班費
   ③不計入休假日出勤加給之工資　④不計入競賽獎金。

2. ( ) 下列何者之工資日數得列入計算平均工資？ (3)
   ①請事假期間　②職災醫療期間
   ③發生計算事由之當日前 6 個月　④放無薪假期間。

3. ( ) 有關「例假」之敘述，下列何者有誤？ (4)
   ①每 7 日應有例假 1 日　②工資照給
   ③天災出勤時，工資加倍及補休　④須給假，不必給工資。

4. ( ) 勞動基準法第 84 條之 1 規定之工作者，因工作性質特殊，就其工作時間，下列何者正確？ (4)
   ①完全不受限制　②無例假與休假
   ③不另給予延時工資　④得由勞雇雙方另行約定。

5. ( ) 依勞動基準法規定，雇主應置備勞工工資清冊並應保存幾年？ (3)
   ① 1 年　② 2 年　③ 5 年　④ 10 年。

6. ( ) 事業單位僱用勞工多少人以上者，應依勞動基準法規定訂立工作規則？ (1)
   ① 30 人　② 50 人　③ 100 人　④ 200 人。

7. ( ) 依勞動基準法規定，雇主延長勞工之工作時間連同正常工作時間，每日不得超過多少小時？ (3)
   ① 10 小時　② 11 小時　③ 12 小時　④ 15 小時。

8. ( ) 依勞動基準法規定，下列何者屬不定期契約？ (4)
   ①臨時性或短期性的工作　②季節性的工作
   ③特定性的工作　④有繼續性的工作。

9. ( ) 依職業安全衛生法規定，事業單位勞動場所發生死亡職業災害時，雇主應於多少小時內通報勞動檢查機構？ (1)
   ① 8 小時　② 12 小時　③ 24 小時　④ 48 小時。

10. ( ) 事業單位之勞工代表如何產生？ (1)
    ①由企業工會推派之　②由產業工會推派之
    ③由勞資雙方協議推派之　④由勞工輪流擔任之。

11. ( ) 職業安全衛生法所稱有母性健康危害之虞之工作，不包括下列何種工作型態？ (4)
    ①長時間站立姿勢作業　②人力提舉、搬運及推拉重物
    ③輪班及工作負荷　④駕駛運輸車輛。

12. ( ) 依職業安全衛生法施行細則規定，下列何者非屬特別危害健康之作業？ (3)
    ①噪音作業　②游離輻射作業　③會計作業　④粉塵作業。

13. ( ) 從事於易踏穿材料構築之屋頂修繕作業時，應有何種作業主管在場執行主管業務？ (3)
    ①施工架組配　②擋土支撐組配　③屋頂　④模板支撐。

14. ( ) 有關「工讀生」之敘述，下列何者正確？ (4)
    ①工資不得低於基本工資之 80%　②屬短期工作者，加班只能補休
    ③每日正常工作時間得超過 8 小時　④國定假日出勤，工資加倍發給。

15. ( ) 勞工工作時手部嚴重受傷,住院醫療期間公司應按下列何者給予職業災害補償? (3)
①前6個月平均工資 ②前1年平均工資 ③原領工資 ④基本工資。

16. ( ) 勞工在何種情況下,雇主得不經預告終止勞動契約? (2)
①確定被法院判刑6個月以內並諭知緩刑超過1年以上者
②不服指揮對雇主暴力相向者
③經常遲到早退者
④非連續曠工但1個月內累計3日者。

17. ( ) 對於吹哨者保護規定,下列敘述何者有誤? (3)
①事業單位不得對勞工申訴人終止勞動契約
②勞動檢查機構受理勞工申訴必須保密
③為實施勞動檢查,必要時得告知事業單位有關勞工申訴人身分
④事業單位不得有不利勞工申訴人之處分。

18. ( ) 職業安全衛生法所稱有母性健康危害之虞之工作,係指對於具生育能力之女性勞工從事工作,可能會導致的一些影響。下列何者除外? (4)
①胚胎發育 ②妊娠期間之母體健康
③哺乳期間之幼兒健康 ④經期紊亂。

19. ( ) 下列何者非屬職業安全衛生法規定之勞工法定義務? (3)
①定期接受健康檢查 ②參加安全衛生教育訓練
③實施自動檢查 ④遵守安全衛生工作守則。

20. ( ) 下列何者非屬應對在職勞工施行之健康檢查? (2)
①一般健康檢查 ②體格檢查
③特殊健康檢查 ④特定對象及特定項目之檢查。

21. ( ) 下列何者非為防範有害物食入之方法? (4)
①有害物與食物隔離 ②不在工作場所進食或飲水
③常洗手、漱口 ④穿工作服。

22. ( ) 原事業單位如有違反職業安全衛生法或有關安全衛生規定,致承攬人所僱勞工發生職業災害時,有關承攬管理責任,下列敘述何者正確? (1)
①原事業單位應與承攬人負連帶賠償責任
②原事業單位不需負連帶補償責任
③承攬廠商應自負職業災害之賠償責任
④勞工投保單位即為職業災害之賠償單位。

23. ( ) 依勞動基準法規定,主管機關或檢查機構於接獲勞工申訴事業單位違反本法及其他勞工法令規定後,應為必要之調查,並於幾日內將處理情形,以書面通知勞工? (4)
① 14日 ② 20日 ③ 30日 ④ 60日。

24. ( ) 我國中央勞動業務主管機關為下列何者? (3)
①內政部 ②勞工保險局 ③勞動部 ④經濟部。

25. ( ) 對於勞動部公告列入應實施型式驗證之機械、設備或器具,下列何種情形不得免驗證? (4)
①依其他法律規定實施驗證者 ②供國防軍事用途使用者
③輸入僅供科技研發之專用機型 ④輸入僅供收藏使用之限量品。

26. ( ) 對於墜落危險之預防設施,下列敘述何者較為妥適? (4)
①在外牆施工架等高處作業應盡量使用繫腰式安全帶
②安全帶應確實配掛在低於足下之堅固點
③高度2m以上之邊緣開口部分處應圍起警示帶
④高度2m以上之開口處應設護欄或安全網。

27. ( ) 對於感電電流流過人體可能呈現的症狀，下列敘述何者有誤？ (3)
    ①痛覺　　　　　　　　　　②強烈痙攣
    ③血壓降低、呼吸急促、精神亢奮　　④造成組織灼傷。

28. ( ) 下列何者非屬於容易發生墜落災害的作業場所？ (2)
    ①施工架　②廚房　③屋頂　④梯子、合梯。

29. ( ) 下列何者非屬危險物儲存場所應採取之火災爆炸預防措施？ (1)
    ①使用工業用電風扇　　　　②裝設可燃性氣體偵測裝置
    ③使用防爆電氣設備　　　　④標示「嚴禁煙火」。

30. ( ) 雇主於臨時用電設備加裝漏電斷路器，可減少下列何種災害發生？ (3)
    ①墜落　②物體倒塌、崩塌　③感電　④被撞。

31. ( ) 雇主要求確實管制人員不得進入吊舉物下方，可避免下列何種災害發生？ (3)
    ①感電　②墜落　③物體飛落　④缺氧。

32. ( ) 職業上危害因子所引起的勞工疾病，稱為何種疾病？ (1)
    ①職業疾病　②法定傳染病　③流行性疾病　④遺傳性疾病。

33. ( ) 事業招人承攬時，其承攬人就承攬部分負雇主之責任，原事業單位就職業災害補償部分之責任為何？ (4)
    ①視職業災害原因判定是否補償　　②依工程性質決定責任
    ③依承攬契約決定責任　　　　　　④仍應與承攬人負連帶責任。

34. ( ) 預防職業病最根本的措施為何？ (2)
    ①實施特殊健康檢查　　　　②實施作業環境改善
    ③實施定期健康檢查　　　　④實施僱用前體格檢查。

35. ( ) 在地下室作業，當通風換氣充分時，則不易發生一氧化碳中毒、缺氧危害或火災爆炸危險。請問「通風換氣充分」係指下列何種描述？ (1)
    ①風險控制方法　②發生機率　③危害源　④風險。

36. ( ) 勞工為節省時間，在未斷電情況下清理機臺，易發生危害為何？ (1)
    ①捲夾感電　②缺氧　③墜落　④崩塌。

37. ( ) 工作場所化學性有害物進入人體最常見路徑為下列何者？ (2)
    ①口腔　②呼吸道　③皮膚　④眼睛。

38. ( ) 活線作業勞工應佩戴何種防護手套？ (3)
    ①棉紗手套　②耐熱手套　③絕緣手套　④防振手套。

39. ( ) 下列何者非屬電氣災害類型？ (4)
    ①電弧灼傷　②電氣火災　③靜電危害　④雷電閃爍。

40. ( ) 下列何者非屬於工作場所作業會發生墜落災害的潛在危害因子？ (3)
    ①開口未設置護欄　　　　　②未設置安全之上下設備
    ③未確實配戴耳罩　　　　　④屋頂開口下方未張掛安全網。

41. ( ) 在噪音防治之對策中，從下列何者著手最為有效？ (2)
    ①偵測儀器　②噪音源　③傳播途徑　④個人防護具。

42. ( ) 勞工於室外高氣溫作業環境工作，可能對身體產生之熱危害，下列何者非屬熱危害之症狀？ (4)
    ①熱衰竭　②中暑　③熱痙攣　④痛風。

43. ( ) 下列何者是消除職業病發生率之源頭管理對策？ (3)
    ①使用個人防護具　②健康檢查　③改善作業環境　④多運動。

44. ( ) 下列何者非為職業病預防之危害因子？ (1)
    ①遺傳性疾病　②物理性危害　③人因工程危害　④化學性危害。

45. ( ) 依職業安全衛生設施規則規定，下列何者非屬使用合梯，應符合之規定？ (3)
①合梯應具有堅固之構造　②合梯材質不得有顯著之損傷、腐蝕等
③梯腳與地面之角度應在80度以上　④有安全之防滑梯面。

46. ( ) 下列何者非屬勞工從事電氣工作安全之規定？ (4)
①使其使用電工安全帽　②穿戴絕緣防護具
③停電作業應斷開、檢電、接地及掛牌　④穿戴棉質手套絕緣。

47. ( ) 為防止勞工感電，下列何者為非？ (3)
①使用防水插頭　②避免不當延長接線
③設備有金屬外殼保護即可免接地　④電線架高或加以防護。

48. ( ) 不當抬舉導致肌肉骨骼傷害或肌肉疲勞之現象，可歸類為下列何者？ (2)
①感電事件　②不當動作　③不安全環境　④被撞事件。

49. ( ) 使用鑽孔機時，不應使用下列何護具？ (3)
①耳塞　②防塵口罩　③棉紗手套　④護目鏡。

50. ( ) 腕道症候群常發生於下列何種作業？ (1)
①電腦鍵盤作業　②潛水作業　③堆高機作業　④第一種壓力容器作業。

51. ( ) 對於化學燒傷傷患的一般處理原則，下列何者正確？ (1)
①立即用大量清水沖洗
②傷患必須臥下，而且頭、胸部須高於身體其他部位
③於燒傷處塗抹油膏、油脂或發酵粉
④使用酸鹼中和。

52. ( ) 下列何者非屬防止搬運事故之一般原則？ (4)
①以機械代替人力　②以機動車輛搬運
③採取適當之搬運方法　④儘量增加搬運距離。

53. ( ) 對於脊柱或頸部受傷患者，下列何者不是適當的處理原則？ (3)
①不輕易移動傷患　②速請醫師
③如無合用之器材，需2人作徒手搬運　④向急救中心聯絡。

54. ( ) 防止噪音危害之治本對策為下列何者？ (3)
①使用耳塞、耳罩　②實施職業安全衛生教育訓練
③消除發生源　④實施特殊健康檢查。

55. ( ) 安全帽承受巨大外力衝擊後，雖外觀良好，應採下列何種處理方式？ (1)
①廢棄　②繼續使用　③送修　④油漆保護。

56. ( ) 因舉重而扭腰係由於身體動作不自然姿勢，動作之反彈，引起扭筋、扭腰及形成類似狀態造成職業災害，其災害類型為下列何者？ (2)
①不當狀態　②不當動作　③不當方針　④不當設備。

57. ( ) 下列有關工作場所安全衛生之敘述何者有誤？ (3)
①對於勞工從事其身體或衣著有被污染之虞之特殊作業時，應備置該勞工洗眼、洗澡、漱口、更衣、洗濯等設備
②事業單位應備置足夠急救藥品及器材
③事業單位應備置足夠的零食自動販賣機
④勞工應定期接受健康檢查。

58. ( ) 毒性物質進入人體的途徑，經由那個途徑影響人體健康最快且中毒效應最高？ (2)
①吸入　②食入　③皮膚接觸　④手指觸摸。

59. ( ) 安全門或緊急出口平時應維持何狀態？ (3)
①門可上鎖但不可封死　②保持開門狀態以保持逃生路徑暢通
③門應關上但不可上鎖　④與一般進出門相同，視各樓層規定可開可關。

60. ( ) 下列何種防護具較能消減噪音對聽力的危害？ (3)
①棉花球 ②耳塞 ③耳罩 ④碎布球。

61. ( ) 勞工若面臨長期工作負荷壓力及工作疲勞累積，沒有獲得適當休息及充足睡眠， (2)
便可能影響體能及精神狀態，甚而較易促發下列何種疾病？
①皮膚癌 ②腦心血管疾病 ③多發性神經病變 ④肺水腫。

62. ( ) 「勞工腦心血管疾病發病的風險與年齡、吸菸、總膽固醇數值、家族病史、生活 (2)
型態、心臟方面疾病」之相關性為何？
①無 ②正 ③負 ④可正可負。

63. ( ) 下列何者不屬於職場暴力？ (3)
①肢體暴力 ②語言暴力 ③家庭暴力 ④性騷擾。

64. ( ) 職場內部常見之身體或精神不法侵害不包含下列何者？ (4)
①脅迫、名譽損毀、侮辱、嚴重辱罵勞工
②強求勞工執行業務上明顯不必要或不可能之工作
③過度介入勞工私人事宜
④使勞工執行與能力、經驗相符的工作。

65. ( ) 下列何種措施較可避免工作單調重複或負荷過重？ (3)
①連續夜班 ②工時過長 ③排班保有規律性 ④經常性加班。

66. ( ) 減輕皮膚燒傷程度之最重要步驟為何？ (1)
①儘速用清水沖洗 ②立即刺破水泡
③立即在燒傷處塗抹油脂 ④在燒傷處塗抹麵粉。

67. ( ) 眼內噴入化學物或其他異物，應立即使用下列何者沖洗眼睛？ (3)
①牛奶 ②蘇打水 ③清水 ④稀釋的醋。

68. ( ) 石綿最可能引起下列何種疾病？ (3)
①白指症 ②心臟病 ③間皮細胞瘤 ④巴金森氏症。

69. ( ) 作業場所高頻率噪音較易導致下列何種症狀？ (2)
①失眠 ②聽力損失 ③肺部疾病 ④腕道症候群。

70. ( ) 廚房設置之排油煙機為下列何者？ (2)
①整體換氣裝置 ②局部排氣裝置 ③吹吸型換氣裝置 ④排氣煙囪。

71. ( ) 下列何者為選用防塵口罩時，最不重要之考量因素？ (4)
①捕集效率愈高愈好 ②吸氣阻抗愈低愈好
③重量愈輕愈好 ④視野愈小愈好。

72. ( ) 若勞工工作性質需與陌生人接觸、工作中需處理不可預期的突發事件或工作場所 (2)
治安狀況較差，較容易遭遇下列何種危害？
①組織內部不法侵害 ②組織外部不法侵害
③多發性神經病變 ④潛涵症。

73. ( ) 下列何者不是發生電氣火災的主要原因？ (3)
①電器接點短路 ②電氣火花 ③電纜線置於地上 ④漏電。

74. ( ) 依勞工職業災害保險及保護法規定，職業災害保險之保險效力，自何時開始起 (2)
算，至離職當日停止？
①通知當日 ②到職當日 ③雇主訂定當日 ④勞雇雙方合意之日。

75. ( ) 依勞工職業災害保險及保護法規定，勞工職業災害保險以下列何者為保險人，辦 (4)
理保險業務？
①財團法人職業災害預防及重建中心 ②勞動部職業安全衛生署
③勞動部勞動基金運用局 ④勞動部勞工保險局。

76. (1) 有關「童工」之敘述，下列何者正確？
　　①每日工作時間不得超過 8 小時
　　②不得於午後 8 時至翌晨 8 時之時間內工作
　　③例假日得在監視下工作
　　④工資不得低於基本工資之 70%。

77. (4) 依勞動檢查法施行細則規定，事業單位如不服勞動檢查結果，可於檢查結果通知書送達之次日起 10 日內，以書面敘明理由向勞動檢查機構提出？
　　①訴願　②陳情　③抗議　④異議。

78. (2) 工作者若因雇主違反職業安全衛生法規定而發生職業災害、疑似罹患職業病或身體、精神遭受不法侵害所提起之訴訟，得向勞動部委託之民間團體提出下列何者？
　　①災害理賠　②申請扶助　③精神補償　④國家賠償。

79. (4) 計算平日加班費須按平日每小時工資額加給計算，下列敘述何者有誤？
　　①前 2 小時至少加給 1/3 倍
　　②超過 2 小時部分至少加給 2/3 倍
　　③經勞資協商同意後，一律加給 0.5 倍
　　④未經雇主同意給加班費者，一律補休。

80. (2) 下列工作場所何者非屬勞動檢查法所定之危險性工作場所？
　　①農藥製造　　　　　　　　②金屬表面處理
　　③火藥類製造　　　　　　　④從事石油裂解之石化工業之工作場所。

81. (1) 有關電氣安全，下列敘述何者錯誤？
　　① 110 伏特之電壓不致造成人員死亡
　　②電氣室應禁止非工作人員進入
　　③不可以濕手操作電氣開關，且切斷開關應迅速
　　④ 220 伏特為低壓電。

82. (2) 依職業安全衛生設施規則規定，下列何者非屬於車輛系營建機械？
　　①平土機　②堆高機　③推土機　④鏟土機。

83. (2) 下列何者非為事業單位勞動場所發生職業災害者，雇主應於 8 小時內通報勞動檢查機構？
　　①發生死亡災害
　　②勞工受傷無須住院治療
　　③發生災害之罹災人數在 3 人以上
　　④發生災害之罹災人數在 1 人以上，且需住院治療。

84. (4) 依職業安全衛生管理辦法規定，下列何者非屬「自動檢查」之內容？
　　①機械之定期檢查　　　　　②機械、設備之重點檢查
　　③機械、設備之作業檢點　　④勞工健康檢查。

85. (1) 下列何者係針對於機械操作點的捲夾危害特性可以採用之防護裝置？
　　①設置護圍、護罩　　　　　②穿戴棉紗手套
　　③穿戴防護衣　　　　　　　④強化教育訓練。

86. (4) 下列何者非屬從事起重吊掛作業導致物體飛落災害之可能原因？
　　①吊鉤未設防滑舌片致吊掛鋼索鬆脫　②鋼索斷裂
　　③超過額定荷重作業　　　　　　　　④過捲揚警報裝置過度靈敏。

87. (2) 勞工不遵守安全衛生工作守則規定，屬於下列何者？
　　①不安全設備　②不安全行為　③不安全環境　④管理缺陷。

88. ( ) 下列何者不屬於局限空間內作業場所應採取之缺氧、中毒等危害預防措施？ (3)
①實施通風換氣　　　　　　　　　②進入作業許可程序
③使用柴油內燃機發電提供照明　　④測定氧氣、危險物、有害物濃度。

89. ( ) 下列何者非通風換氣之目的？ (1)
①防止游離輻射　　　　②防止火災爆炸
③稀釋空氣中有害物　　④補充新鮮空氣。

90. ( ) 已在職之勞工，首次從事特別危害健康作業，應實施下列何種檢查？ (2)
①一般體格檢查　　　　　　　　　②特殊體格檢查
③一般體格檢查及特殊健康檢查　　④特殊健康檢查。

91. ( ) 依職業安全衛生設施規則規定，噪音超過多少分貝之工作場所，應標示並公告噪音危害之預防事項，使勞工周知？ (4)
① 75 分貝　② 80 分貝　③ 85 分貝　④ 90 分貝。

92. ( ) 下列何者非屬工作安全分析的目的？ (3)
①發現並杜絕工作危害　　②確立工作安全所需工具與設備
③懲罰犯錯的員工　　　　④作為員工在職訓練的參考。

93. ( ) 可能對勞工之心理或精神狀況造成負面影響的狀態，如異常工作壓力、超時工作、語言脅迫或恐嚇等，可歸屬於下列何者管理不當？ (3)
①職業安全　②職業衛生　③職業健康　④環保。

94. ( ) 有流產病史之孕婦，宜避免相關作業，下列何者為非？ (3)
①避免砷或鉛的暴露　　　　　　②避免每班站立 7 小時以上之作業
③避免提舉 3 公斤重物的職務　　④避免重體力勞動的職務。

95. ( ) 熱中暑時，易發生下列何現象？ (3)
①體溫下降　②體溫正常　③體溫上升　④體溫忽高忽低。

96. ( ) 下列何者不會使電路發生過電流？ (4)
①電氣設備過載　②電路短路　③電路漏電　④電路斷路。

97. ( ) 下列何者較屬安全、尊嚴的職場組織文化？ (4)
①不斷責備勞工
②公開在眾人面前長時間責罵勞工
③強求勞工執行業務上明顯不必要或不可能之工作
④不過度介入勞工私人事宜。

98. ( ) 下列何者與職場母性健康保護較不相關？ (4)
①職業安全衛生法
②妊娠與分娩後女性及未滿十八歲勞工禁止從事危險性或有害性工作認定標準
③性別平等工作法
④動力堆高機型式驗證。

99. ( ) 油漆塗裝工程應注意防火防爆事項，下列何者為非？ (3)
①確實通風　　　　　　　　　　②注意電氣火花
③緊密門窗以減少溶劑擴散揮發　④嚴禁煙火。

100.( ) 依職業安全衛生設施規則規定，雇主對於物料儲存，為防止氣候變化或自然發火發生危險者，下列何者為最佳之採取措施？ (3)
①保持自然通風　　　　②密閉
③與外界隔離及溫濕控制　④靜置於倉儲區，避免陽光直射。

90007 工作倫理與職業道德共同科目 不分級
工作項目01：工作倫理與職業道德

1. ( ) 下列何者「違反」個人資料保護法？ (4)
   ①公司基於人事管理之特定目的，張貼榮譽榜揭示績優員工姓名
   ②縣市政府提供村里長轄區內符合資格之老人名冊供發放敬老金
   ③網路購物公司為辦理退貨，將客戶之住家地址提供予宅配公司
   ④學校將應屆畢業生之住家地址提供補習班招生使用。

2. ( ) 非公務機關利用個人資料進行行銷時，下列敘述何者錯誤？ (1)
   ①若已取得當事人書面同意，當事人即不得拒絕利用其個人資料行銷
   ②於首次行銷時，應提供當事人表示拒絕行銷之方式
   ③當事人表示拒絕接受行銷時，應停止利用其個人資料
   ④倘非公務機關違反「應即停止利用其個人資料行銷」之義務，未於限期內改正者，按次處新臺幣2萬元以上20萬元以下罰鍰。

3. ( ) 個人資料保護法規定為保護當事人權益，幾人以上的當事人提出告訴，就可以進行團體訴訟？ (4)
   ①5人 ②10人 ③15人 ④20人。

4. ( ) 關於個人資料保護法的敘述，下列何者錯誤？ (2)
   ①公務機關執行法定職務必要範圍內，可以蒐集、處理或利用一般性個人資料
   ②間接蒐集之個人資料，於處理或利用前，不必告知當事人個人資料來源
   ③非公務機關亦應維護個人資料之正確，並主動或依當事人之請求更正或補充
   ④外國學生在臺灣短期進修或留學，也受到我國個人資料保護法的保障。

5. ( ) 關於個人資料保護法的敘述，下列何者錯誤？ (2)
   ①不管是否使用電腦處理的個人資料，都受個人資料保護法保護
   ②公務機關依法執行公權力，不受個人資料保護法規範
   ③身分證字號、婚姻、指紋都是個人資料
   ④我的病歷資料雖然是由醫生所撰寫，但也屬於是我的個人資料範圍。

6. ( ) 對於依照個人資料保護法應告知之事項，下列何者不在法定應告知的事項內？ (3)
   ①個人資料利用之期間、地區、對象及方式
   ②蒐集之目的
   ③蒐集機關的負責人姓名
   ④如拒絕提供或提供不正確個人資料將造成之影響。

7. ( ) 請問下列何者非為個人資料保護法第3條所規範之當事人權利？ (2)
   ①查詢或請求閱覽　　②請求刪除他人之資料
   ③請求補充或更正　　④請求停止蒐集、處理或利用。

8. ( ) 下列何者非安全使用電腦內的個人資料檔案的做法？ (4)
   ①利用帳號與密碼登入機制來管理可以存取個資者的人
   ②規範不同人員可讀取的個人資料檔案範圍
   ③個人資料檔案使用完畢後立即退出應用程式，不得留置於電腦中
   ④為確保重要的個人資料可即時取得，將登入密碼標示在螢幕下方。

9. ( ) 下列何者行為非屬個人資料保護法所稱之國際傳輸？ (1)
   ①將個人資料傳送給地方政府　　②將個人資料傳送給美國的分公司
   ③將個人資料傳送給法國的人事部門　　④將個人資料傳送給日本的委託公司。

10. (1) 有關智慧財產權行為之敘述，下列何者有誤？
①製造、販售仿冒註冊商標的商品雖已侵害商標權，但不屬於公訴罪之範疇
②以101大樓、美麗華百貨公司做為拍攝電影的背景，屬於合理使用的範圍
③原作者自行創作某音樂作品後，即可宣稱擁有該作品之著作權
④著作權是為促進文化發展為目的，所保護的財產權之一。

11. (2) 專利權又可區分為發明、新型與設計三種專利權，其中發明專利權是否有保護期限？期限為何？
①有，5年 ②有，20年 ③有，50年 ④無期限，只要申請後就永久歸申請人所有。

12. (2) 受僱人於職務上所完成之著作，如果沒有特別以契約約定，其著作人為下列何者？
①雇用人　　　　　　　　　　②受僱人
③雇用公司或機關法人代表　　④由雇用人指定之自然人或法人。

13. (1) 任職於某公司的程式設計工程師，因職務所編寫之電腦程式，如果沒有特別以契約約定，則該電腦程式之著作財產權歸屬下列何者？
①公司　　　　　　　　　　　②編寫程式之工程師
③公司全體股東共有　　　　　④公司與編寫程式之工程師共有。

14. (3) 某公司員工因執行業務，擅自以重製之方法侵害他人之著作財產權，若被害人提起告訴，下列對於處罰對象的敘述，何者正確？
①僅處罰侵犯他人著作財產權之員工
②僅處罰雇用該名員工的公司
③該名員工及其雇主皆須受罰
④員工只要在從事侵犯他人著作財產權之行為前請示雇主並獲同意，便可以不受處罰。

15. (1) 受僱人於職務上所完成之發明、新型或設計，其專利申請權及專利權如未特別約定屬於下列何者？
①雇用人　　　　　　　　　　②受僱人
③雇用人所指定之自然人或法人　④雇用人與受僱人共有。

16. (4) 任職大發公司的郝聰明，專門從事技術研發，有關研發技術的專利申請權及專利權歸屬，下列敘述何者錯誤？
①職務上所完成的發明，除契約另有約定外，專利申請權及專利權屬於大發公司
②職務上所完成的發明，雖然專利申請權及專利權屬於大發公司，但是郝聰明享有姓名表示權
③郝聰明完成非職務上的發明，應即以書面通知大發公司
④大發公司與郝聰明之雇傭契約約定，郝聰明非職務上的發明，全部屬於公司，約定有效。

17. (3) 有關著作權的敘述，下列何者錯誤？
①我們到表演場所觀看表演時，不可隨便錄音或錄影
②到攝影展上，拿相機拍攝展示的作品，分贈給朋友，是侵害著作權的行為
③網路上供人下載的免費軟體，都不受著作權法保護，所以我可以燒成大補帖光碟，再去賣給別人
④高普考試題，不受著作權法保護。

18. (3) 有關著作權的敘述，下列何者錯誤？
①撰寫碩博士論文時，在合理範圍內引用他人的著作，只要註明出處，不會構成侵害著作權

②在網路散布盜版光碟，不管有沒有營利，會構成侵害著作權
③在網路的部落格看到一篇文章很棒，只要註明出處，就可以把文章複製在自己的部落格
④將補習班老師的上課內容錄音檔，放到網路上拍賣，會構成侵害著作權。

19. ( ) 有關商標權的敘述，下列何者錯誤？ (4)
①要取得商標權一定要申請商標註冊
②商標註冊後可取得 10 年商標權
③商標註冊後，3 年不使用，會被廢止商標權
④在夜市買的仿冒品，品質不好，上網拍賣，不會構成侵權。

20. ( ) 有關營業秘密的敘述，下列何者錯誤？ (1)
①受雇人於非職務上研究或開發之營業秘密，仍歸雇用人所有
②營業秘密不得為質權及強制執行之標的
③營業秘密所有人得授權他人使用其營業秘密
④營業秘密得全部或部分讓與他人或與他人共有。

21. ( ) 甲公司將其新開發受營業秘密法保護之技術，授權乙公司使用，下列何者錯誤？ (1)
①乙公司已獲授權，所以可以未經甲公司同意，再授權丙公司使用
②約定授權使用限於一定之地域、時間
③約定授權使用限於特定之內容、一定之使用方法
④要求被授權人乙公司在一定期間負有保密義務。

22. ( ) 甲公司嚴格保密之最新配方產品大賣，下列何者侵害甲公司之營業秘密？ (3)
①鑑定人 A 因司法審理而知悉配方　　②甲公司授權乙公司使用其配方
③甲公司之 B 員工擅自將配方盜賣給乙公司　④甲公司與乙公司協議共有配方。

23. ( ) 故意侵害他人之營業秘密，法院因被害人之請求，最高得酌定損害額幾倍之賠償？ (3)
① 1 倍　② 2 倍　③ 3 倍　④ 4 倍。

24. ( ) 受雇者因承辦業務而知悉營業秘密，在離職後對於該營業秘密的處理方式，下列敘述何者正確？ (4)
①聘雇關係解除後便不再負有保障營業秘密之責
②僅能自用而不得販售獲取利益
③自離職日起 3 年後便不再負有保障營業秘密之責
④離職後仍不得洩漏該營業秘密。

25. ( ) 按照現行法律規定，侵害他人營業秘密，其法律責任為 (3)
①僅需負刑事責任
②僅需負民事損害賠償責任
③刑事責任與民事損害賠償責任皆須負擔
④刑事責任與民事損害賠償責任皆不須負擔。

26. ( ) 企業內部之營業秘密，可以概分為「商業性營業秘密」及「技術性營業秘密」二大類型，請問下列何者屬於「技術性營業秘密」？ (3)
①人事管理　②經銷據點　③產品配方　④客戶名單。

27. ( ) 某離職同事請求在職員工將離職前所製作之某份文件傳送給他，請問下列回應方式何者正確？ (3)
①由於該項文件係由該離職員工製作，因此可以傳送文件
②若其目的僅為保留檔案備份，便可以傳送文件
③可能構成對於營業秘密之侵害，應予拒絕並請他直接向公司提出請求
④視彼此交情決定是否傳送文件。

28. (1) 行為人以竊取等不正當方法取得營業秘密，下列敘述何者正確？
    ①已構成犯罪
    ②只要後續沒有洩漏便不構成犯罪
    ③只要後續沒有出現使用之行為便不構成犯罪
    ④只要後續沒有造成所有人之損害便不構成犯罪。

29. (3) 針對在我國境內竊取營業秘密後，意圖在外國、中國大陸或港澳地區使用者，營業秘密法是否可以適用？
    ①無法適用
    ②可以適用，但若屬未遂犯則不罰
    ③可以適用並加重其刑
    ④能否適用需視該國家或地區與我國是否簽訂相互保護營業秘密之條約或協定。

30. (4) 所謂營業秘密，係指方法、技術、製程、配方、程式、設計或其他可用於生產、銷售或經營之資訊，但其保障所需符合的要件不包括下列何者？
    ①因其秘密性而具有實際之經濟價值者
    ②所有人已採取合理之保密措施者
    ③因其秘密性而具有潛在之經濟價值者
    ④一般涉及該類資訊之人所知者。

31. (1) 因故意或過失而不法侵害他人之營業秘密者，負損害賠償責任該損害賠償之請求權，自請求權人知有行為及賠償義務人時起，幾年間不行使就會消滅？
    ① 2 年　② 5 年　③ 7 年　④ 10 年。

32. (1) 公司負責人為了要節省開銷，將員工薪資以高報低來投保全民健保及勞保，是觸犯了刑法上之何種罪刑？
    ①詐欺罪　②侵占罪　③背信罪　④工商秘密罪。

33. (2) A 受僱於公司擔任會計，因自己的財務陷入危機，多次將公司帳款轉入妻兒戶頭，是觸犯了刑法上之何種罪刑？
    ①洩漏工商秘密罪　②侵占罪　③詐欺罪　④偽造文書罪。

34. (3) 某甲於公司擔任業務經理時，未依規定經董事會同意，私自與自己親友之公司訂定生意合約，會觸犯下列何種罪刑？
    ①侵占罪　②貪污罪　③背信罪　④詐欺罪。

35. (1) 如果你擔任公司採購的職務，親朋好友們會向你推銷自家的產品，希望你要採購時，你應該
    ①適時地婉拒，說明利益需要迴避的考量，請他們見諒
    ②既然是親朋好友，就應該互相幫忙
    ③建議親朋好友將產品折扣，折扣部分歸於自己，就會採購
    ④可以暗中地幫忙親朋好友，進行採購，不要被發現有親友關係便可。

36. (3) 小美是公司的業務經理，有一天巧遇國中同班的死黨小林，發現他是公司的下游廠商老闆。最近小美處理一件公司的招標案件，小林的公司也在其中，私下約小美見面，請求她提供這次招標案的底標，並馬上要給予幾十萬元的前謝金，請問小美該怎麼辦？
    ①退回錢，並告訴小林都是老朋友，一定會全力幫忙
    ②收下錢，將錢拿出來給單位同事們分紅
    ③應該堅決拒絕，並避免每次見面都與小林談論相關業務問題
    ④朋友一場，給他一個比較接近底標的金額，反正又不是正確的，所以沒關係。

37. (3) 公司發給每人一台平板電腦提供業務上使用，但是發現根本很少在使用，為了讓它有效的利用，所以將它拿回家給親人使用，這樣的行為是
    ①可以的，這樣就不用花錢買
    ②可以的，反正放在那裡不用它，也是浪費資源

③不可以的，因為這是公司的財產，不能私用
④不可以的，因為使用年限未到，如果年限到報廢了，便可以拿回家。

38. （3）公司的車子，假日又沒人使用，你是鑰匙保管者，請問假日可以開出去嗎？
①可以，只要付費加油即可
②可以，反正假日不影響公務
③不可以，因為是公司的，並非私人擁有
④不可以，應該是讓公司想要使用的員工，輪流使用才可。

39. （4）阿哲是財經線的新聞記者，某次採訪中得知 A 公司在一個月內將有一個大的併購案，這個併購案顯示公司的財力，且能讓 A 公司股價往上飆升。請問阿哲得知此消息後，可以立刻購買該公司的股票嗎？
①可以，有錢大家賺
②可以，這是我努力獲得的消息
③可以，不賺白不賺
④不可以，屬於內線消息，必須保持記者之操守，不得洩漏。

40. （4）與公務機關接洽業務時，下列敘述何者正確？
①沒有要求公務員違背職務，花錢疏通而已，並不違法
②唆使公務機關承辦採購人員配合浮報價額，僅屬偽造文書行為
③口頭允諾行賄金額但還沒送錢，尚不構成犯罪
④與公務員同謀之共犯，即便不具公務員身分，仍可依據貪污治罪條例處刑。

41. （1）與公務機關有業務往來構成職務利害關係者，下列敘述何者正確？
①將餽贈之財物請公務員父母代轉，該公務員亦已違反規定
②與公務機關承辦人飲宴應酬為增進基本關係的必要方法
③高級茶葉低價售予有利害關係之承辦公務員，有價購行為就不算違反法規
④機關公務員藉子女婚宴廣邀業務往來廠商之行為，並無不妥。

42. （4）廠商某甲承攬公共工程，工程進行期間，甲與其工程人員經常招待該公共工程委辦機關之監工及驗收之公務員喝花酒或招待出國旅遊，下列敘述何者正確？
①公務員若沒有收現金，就沒有罪
②只要工程沒有問題，某甲與監工及驗收等相關公務員就沒有犯罪
③因為不是送錢，所以都沒有犯罪
④某甲與相關公務員均已涉嫌觸犯貪污治罪條例。

43. （1）行（受）賄罪成立要素之一為具有對價關係，而作為公務員職務之對價有「賄賂」或「不正利益」，下列何者不屬於「賄賂」或「不正利益」？
①開工邀請公務員觀禮　　　　②送百貨公司大額禮券
③免除債務　　　　　　　　　④招待吃米其林等級之高檔大餐。

44. （4）下列有關貪腐的敘述何者錯誤？
①貪腐會危害永續發展和法治　　②貪腐會破壞民主體制及價值觀
③貪腐會破壞倫理道德與正義　　④貪腐有助降低企業的經營成本。

45. （4）下列何者不是設置反貪腐專責機構須具備的必要條件？
①賦予該機構必要的獨立性
②使該機構的工作人員行使職權不會受到不當干預
③提供該機構必要的資源、專職工作人員及必要培訓
④賦予該機構的工作人員有權力可隨時逮捕貪污嫌疑人。

46. （2）檢舉人向有偵查權機關或政風機構檢舉貪污瀆職，必須於何時為之始可能給與獎金？
①犯罪未起訴前　②犯罪未發覺前　③犯罪未遂前　④預備犯罪前。

47. （3）檢舉人應以何種方式檢舉貪污瀆職始能核給獎金？
①匿名　②委託他人檢舉　③以真實姓名檢舉　④以他人名義檢舉。

48. ( ) 我國制定何種法律以保護刑事案件之證人，使其勇於出面作證，俾利犯罪之偵查、審判？ ①貪污治罪條例 ②刑事訴訟法 ③行政程序法 ④證人保護法。 (4)

49. ( ) 下列何者非屬公司對於企業社會責任實踐之原則？
①加強個人資料揭露　　　　　②維護社會公益
③發展永續環境　　　　　　　④落實公司治理。 (1)

50. ( ) 下列何者並不屬於「職業素養」規範中的範疇？
①增進自我獲利的能力　　　　②擁有正確的職業價值觀
③積極進取職業的知識技能　　④具備良好的職業行為習慣。 (1)

51. ( ) 下列何者符合專業人員的職業道德？
①未經雇主同意，於上班時間從事私人事務
②利用雇主的機具設備私自接單生產
③未經顧客同意，任意散佈或利用顧客資料
④盡力維護雇主及客戶的權益。 (4)

52. ( ) 身為公司員工必須維護公司利益，下列何者是正確的工作態度或行為？
①將公司逾期的產品更改標籤
②施工時以省時、省料為獲利首要考量，不顧品質
③服務時優先考量公司的利益，顧客權益次之
④工作時謹守本分，以積極態度解決問題。 (4)

53. ( ) 身為專業技術工作人士，應以何種認知及態度服務客戶？
①若客戶不瞭解，就儘量減少成本支出，抬高報價
②遇到維修問題，儘量拖過保固期
③主動告知可能碰到問題及預防方法
④隨著個人心情來提供服務的內容及品質。 (3)

54. ( ) 因為工作本身需要高度專業技術及知識，所以在對客戶服務時應如何？
①不用理會顧客的意見
②保持親切、真誠、客戶至上的態度
③若價錢較低，就敷衍了事
④以專業機密為由，不用對客戶說明及解釋。 (2)

55. ( ) 從事專業性工作，在與客戶約定時間應
①保持彈性，任意調整　　　　②儘可能準時，依約定時間完成工作
③能拖就拖，能改就改　　　　④自己方便就好，不必理會客戶的要求。 (2)

56. ( ) 從事專業性工作，在服務顧客時應有的態度為何？
①選擇最安全、經濟及有效的方法完成工作
②選擇工時較長、獲利較多的方法服務客戶
③為了降低成本，可以降低安全標準
④不必顧及雇主和顧客的立場。 (1)

57. ( ) 以下那一項員工的作為符合敬業精神？
①利用正常工作時間從事私人事務　　②運用雇主的資源，從事個人工作
③未經雇主同意擅離工作崗位　　　　④謹守職場紀律及禮節，尊重客戶隱私。 (4)

58. ( ) 小張獲選為小孩學校的家長會長，這個月要召開會議，沒時間準備資料，所以，利用上班期間有空檔非休息時間來完成，請問是否可以？
①可以，因為不耽誤他的工作
②可以，因為他能力好，能夠同時完成很多事
③不可以，因為這是私事，不可以利用上班時間完成
④可以，只要不要被發現。 (3)

59. ( ) 小吳是公司的專用司機，為了能夠隨時用車，經過公司同意，每晚都將公司的車開回家，然而，他發現反正每天上班路線，都要經過女兒學校，就順便載女兒上學，請問可以嗎？ (2)
　　①可以，反正順路　　②不可以，這是公司的車不能私用
　　③可以，只要不被公司發現即可　　④可以，要資源須有效使用。

60. ( ) 小江是職場上的新鮮人，剛進公司不久，他應該具備怎樣的態度？ (4)
　　①上班、下班，管好自己便可
　　②仔細觀察公司生態，加入某些小團體，以做為後盾
　　③只要做好人脈關係，這樣以後就好辦事
　　④努力做好自己職掌的業務，樂於工作，與同事之間有良好的互動，相互協助。

61. ( ) 在公司內部行使商務禮儀的過程，主要以參與者在公司中的何種條件來訂定順序？ (4)
　　①年齡　②性別　③社會地位　④職位。

62. ( ) 一位職場新鮮人剛進公司時，良好的工作態度是 (1)
　　①多觀察、多學習，了解企業文化和價值觀
　　②多打聽哪一個部門比較輕鬆，升遷機會較多
　　③多探聽哪一個公司在找人，隨時準備跳槽走人
　　④多遊走各部門認識同事，建立自己的小圈圈。

63. ( ) 根據消除對婦女一切形式歧視公約（CEDAW），下列何者正確？ (1)
　　①對婦女的歧視指基於性別而作的任何區別、排斥或限制
　　②只關心女性在政治方面的人權和基本自由
　　③未要求政府需消除個人或企業對女性的歧視
　　④傳統習俗應予保護及傳承，即使含有歧視女性的部分，也不可以改變。

64. ( ) 某規範明定地政機關進用女性測量助理名額，不得超過該機關測量助理名額總數二分之一，根據消除對婦女一切形式歧視公約（CEDAW），下列何者正確？ (1)
　　①限制女性測量助理人數比例，屬於直接歧視
　　②土地測量經常在戶外工作，基於保護女性所作的限制，不屬性別歧視
　　③此項二分之一規定是為促進男女比例平衡
　　④此限制是為確保機關業務順暢推動，並未歧視女性。

65. ( ) 根據消除對婦女一切形式歧視公約（CEDAW）之間接歧視意涵，下列何者錯誤？ (4)
　　①一項法律、政策、方案或措施表面上對男性和女性無任何歧視，但實際上卻產生歧視女性的效果
　　②察覺間接歧視的一個方法，是善加利用性別統計與性別分析
　　③如果未正視歧視之結構和歷史模式，及忽略男女權力關係之不平等，可能使現有不平等狀況更為惡化
　　④不論在任何情況下，只要以相同方式對待男性和女性，就能避免間接歧視之產生。

66. ( ) 下列何者不是菸害防制法之立法目的？ (4)
　　①防制菸害　　②保護未成年免於菸害
　　③保護孕婦免於菸害　　④促進菸品的使用。

67. ( ) 按菸害防制法規定，對於在禁菸場所吸菸會被罰多少錢？ (1)
　　①新臺幣2千元至1萬元罰鍰　　②新臺幣1千元至5千元罰鍰
　　③新臺幣1萬元至5萬元罰鍰　　④新臺幣2萬元至10萬元罰鍰。

68. ( ) 請問下列何者不是個人資料保護法所定義的個人資料？ (3)
　　①身分證號碼　②最高學歷　③職稱　④護照號碼。

69. ( ) 有關專利權的敘述,下列何者正確? (1)
① 專利有規定保護年限,當某商品、技術的專利保護年限屆滿,任何人皆可免費運用該項專利
② 我發明了某項商品,卻被他人率先申請專利權,我仍可主張擁有這項商品的專利權
③ 製造方法可以申請新型專利權
④ 在本國申請專利之商品進軍國外,不需向他國申請專利權。

70. ( ) 下列何者行為會有侵害著作權的問題? (4)
① 將報導事件事實的新聞文字轉貼於自己的社群網站
② 直接轉貼高普考考古題在 FACEBOOK
③ 以分享網址的方式轉貼資訊分享於社群網站
④ 將講師的授課內容錄音,複製多份分贈友人。

71. ( ) 有關著作權之概念,下列何者正確? (1)
① 國外學者之著作,可受我國著作權法的保護
② 公務機關所函頒之公文,受我國著作權法的保護
③ 著作權要待向智慧財產權申請通過後才可主張
④ 以傳達事實之新聞報導的語文著作,依然受著作權之保障。

72. ( ) 某廠商之商標在我國已經獲准註冊,請問若希望將商品行銷販賣到國外,請問是否需在當地申請註冊才能主張商標權? (1)
① 是,因為商標權註冊採取屬地保護原則
② 否,因為我國申請註冊之商標權在國外也會受到承認
③ 不一定,需視我國是否與商品希望行銷販賣的國家訂有相互商標承認之協定
④ 不一定,需視商品希望行銷販賣的國家是否為 WTO 會員國。

73. ( ) 下列何者不屬於營業秘密? (1)
① 具廣告性質的不動產交易底價
② 須授權取得之產品設計或開發流程圖示
③ 公司內部管制的各種計畫方案
④ 不是公開可查知的客戶名單分析資料。

74. ( ) 營業秘密可分為「技術機密」與「商業機密」,下列何者屬於「商業機密」? (3)
① 程式 ② 設計圖 ③ 商業策略 ④ 生產製程。

75. ( ) 某甲在公務機關擔任首長,其弟弟乙是某協會的理事長,乙為舉辦協會活動,決定向甲服務的機關申請經費補助,下列有關利益衝突迴避之敘述,何者正確? (3)
① 協會是舉辦慈善活動,甲認為是好事,所以指示機關承辦人補助活動經費
② 機關未經公開公平方式,私下直接對協會補助活動經費新臺幣 10 萬元
③ 甲應自行迴避該案審查,避免瓜田李下,防止利益衝突
④ 乙為順利取得補助,應該隱瞞是機關首長甲之弟弟的身分。

76. ( ) 依公職人員利益衝突迴避法規定,公職人員甲與其小舅子乙(二親等以內的關係人)間,下列何種行為不違反該法? (3)
① 甲要求受其監督之機關聘用小舅子乙
② 小舅子乙以請託關說之方式,請求甲之服務機關通過其名下農地變更使用申請案
③ 關係人乙經政府採購法公開招標程序,並主動在投標文件表明與甲的身分關係,取得甲服務機關之年度採購標案
④ 甲、乙兩人均自認為人公正,處事坦蕩,任何往來都是清者自清,不需擔心任何問題。

77. ( ) 大雄擔任公司部門主管,代表公司向公務機關投標,為使公司順利取得標案,可以向公務機關的採購人員為以下何種行為? (3)
① 為社交禮俗需要,贈送價值昂貴的名牌手錶作為見面禮

②為與公務機關間有良好互動,招待至有女陪侍場所飲宴
③為了解招標文件內容,提出招標文件疑義並請說明
④為避免報價錯誤,要求提供底價作為參考。

78. (　) 下列關於政府採購人員之敘述,何者未違反相關規定? (1)
①非主動向廠商求取,是偶發地收到廠商致贈價值在新臺幣500元以下之廣告物、促銷品、紀念品
②要求廠商提供與採購無關之額外服務
③利用職務關係向廠商借貸
④利用職務關係媒介親友至廠商處所任職。

79. (　) 下列敘述何者錯誤? (4)
①憲法保障言論自由,但散布假新聞、假消息仍須面對法律責任
②在網路或Line社群網站收到假訊息,可以敘明案情並附加截圖檔,向法務部調查局檢舉
③對新聞媒體報導有意見,向國家通訊傳播委員會申訴
④自己或他人捏造、扭曲、竄改或虛構的訊息,只要一小部分能證明是真的,就不會構成假訊息。

80. (　) 下列敘述何者正確? (4)
①公務機關委託的代檢(代驗)業者,不是公務員,不會觸犯到刑法的罪責
②賄賂或不正利益,只限於法定貨幣,給予網路遊戲幣沒有違法的問題
③在靠北公務員社群網站,覺得可受公評且匿名發文,就可以謾罵公務機關對特定案件的檢查情形
④受公務機關委託辦理案件,除履行採購契約應辦事項外,對於蒐集到的個人資料,也要遵守相關保護及保密規定。

81. (　) 有關促進參與及預防貪腐的敘述,下列何者錯誤? (1)
①我國非聯合國會員國,無須落實聯合國反貪腐公約規定
②推動政府部門以外之個人及團體積極參與預防和打擊貪腐
③提高決策過程之透明度,並促進公眾在決策過程中發揮作用
④對公職人員訂定執行公務之行為守則或標準。

82. (　) 為建立良好之公司治理制度,公司內部宜納入何種檢舉人制度? (2)
①告訴乃論制度
②吹哨者(whistleblower)保護程序及保護制度
③不告不理制度
④非告訴乃論制度。

83. (　) 有關公司訂定誠信經營守則時,下列何者錯誤? (4)
①避免與涉有不誠信行為者進行交易
②防範侵害營業秘密、商標權、專利權、著作權及其他智慧財產權
③建立有效之會計制度及內部控制制度
④防範檢舉。

84. (　) 乘坐轎車時,如有司機駕駛,按照國際乘車禮儀,以司機的方位來看,首位應為 (1)
①後排右側　②前座右側　③後排左側　④後排中間。

85. (　) 今天好友突然來電,想來個「說走就走的旅行」,因此,無法去上班,下列何者作法不適當? (2)
①發送E-MAIL給主管與人事部門,並收到回覆
②什麼都無需做,等公司打電話來確認後,再告知即可
③用LINE傳訊息給主管,並確認讀取且有回覆
④打電話給主管與人事部門請假。

86. ( ) 每天下班回家後，就懶得再出門去買菜，利用上班時間瀏覽線上購物網站，發現有很多限時搶購的便宜商品，還能在下班前就可以送到公司，下班順便帶回家，省掉好多時間，下列何者最適當？ (4)
①可以，又沒離開工作崗位，且能節省時間
②可以，還能介紹同事一同團購，省更多的錢，增進同事情誼
③不可以，應該把商品寄回家，不是公司
④不可以，上班不能從事個人私務，應該等下班後再網路購物。

87. ( ) 宜樺家中養了一隻貓，由於最近生病，獸醫師建議要有人一直陪牠，這樣會恢復快一點，辦公室雖然禁止攜帶寵物，但因為上班家裡無人陪伴，所以準備帶牠到辦公室一起上班，下列何者最適當？ (4)
①可以，只要我放在寵物箱，不要影響工作即可
②可以，同事們都答應也不反對
③可以，雖然貓會發出聲音，大小便有異味，只要處理好不影響工作即可
④不可以，可以送至專門機構照護或請專人照顧，以免影響工作。

88. ( ) 根據性別平等工作法，下列何者非屬職場性騷擾？ (4)
①公司員工執行職務時，客戶對其講黃色笑話，該員工感覺被冒犯
②雇主對求職者要求交往，作為僱用與否之交換條件
③公司員工執行職務時，遭到同事以「女人就是沒大腦」性別歧視用語加以辱罵，該員工感覺其人格尊嚴受損
④公司員工下班後搭乘捷運，在捷運上遭到其他乘客偷拍。

89. ( ) 根據性別平等工作法，下列何者非屬職場性別歧視？ (4)
①雇主考量男性賺錢養家之社會期待，提供男性高於女性之薪資
②雇主考量女性以家庭為重之社會期待，裁員時優先資遣女性
③雇主事先與員工約定倘其有懷孕之情事，必須離職
④有未滿2歲子女之男性員工，也可申請每日六十分鐘的哺乳時間。

90. ( ) 根據性別平等工作法，有關雇主防治性騷擾之責任與罰則，下列何者錯誤？ (3)
①僱用受僱者30人以上者，應訂定性騷擾防治措施、申訴及懲戒規範
②雇主知悉性騷擾發生時，應採取立即有效之糾正及補救措施
③雇主違反應訂定性騷擾防治措施之規定時，處以罰鍰即可，不用公布其姓名
④雇主違反應訂定性騷擾申訴管道者，應限期令其改善，屆期未改善者，應按次處罰。

91. ( ) 根據性騷擾防治法，有關性騷擾之責任與罰則，下列何者錯誤？ (1)
①對他人為性騷擾者，如果沒有造成他人財產上之損失，就無需負擔金錢賠償之責任
②對於因教育、訓練、醫療、公務、業務、求職，受自己監督、照護之人，利用權勢或機會為性騷擾者，得加重科處罰鍰至二分之一
③意圖性騷擾，乘人不及抗拒而為親吻、擁抱或觸摸其臀部、胸部或其他身體隱私處之行為者，處2年以下有期徒刑、拘役或科或併科10萬元以下罰金
④對他人為權勢性騷擾以外之性騷擾者，由直轄市、縣（市）主管機關處1萬元以上10萬元以下罰鍰。

92. ( ) 根據性別平等工作法規範職場性騷擾範疇，下列何者錯誤？ (3)
①上班執行職務時，任何人以性要求、具有性意味或性別歧視之言詞或行為，造成敵意性、脅迫性或冒犯性之工作環境
②對僱用、求職或執行職務關係受自己指揮、監督之人，利用權勢或機會為性騷擾
③與朋友聚餐後回家時，被陌生人以盯梢、守候、尾隨跟蹤

④雇主對受僱者或求職者為明示或暗示之性要求、具有性意味或性別歧視之言詞或行為。

93. (3) 根據消除對婦女一切形式歧視公約（CEDAW）之直接歧視及間接歧視意涵，下列何者錯誤？
①老闆得知小黃懷孕後，故意將小黃調任薪資待遇較差的工作，意圖使其自行離開職場，小黃老闆的行為是直接歧視
②某餐廳於網路上招募外場服務生，條件以未婚年輕女性優先錄取，明顯以性或性別差異為由所實施的差別待遇，為直接歧視
③某公司員工值班注意事項排除女性員工參與夜間輪值，是考量女性有人身安全及家庭照顧等需求，為維護女性權益之措施，非直接歧視
④某科技公司規定男女員工之加班時數上限及加班費或津貼不同，認為女性能力有限，且無法長時間工作，限制女性獲取薪資及升遷機會，這規定是直接歧視。

94. (1) 目前菸害防制法規範，「不可販賣菸品」給幾歲以下的人？
① 20　② 19　③ 18　④ 17。

95. (1) 按菸害防制法規定，下列敘述何者錯誤？
①只有老闆、店員才可以出面勸阻在禁菸場所抽菸的人
②任何人都可以出面勸阻在禁菸場所抽菸的人
③餐廳、旅館設置室內吸菸室，需經專業技師簽證核可
④加油站屬易燃易爆場所，任何人都可以勸阻在禁菸場所抽菸的人。

96. (3) 關於菸品對人體危害的敘述，下列何者正確？
①只要開電風扇、或是抽風機就可以去除菸霧中的有害物質
②指定菸品（如：加熱菸）只要通過健康風險評估，就不會危害健康，因此工作時如果想吸菸，就可以在職場拿出來使用
③雖然自己不吸菸，同事在旁邊吸菸，就會增加自己得肺癌的機率
④只要不將菸吸入肺部，就不會對身體造成傷害。

97. (4) 職場禁菸的好處不包括
①降低吸菸者的菸品使用量，有助於減少吸菸導致的疾病而請假
②避免同事因為被動吸菸而生病
③讓吸菸者菸癮降低，戒菸較容易成功
④吸菸者不能抽菸會影響工作效率。

98. (4) 大多數的吸菸者都嘗試過戒菸，但是很少自己戒菸成功。吸菸的同事要戒菸，怎樣建議他是無效的？
①鼓勵他撥打戒菸專線0800-63-63-63，取得相關建議與協助
②建議他到醫療院所、社區藥局找藥物戒菸
③建議他參加醫院或衛生所辦理的戒菸班
④戒菸是自己的事，別人幫不了忙。

99. (2) 禁菸場所負責人未於場所入口處設置明顯禁菸標示，要罰該場所負責人多少元？
① 2千至1萬　② 1萬至5萬　③ 1萬至25萬　④ 20萬至100萬。

100. (3) 目前電子煙是非法的，下列對電子煙的敘述，何者錯誤？
①跟吸菸一樣會成癮
②會有爆炸危險
③沒有燃燒的菸草，也沒有二手煙的問題
④可能造成嚴重肺損傷。

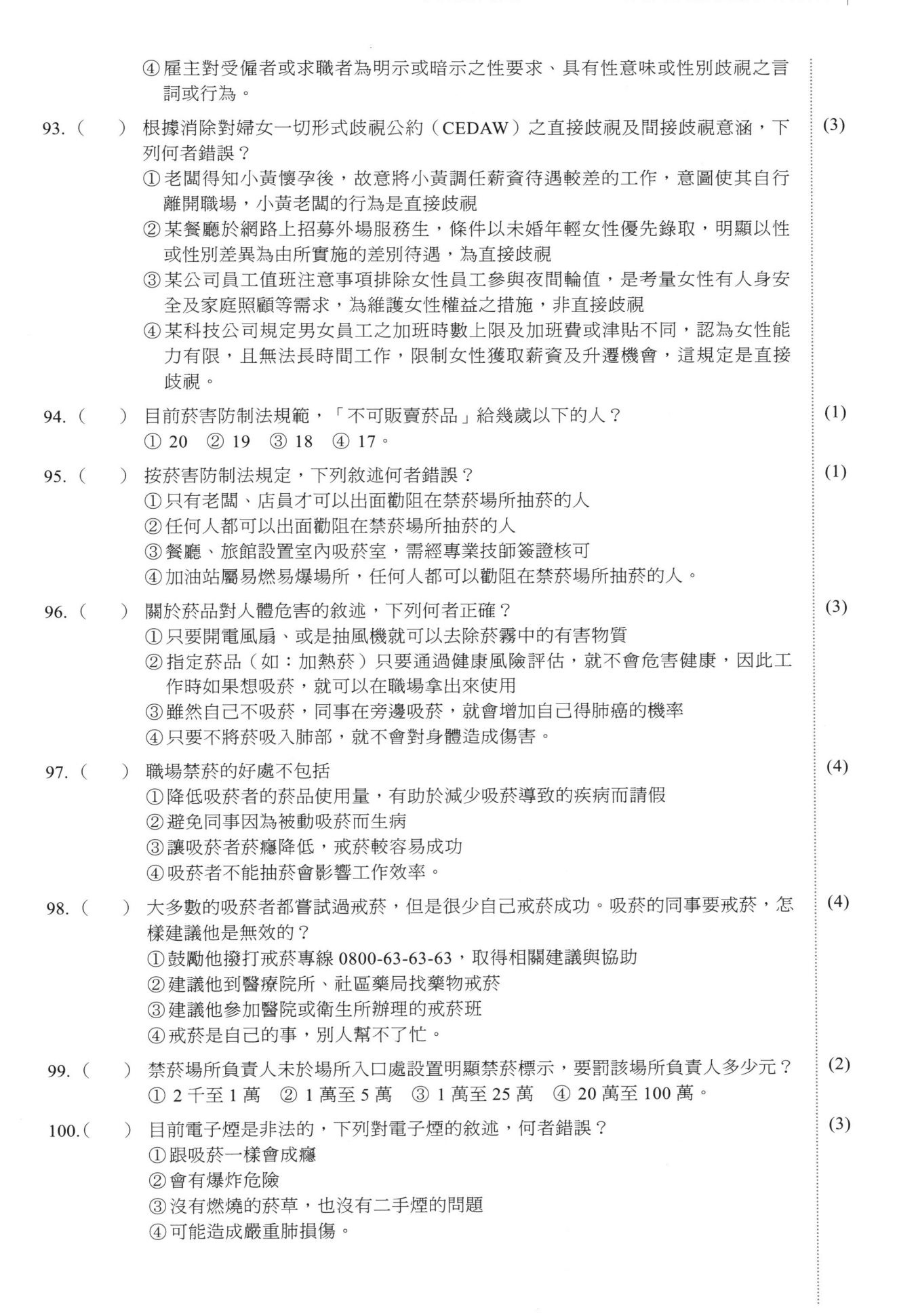

90008 環境保護共同科目 不分級
工作項目 03：環境保護

1. （　）世界環境日是在每一年的那一日？
　　① 6月5日　② 4月10日　③ 3月8日　④ 11月12日。 (1)

2. （　）2015年巴黎協議之目的為何？
　　① 避免臭氧層破壞　　　　　② 減少持久性污染物排放
　　③ 遏阻全球暖化趨勢　　　　④ 生物多樣性保育。 (3)

3. （　）下列何者為環境保護的正確作為？
　　① 多吃肉少蔬食　② 自己開車不共乘　③ 鐵馬步行　④ 不隨手關燈。 (3)

4. （　）下列何種行為對生態環境會造成較大的衝擊？
　　① 種植原生樹木　　　　　　② 引進外來物種
　　③ 設立國家公園　　　　　　④ 設立自然保護區。 (2)

5. （　）下列哪一種飲食習慣能減碳抗暖化？
　　① 多吃速食　② 多吃天然蔬果　③ 多吃牛肉　④ 多選擇吃到飽的餐館。 (2)

6. （　）飼主遛狗時，其狗在道路或其他公共場所便溺時，下列何者應優先負清除責任？
　　① 主人　② 清潔隊　③ 警察　④ 土地所有權人。 (1)

7. （　）外食自備餐具是落實綠色消費的哪一項表現？
　　① 重複使用　② 回收再生　③ 環保選購　④ 降低成本。 (1)

8. （　）再生能源一般是指可永續利用之能源，主要包括哪些：A.化石燃料 B.風力 C.太陽能 D.水力？
　　① ACD　② BCD　③ ABD　④ ABCD。 (2)

9. （　）依環境基本法第3條規定，基於國家長期利益，經濟、科技及社會發展均應兼顧環境保護。但如果經濟、科技及社會發展對環境有嚴重不良影響或有危害時，應以何者優先？
　　① 經濟　② 科技　③ 社會　④ 環境。 (4)

10. （　）森林面積的減少甚至消失可能導致哪些影響：A.水資源減少 B.減緩全球暖化 C.加劇全球暖化 D.降低生物多樣性？
　　① ACD　② BCD　③ ABD　④ ABCD。 (1)

11. （　）塑膠為海洋生態的殺手，所以政府推動「無塑海洋」政策，下列何項不是減少塑膠危害海洋生態的重要措施？
　　① 擴大禁止免費供應塑膠袋
　　② 禁止製造、進口及販售含塑膠柔珠的清潔用品
　　③ 定期進行海水水質監測
　　④ 淨灘、淨海。 (3)

12. （　）違反環境保護法律或自治條例之行政法上義務，經處分機關處停工、停業處分或處新臺幣五千元以上罰鍰者，應接受下列何種講習？
　　① 道路交通安全講習　② 環境講習　③ 衛生講習　④ 消防講習。 (2)

13. （　）下列何者為環保標章？ (1)

14. ( ) 「聖嬰現象」是指哪一區域的溫度異常升高？ (2)
    ①西太平洋表層海水　　　　　　②東太平洋表層海水
    ③西印度洋表層海水　　　　　　④東印度洋表層海水。

15. ( ) 「酸雨」定義為雨水酸鹼值達多少以下時稱之？ (1)
    ① 5.0　② 6.0　③ 7.0　④ 8.0。

16. ( ) 一般而言，水中溶氧量隨水溫之上升而呈下列哪一種趨勢？ (2)
    ①增加　②減少　③不變　④不一定。

17. ( ) 二手菸中包含多種危害人體的化學物質，甚至多種物質有致癌性，會危害到下列何者的健康？ (4)
    ①只對 12 歲以下孩童有影響　　　②只對孕婦比較有影響
    ③只對 65 歲以上之民眾有影響　　④對二手菸接觸民眾皆有影響。

18. ( ) 二氧化碳和其他溫室氣體含量增加是造成全球暖化的主因之一，下列何種飲食方式也能降低碳排放量，對環境保護做出貢獻：A. 少吃肉，多吃蔬菜；B. 玉米產量減少時，購買玉米罐頭食用；C. 選擇當地食材；D. 使用免洗餐具，減少清洗用水與清潔劑？ (2)
    ① AB　② AC　③ AD　④ ACD。

19. ( ) 上下班的交通方式有很多種，其中包括：A.騎腳踏車；B.搭乘大眾交通工具；C.自行開車，請將前述幾種交通方式之單位排碳量由少至多之排列方式為何？ (1)
    ① ABC　② ACB　③ BAC　④ CBA。

20. ( ) 下列何者「不是」室內空氣污染源？ (3)
    ①建材　②辦公室事務機　③廢紙回收箱　④油漆及塗料。

21. ( ) 下列何者不是自來水消毒採用的方式？ (4)
    ①加入臭氧　②加入氯氣　③紫外線消毒　④加入二氧化碳。

22. ( ) 下列何者不是造成全球暖化的元凶？ (4)
    ①汽機車排放的廢氣　　　　　　②工廠所排放的廢氣
    ③火力發電廠所排放的廢氣　　　④種植樹木。

23. ( ) 下列何者不是造成臺灣水資源減少的主要因素？ (2)
    ①超抽地下水　②雨水酸化　③水庫淤積　④濫用水資源。

24. ( ) 下列何者是海洋受污染的現象？ (1)
    ①形成紅潮　②形成黑潮　③溫室效應　④臭氧層破洞。

25. ( ) 水中生化需氧量（BOD）愈高，其所代表的意義為下列何者？ (2)
    ①水為硬水　　　　　　　　　　②有機污染物多
    ③水質偏酸　　　　　　　　　　④分解污染物時不需消耗太多氧。

26. ( ) 下列何者是酸雨對環境的影響？ (1)
    ①湖泊水質酸化　　　　　　　　②增加森林生長速度
    ③土壤肥沃　　　　　　　　　　④增加水生動物種類。

27. ( ) 下列哪一項水質濃度降低會導致河川魚類大量死亡？ (2)
    ①氨氮　②溶氧　③二氧化碳　④生化需氧量。

28. ( ) 下列何種生活小習慣的改變可減少細懸浮微粒（PM$_{2.5}$）排放，共同為改善空氣品質盡一份心力？ (1)
    ①少吃燒烤食物　　　　　　　　②使用吸塵器
    ③養成運動習慣　　　　　　　　④每天喝 500cc 的水。

29. ( ) 下列哪種措施不能用來降低空氣污染？ (4)
    ①汽機車強制定期排氣檢測　②汰換老舊柴油車
    ③禁止露天燃燒稻草　④汽機車加裝消音器。

30. ( ) 大氣層中臭氧層有何作用？ (3)
    ①保持溫度　②對流最旺盛的區域　③吸收紫外線　④造成光害。

31. ( ) 小李具有乙級廢水專責人員證照，某工廠希望以高價租用證照的方式合作，請問下列何者正確？ (1)
    ①這是違法行為　②互蒙其利　③價錢合理即可　④經環保局同意即可。

32. ( ) 可藉由下列何者改善河川水質且兼具提供動植物良好棲地環境？ (2)
    ①運動公園　②人工溼地　③滯洪池　④水庫。

33. ( ) 台灣自來水之水源主要取自 (2)
    ①海洋的水　②河川或水庫的水　③綠洲的水　④灌溉渠道的水。

34. ( ) 目前市面清潔劑均會強調「無磷」，是因為含磷的清潔劑使用後，若廢水排至河川或湖泊等水域會造成甚麼影響？ (2)
    ①綠牡蠣　②優養化　③秘雕魚　④烏腳病。

35. ( ) 冰箱在廢棄回收時應特別注意哪一項物質，以避免逸散至大氣中造成臭氧層的破壞？ (1)
    ①冷媒　②甲醛　③汞　④苯。

36. ( ) 下列何者不是噪音的危害所造成的現象？ (1)
    ①精神很集中　②煩躁、失眠　③緊張、焦慮　④工作效率低落。

37. ( ) 我國移動污染源空氣污染防制費的徵收機制為何？ (2)
    ①依車輛里程數計費　②隨油品銷售徵收
    ③依牌照徵收　④依照排氣量徵收。

38. ( ) 室內裝潢時，若不謹慎選擇建材，將會逸散出氣狀污染物。其中會刺激皮膚、眼、鼻和呼吸道，也是致癌物質，可能為下列哪一種污染物？ (2)
    ①臭氧　②甲醛　③氟氯碳化合物　④二氧化碳。

39. ( ) 高速公路旁常見農田違法焚燒稻草，其產生下列何種汙染物除了對人體健康造成不良影響外，亦會造成濃煙影響行車安全？ (1)
    ①懸浮微粒　②二氧化碳（CO_2）　③臭氧（O_3）　④沼氣。

40. ( ) 都市中常產生的「熱島效應」會造成何種影響？ (2)
    ①增加降雨　②空氣污染物不易擴散
    ③空氣污染物易擴散　④溫度降低。

41. ( ) 下列何者不是藉由蚊蟲傳染的疾病？ (4)
    ①日本腦炎　②瘧疾　③登革熱　④痢疾。

42. ( ) 下列何者非屬資源回收分類項目中「廢紙類」的回收物？ (4)
    ①報紙　②雜誌　③紙袋　④用過的衛生紙。

43. ( ) 下列何者對飲用瓶裝水之形容是正確的：A.飲用後之寶特瓶容器為地球增加了一個廢棄物；B.運送瓶裝水時卡車會排放空氣污染物；C.瓶裝水一定比經煮沸之自來水安全衛生？ (1)
    ① AB　② BC　③ AC　④ ABC。

44. ( ) 下列哪一項是我們在家中常見的環境衛生用藥？ (2)
    ①體香劑　②殺蟲劑　③洗滌劑　④乾燥劑。

45. ( ) 下列何者為公告應回收的廢棄物？A.廢鋁箔包 B.廢紙容器 C.寶特瓶 (1)
① ABC　② AC　③ BC　④ C。

46. ( ) 小明拿到「垃圾強制分類」的宣導海報，標語寫著「分3類，好OK」，標語中 (4)
的分3類是指家戶日常生活中產生的垃圾可以區分哪三類？
①資源垃圾、廚餘、事業廢棄物
②資源垃圾、一般廢棄物、事業廢棄物
③一般廢棄物、事業廢棄物、放射性廢棄物
④資源垃圾、廚餘、一般垃圾。

47. ( ) 家裡有過期的藥品，請問這些藥品要如何處理？ (2)
①倒入馬桶沖掉　　　　　　　　②交由藥局回收
③繼續服用　　　　　　　　　　④送給相同疾病的朋友。

48. ( ) 台灣西部海岸曾發生的綠牡蠣事件是與下列何種物質污染水體有關？ (2)
①汞　②銅　③磷　④鎘。

49. ( ) 在生物鏈越上端的物種其體內累積持久性有機污染物（POPs）濃度將越高，危 (4)
害性也將越大，這是說明POPs具有下列何種特性？
①持久性　②半揮發性　③高毒性　④生物累積性。

50. ( ) 有關小黑蚊的敘述，下列何者為非？ (3)
①活動時間以中午十二點到下午三點為活動高峰期
②小黑蚊的幼蟲以腐植質、青苔和藻類為食
③無論雄性或雌性皆會吸食哺乳類動物血液
④多存在竹林、灌木叢、雜草叢、果園等邊緣地帶等處。

51. ( ) 利用垃圾焚化廠處理垃圾的最主要優點為何？ (1)
①減少處理後的垃圾體積　　　　②去除垃圾中所有毒物
③減少空氣污染　　　　　　　　④減少處理垃圾的程序。

52. ( ) 利用豬隻的排泄物當燃料發電，是屬於下列哪一種能源？ (3)
①地熱能　②太陽能　③生質能　④核能。

53. ( ) 每個人日常生活皆會產生垃圾，有關處理垃圾的觀念與方式，下列何者不正確？ (2)
①垃圾分類，使資源回收再利用
②所有垃圾皆掩埋處理，垃圾將會自然分解
③廚餘回收堆肥後製成肥料
④可燃性垃圾經焚化燃燒可有效減少垃圾體積。

54. ( ) 防治蚊蟲最好的方法是 (2)
①使用殺蟲劑　②清除孳生源　③網子捕捉　④拍打。

55. ( ) 室內裝修業者承攬裝修工程，工程中所產生的廢棄物應該如何處理？ (1)
①委託合法清除機構清運　　　　②倒在偏遠山坡地
③河岸邊掩埋　　　　　　　　　④交給清潔隊垃圾車。

56. ( ) 若使用後的廢電池未經回收，直接廢棄所含重金屬物質曝露於環境中可能產生哪 (1)
些影響？A.地下水污染、B.對人體產生中毒等不良作用、C.對生物產生重金屬
累積及濃縮作用、D.造成優養化
① ABC　② ABCD　③ ACD　④ BCD。

57. ( ) 哪一種家庭廢棄物可用來作為製造肥皂的主要原料？ (3)
①食醋　②果皮　③回鍋油　④熟廚餘。

58. ( ) 世紀之毒「戴奧辛」主要透過何者方式進入人體？ (3)
①透過觸摸　②透過呼吸　③透過飲食　④透過雨水。

59. ( ) 臺灣地狹人稠，垃圾處理一直是不易解決的問題，下列何種是較佳的因應對策？ (1)
①垃圾分類資源回收　②蓋焚化廠　③運至國外處理　④向海爭地掩埋。

60. ( ) 購買下列哪一種商品對環境比較友善？ (3)
①用過即丟的商品　　　　　　　　②一次性的產品
③材質可以回收的商品　　　　　　④過度包裝的商品。

61. ( ) 下列何項法規的立法目的為預防及減輕開發行為對環境造成不良影響，藉以達成環境保護之目的？ (2)
①公害糾紛處理法　②環境影響評估法　③環境基本法　④環境教育法。

62. ( ) 下列何種開發行為若對環境有不良影響之虞者，應實施環境影響評估？ (4)
A.開發科學園區；B.新建捷運工程；C.採礦
① AB　② BC　③ AC　④ ABC。

63. ( ) 主管機關審查環境影響說明書或評估書，如認為已足以判斷未對環境有重大影響之虞，作成之審查結論可能為下列何者？ (1)
①通過環境影響評估審查　　　　②應繼續進行第二階段環境影響評估
③認定不應開發　　　　　　　　④補充修正資料再審。

64. ( ) 依環境影響評估法規定，對環境有重大影響之虞的開發行為應繼續進行第二階段環境影響評估，下列何者不是上述對環境有重大影響之虞或應進行第二階段環境影響評估的決定方式？ (4)
①明訂開發行為及規模　　　　　②環評委員會審查認定
③自願進行　　　　　　　　　　④有民眾或團體抗爭。

65. ( ) 依環境教育法，環境教育之戶外學習應選擇何地點辦理？ (2)
①遊樂園　　　　　　　　　　　②環境教育設施或場所
③森林遊樂區　　　　　　　　　④海洋世界。

66. ( ) 依環境影響評估法規定，環境影響評估審查委員會審查環境影響說明書，認定下列對環境有重大影響之虞者，應繼續進行第二階段環境影響評估，下列何者非屬對環境有重大影響之虞者？ (2)
①對保育類動植物之棲息生存有顯著不利之影響
②對國家經濟有顯著不利之影響
③對國民健康有顯著不利之影響
④對其他國家之環境有顯著不利之影響。

67. ( ) 依環境影響評估法規定，第二階段環境影響評估，目的事業主管機關應舉行下列何種會議？ (4)
①研討會　②聽證會　③辯論會　④公聽會。

68. ( ) 開發單位申請變更環境影響說明書、評估書內容或審查結論，符合下列哪一情形，得檢附變更內容對照表辦理？ (3)
①既有設備提昇產能而污染總量增加在百分之十以下
②降低環境保護設施處理等級或效率
③環境監測計畫變更
④開發行為規模增加未超過百分之五。

69. ( ) 開發單位變更原申請內容有下列哪一情形，無須就申請變更部分，重新辦理環境影響評估？ (1)
①不降低環保設施之處理等級或效率
②規模擴增百分之十以上
③對環境品質之維護有不利影響
④土地使用之變更涉及原規劃之保護區。

70. (2) 工廠或交通工具排放空氣污染物之檢查，下列何者錯誤？
①依中央主管機關規定之方法使用儀器進行檢查
②檢查人員以嗅覺進行氨氣濃度之判定
③檢查人員以嗅覺進行異味濃度之判定
④檢查人員以肉眼進行粒狀污染物不透光率之判定。

71. (1) 下列對於空氣污染物排放標準之敘述，何者正確：A.排放標準由中央主管機關訂定；B.所有行業之排放標準皆相同？
①僅 A　②僅 B　③ AB 皆正確　④ AB 皆錯誤。

72. (2) 下列對於細懸浮微粒（$PM_{2.5}$）之敘述何者正確：A.空氣品質測站中自動監測儀所測得之數值若高於空氣品質標準，即判定為不符合空氣品質標準；B.濃度監測之標準方法為中央主管機關公告之手動檢測方法；C.空氣品質標準之年平均值為 15 $\mu g/m^3$？
①僅 AB　②僅 BC　③僅 AC　④ ABC 皆正確。

73. (2) 機車為空氣污染物之主要排放來源之一，下列何者可降低空氣污染物之排放量：A.將四行程機車全面汰換成二行程機車；B.推廣電動機車；C.降低汽油中之硫含量？
①僅 AB　②僅 BC　③僅 AC　④ ABC 皆正確。

74. (1) 公眾聚集量大且滯留時間長之場所，經公告應設置自動監測設施，其應量測之室內空氣污染物項目為何？
①二氧化碳　②一氧化碳　③臭氧　④甲醛。

75. (3) 空氣污染源依排放特性分為固定污染源及移動污染源，下列何者屬於移動污染源？
①焚化廠　②石化廠　③機車　④煉鋼廠。

76. (3) 我國汽機車移動污染源空氣污染防制費的徵收機制為何？
①依牌照徵收　②隨水費徵收　③隨油品銷售徵收　④購車時徵收。

77. (4) 細懸浮微粒（$PM_{2.5}$）除了來自於污染源直接排放外，亦可能經由下列哪一種反應產生？
①光合作用　②酸鹼中和　③厭氧作用　④光化學反應。

78. (4) 我國固定污染源空氣污染防制費以何種方式徵收？
①依營業額徵收　　②隨使用原料徵收
③按工廠面積徵收　④依排放污染物之種類及數量徵收。

79. (1) 在不妨害水體正常用途情況下，水體所能涵容污染物之量稱為
①涵容能力　②放流能力　③運轉能力　④消化能力。

80. (4) 水污染防治法中所稱地面水體不包括下列何者？
①河川　②海洋　③灌溉渠道　④地下水。

81. (4) 下列何者不是主管機關設置水質監測站採樣的項目？
①水溫　②氫離子濃度指數　③溶氧量　④顏色。

82. (1) 事業、污水下水道系統及建築物污水處理設施之廢（污）水處理，其產生之污泥，依規定應作何處理？
①應妥善處理，不得任意放置或棄置
②可作為農業肥料
③可作為建築土方
④得交由清潔隊處理。

83. ( ) 依水污染防治法,事業排放廢(污)水於地面水體者,應符合下列哪一標準之規定? (2)
①下水水質標準　　②放流水標準
③水體分類水質標準　　④土壤處理標準。

84. ( ) 放流水標準,依水污染防治法應由何機關定之:A.中央主管機關;B.中央主管機關會同相關目的事業主管機關;C.中央主管機關會商相關目的事業主管機關? (3)
①僅A　②僅B　③僅C　④ABC。

85. ( ) 對於噪音之量測,下列何者錯誤? (1)
①可於下雨時測量
②風速大於每秒5公尺時不可量測
③聲音感應器應置於離地面或樓板延伸線1.2至1.5公尺之間
④測量低頻噪音時,僅限於室內地點測量,非於戶外量測。

86. ( ) 下列對於噪音管制法之規定,何者敘述錯誤? (4)
①噪音指超過管制標準之聲音
②環保局得視噪音狀況劃定公告噪音管制區
③人民得向主管機關檢舉使用中機動車輛噪音妨害安寧情形
④使用經校正合格之噪音計皆可執行噪音管制法規定之檢驗測定。

87. ( ) 製造非持續性但卻妨害安寧之聲音者,由下列何單位依法進行處理? (1)
①警察局　②環保局　③社會局　④消防局。

88. ( ) 廢棄物、剩餘土石方清除機具應隨車持有證明文件且應載明廢棄物、剩餘土石方之:A產生源;B處理地點;C清除公司 (1)
①僅AB　②僅BC　③僅AC　④ABC皆是。

89. ( ) 從事廢棄物清除、處理業務者,應向直轄市、縣(市)主管機關或中央主管機關委託之機關取得何種文件後,始得受託清除、處理廢棄物業務? (1)
①公民營廢棄物清除處理機構許可文件
②運輸車輛駕駛證明
③運輸車輛購買證明
④公司財務證明。

90. ( ) 在何種情形下,禁止輸入事業廢棄物:A.對國內廢棄物處理有妨礙;B.可直接固化處理、掩埋、焚化或海拋;C.於國內無法妥善清理? (4)
①僅A　②僅B　③僅C　④ABC。

91. ( ) 毒性化學物質因洩漏、化學反應或其他突發事故而污染運作場所周界外之環境,運作人應立即採取緊急防治措施,並至遲於多久時間內,報知直轄市、縣(市)主管機關? (4)
①1小時　②2小時　③4小時　④30分鐘。

92. ( ) 下列何種物質或物品,受毒性及關注化學物質管理法之管制? (4)
①製造醫藥之靈丹　　②製造農藥之蓋普丹
③含汞之日光燈　　④使用青石綿製造石綿瓦。

93. ( ) 下列何行為不是土壤及地下水污染整治法所指污染行為人之作為? (4)
①洩漏或棄置污染物
②非法排放或灌注污染物
③仲介或容許洩漏、棄置、非法排放或灌注污染物
④依法令規定清理污染物。

94. (1) 依土壤及地下水污染整治法規定，進行土壤、底泥及地下水污染調查、整治及提供、檢具土壤及地下水污染檢測資料時，其土壤、底泥及地下水污染物檢驗測定，應委託何單位辦理？
①經中央主管機關許可之檢測機構　②大專院校
③政府機關　④自行檢驗。

95. (3) 為解決環境保護與經濟發展的衝突與矛盾，1992 年聯合國環境發展大會（UN Conference on Environment and Development, UNCED）制定通過：
①日內瓦公約　②蒙特婁公約　③ 21 世紀議程　④京都議定書。

96. (1) 一般而言，下列哪一個防治策略是屬經濟誘因策略？
①可轉換排放許可交易　②許可證制度
③放流水標準　④環境品質標準。

97. (1) 對溫室氣體管制之「無悔政策」係指
①減輕溫室氣體效應之同時，仍可獲致社會效益
②全世界各國同時進行溫室氣體減量
③各類溫室氣體均有相同之減量邊際成本
④持續研究溫室氣體對全球氣候變遷之科學證據。

98. (3) 一般家庭垃圾在進行衛生掩埋後，會經由細菌的分解而產生甲烷氣體，有關甲烷氣體對大氣危機中哪一種效應具有影響力？
①臭氧層破壞　②酸雨　③溫室效應　④煙霧（smog）效應。

99. (1) 下列國際環保公約，何者限制各國進行野生動植物交易，以保護瀕臨絕種的野生動植物？
①華盛頓公約　②巴塞爾公約　③蒙特婁議定書　④氣候變化綱要公約。

100. (2) 因人類活動導致哪些營養物過量排入海洋，造成沿海赤潮頻繁發生，破壞了紅樹林、珊瑚礁、海草，亦使魚蝦銳減，漁業損失慘重？
①碳及磷　②氮及磷　③氮及氯　④氯及鎂。

90009 節能減碳共同科目 不分級
工作項目 04：節能減碳

1. (1) 依經濟部能源署「指定能源用戶應遵行之節約能源規定」，在正常使用條件下，公眾出入之場所其室內冷氣溫度平均值不得低於攝氏幾度？
① 26 ② 25 ③ 24 ④ 22。

2. (2) 下列何者為節能標章？
① ② ③ ④ 。

3. (4) 下列產業中耗能佔比最大的產業為
①服務業 ②公用事業 ③農林漁牧業 ④能源密集產業。

4. (1) 下列何者「不是」節省能源的做法？
①電冰箱溫度長時間設定在強冷或急冷
②影印機當 15 分鐘無人使用時，自動進入省電模式
③電視機勿背著窗戶，並避免太陽直射
④短程不開汽車，以儘量搭乘公車、騎單車或步行為宜。

5. (3) 經濟部能源署的能源效率標示中，電冰箱分為幾個等級？
① 1 ② 3 ③ 5 ④ 7。

6. (2) 溫室氣體排放量：指自排放源排出之各種溫室氣體量乘以各該物質溫暖化潛勢所得之合計量，以
①氧化亞氮（N_2O） ②二氧化碳（CO_2）
③甲烷（CH_4） ④六氟化硫（SF_6）當量表示。

7. (3) 根據氣候變遷因應法，國家溫室氣體長期減量目標於中華民國幾年達成溫室氣體淨零排放？
① 119 ② 129 ③ 139 ④ 149。

8. (2) 氣候變遷因應法所稱主管機關，在中央為下列何單位？
①經濟部能源署 ②環境部 ③國家發展委員會 ④衛生福利部。

9. (3) 氣候變遷因應法中所稱：一單位之排放額度相當於允許排放多少的二氧化碳當量
① 1 公斤 ② 1 立方米 ③ 1 公噸 ④ 1 公升。

10. (3) 下列何者「不是」全球暖化帶來的影響？
①洪水 ②熱浪 ③地震 ④旱災。

11. (1) 下列何種方法無法減少二氧化碳？
①想吃多少儘量點，剩下可當廚餘回收
②選購當地、當季食材，減少運輸碳足跡
③多吃蔬菜，少吃肉
④自備杯筷，減少免洗用具垃圾量。

12. (3) 下列何者不會減少溫室氣體的排放？
①減少使用煤、石油等化石燃料 ②大量植樹造林，禁止亂砍亂伐
③增高燃煤氣體排放的煙囪 ④開發太陽能、水能等新能源。

13. ( ) 關於綠色採購的敘述，下列何者錯誤？ (4)
    ①採購由回收材料所製造之物品
    ②採購的產品對環境及人類健康有最小的傷害性
    ③選購對環境傷害較少、污染程度較低的產品
    ④以精美包裝為主要首選。

14. ( ) 一旦大氣中的二氧化碳含量增加，會引起那一種後果？ (1)
    ①溫室效應惡化　②臭氧層破洞　③冰期來臨　④海平面下降。

15. ( ) 關於建築中常用的金屬玻璃帷幕牆，下列敘述何者正確？ (3)
    ①玻璃帷幕牆的使用能節省室內空調使用
    ②玻璃帷幕牆適用於臺灣，讓夏天的室內產生溫暖的感覺
    ③在溫度高的國家，建築物使用金屬玻璃帷幕會造成日照輻射熱，產生室內「溫室效應」
    ④臺灣的氣候濕熱，特別適合在大樓以金屬玻璃帷幕作為建材。

16. ( ) 下列何者不是能源之類型？ (4)
    ①電力　②壓縮空氣　③蒸汽　④熱傳。

17. ( ) 我國已制定能源管理系統標準為 (1)
    ① CNS 50001　② CNS 12681　③ CNS 14001　④ CNS 22000。

18. ( ) 台灣電力股份有限公司所謂的三段式時間電價於夏月平日（非週六日）之尖峰用電時段為何？ (4)
    ① 9：00~16：00　② 9：00~24：00　③ 6：00~11：00　④ 16：00~22：00。

19. ( ) 基於節能減碳的目標，下列何種光源發光效率最低，不鼓勵使用？ (1)
    ①白熾燈泡　② LED 燈泡　③省電燈泡　④螢光燈管。

20. ( ) 下列的能源效率分級標示，哪一項較省電？ (1)
    ① 1　② 2　③ 3　④ 4。

21. ( ) 下列何者「不是」目前台灣主要的發電方式？ (4)
    ①燃煤　②燃氣　③水力　④地熱。

22. ( ) 有關延長線及電線的使用，下列敘述何者錯誤？ (2)
    ①拔下延長線插頭時，應手握插頭取下
    ②使用中之延長線如有異味產生，屬正常現象不須理會
    ③應避開火源，以免外覆塑膠熔解，致使用時造成短路
    ④使用老舊之延長線，容易造成短路、漏電或觸電等危險情形，應立即更換。

23. ( ) 有關觸電的處理方式，下列敘述何者錯誤？ (1)
    ①立即將觸電者拉離現場　　　　②把電源開關關閉
    ③通知救護人員　　　　　　　　④使用絕緣的裝備來移除電源。

24. ( ) 目前電費單中，係以「度」為收費依據，請問下列何者為其單位？ (2)
    ① kW　② kWh　③ kJ　④ kJh。

25. ( ) 依據台灣電力公司三段式時間電價（尖峰、半尖峰及離峰時段）的規定，請問哪個時段電價最便宜？ (4)
    ①尖峰時段　②夏月半尖峰時段　③非夏月半尖峰時段　④離峰時段。

26. ( ) 當用電設備遭遇電源不足或輸配電設備受限制時，導致用戶暫停或減少用電的情形，常以下列何者名稱出現？ (2)
    ①停電　②限電　③斷電　④配電。

27. ( ) 照明控制可以達到節能與省電費的好處，下列何種方法最適合一般住宅社區兼顧節能、經濟性與實際照明需求？ (2)
① 加裝 DALI 全自動控制系統
② 走廊與地下停車場選用紅外線感應控制電燈
③ 全面調低照明需求
④ 晚上關閉所有公共區域的照明。

28. ( ) 上班性質的商辦大樓為了降低尖峰時段用電，下列何者是錯的？ (2)
① 使用儲冰式空調系統減少白天空調用電需求
② 白天有陽光照明，所以白天可以將照明設備全關掉
③ 汰換老舊電梯馬達並使用變頻控制
④ 電梯設定隔層停止控制，減少頻繁啟動。

29. ( ) 為了節能與降低電費的需求，應該如何正確選用家電產品？ (2)
① 選用高功率的產品效率較高
② 優先選用取得節能標章的產品
③ 設備沒有壞，還是堪用，繼續用，不會增加支出
④ 選用能效分級數字較高的產品，效率較高，5 級的比 1 級的電器產品更省電。

30. ( ) 有效而正確的節能從選購產品開始，就一般而言，下列的因素中，何者是選購電氣設備的最優先考量項目？ (3)
① 用電量消耗電功率是多少瓦仅關電費支出，用電量小的優先
② 採購價格比較，便宜優先
③ 安全第一，一定要通過安規檢驗合格
④ 名人或演藝明星推薦，應該口碑較好。

31. ( ) 高效率燈具如果要降低眩光的不舒服，下列何者與降低刺眼眩光影響無關？ (3)
① 光源下方加裝擴散板或擴散膜　　② 燈具的遮光板
③ 光源的色溫　　　　　　　　　　④ 採用間接照明。

32. ( ) 用電熱爐煮火鍋，採用中溫 50% 加熱，比用高溫 100% 加熱，將同一鍋水煮開，下列何者是對的？ (4)
① 中溫 50% 加熱比較省電　　　　② 高溫 100% 加熱比較省電
③ 中溫 50% 加熱，電流反而比較大　④ 兩種方式用電量是一樣的。

33. ( ) 電力公司為降低尖峰負載時段超載的停電風險，將尖峰時段電價費率（每度電單價）提高，離峰時段的費率降低，引導用戶轉移部分負載至離峰時段，這種電能管理策略稱為 (2)
① 需量競價　② 時間電價　③ 可停電力　④ 表燈用戶彈性電價。

34. ( ) 集合式住宅的地下停車場需要維持通風良好的空氣品質，又要兼顧節能效益，下列的排風扇控制方式何者是不恰當的？ (2)
① 淘汰老舊排風扇，改裝取得節能標章、適當容量的高效率風扇
② 兩天一次運轉通風扇就好了
③ 結合一氧化碳偵測器，自動啟動 / 停止控制
④ 設定每天早晚二次定期啟動排風扇。

35. ( ) 大樓電梯為了節能及生活便利需求，可設定部分控制功能，下列何者是錯誤或不正確的做法？ (2)
① 加感應開關，無人時自動關閉電燈與通風扇
② 縮短每次開門 / 關門的時間
③ 電梯設定隔樓層停靠，減少頻繁啟動
④ 電梯馬達加裝變頻控制。

36. ( ) 為了節能及兼顧冰箱的保溫效果，下列何者是錯誤或不正確的做法？ (4)
① 冰箱內上下層間不要塞滿，以利冷藏對流
② 食物存放位置紀錄清楚，一次拿齊食物，減少開門次數
③ 冰箱門的密封壓條如果鬆弛，無法緊密關門，應儘速更新修復
④ 冰箱內食物擺滿塞滿，效益最高。

37. ( ) 電鍋剩飯持續保溫至隔天再食用，或剩飯先放冰箱冷藏，隔天用微波爐加熱，就加熱及節能觀點來評比，下列何者是對的？ (2)
① 持續保溫較省電
② 微波爐再加熱比較省電又方便
③ 兩者一樣
④ 優先選電鍋保溫方式，因為馬上就可以吃。

38. ( ) 不斷電系統 UPS 與緊急發電機的裝置都是應付臨時性供電狀況；停電時，下列的陳述何者是對的？ (2)
① 緊急發電機會先啟動，不斷電系統 UPS 是後備的
② 不斷電系統 UPS 先啟動，緊急發電機是後備的
③ 兩者同時啟動
④ 不斷電系統 UPS 可以撐比較久。

39. ( ) 下列何者為非再生能源？ (2)
① 地熱能　② 焦煤　③ 太陽能　④ 水力能。

40. ( ) 欲兼顧採光及降低經由玻璃部分侵入之熱負載，下列的改善方法何者錯誤？ (1)
① 加裝深色窗簾　② 裝設百葉窗　③ 換裝雙層玻璃　④ 貼隔熱反射膠片。

41. ( ) 一般桶裝瓦斯（液化石油氣）主要成分為丁烷與下列何種成分所組成？ (3)
① 甲烷　② 乙烷　③ 丙烷　④ 辛烷。

42. ( ) 在正常操作，且提供相同暖氣之情形下，下列何種暖氣設備之能源效率最高？ (1)
① 冷暖氣機　② 電熱風扇　③ 電熱輻射機　④ 電暖爐。

43. ( ) 下列何種熱水器所需能源費用最少？ (4)
① 電熱水器　② 天然瓦斯熱水器　③ 柴油鍋爐熱水器　④ 熱泵熱水器。

44. ( ) 某公司希望能進行節能減碳，為地球盡點心力，以下何種作為並不恰當？ (4)
① 將採購規定列入以下文字：「汰換設備時首先考慮能源效率 1 級或具有節能標章之產品」
② 盤查所有能源使用設備
③ 實行能源管理
④ 為考慮經營成本，汰換設備時採買最便宜的機種。

45. ( ) 冷氣外洩會造成能源之浪費，下列的入門設施與管理何者最耗能？ (2)
① 全開式有氣簾　② 全開式無氣簾　③ 自動門有氣簾　④ 自動門無氣簾。

46. ( ) 下列何者「不是」潔淨能源？ (4)
① 風能　② 地熱　③ 太陽能　④ 頁岩氣。

47. ( ) 有關再生能源中的風力、太陽能的使用特性中，下列敘述中何者錯誤？ (2)
① 間歇性能源，供應不穩定　② 不易受天氣影響
③ 需較大的土地面積　④ 設置成本較高。

48. ( ) 有關台灣能源發展所面臨的挑戰，下列選項何者是錯誤的？ (3)
① 進口能源依存度高，能源安全易受國際影響
② 化石能源所占比例高，溫室氣體減量壓力大
③ 自產能源充足，不需仰賴進口
④ 能源密集度較先進國家仍有改善空間。

49. ( ) 若發生瓦斯外洩之情形，下列處理方法中錯誤的是？ (3)
①應先關閉瓦斯爐或熱水器等開關
②緩慢地打開門窗，讓瓦斯自然飄散
③開啟電風扇，加強空氣流動
④在漏氣止住前，應保持警戒，嚴禁煙火。

50. ( ) 全球暖化潛勢（Global Warming Potential, GWP）是衡量溫室氣體對全球暖化的影響，其中是以何者為比較基準？ (1)
① CO_2　② CH_4　③ SF_6　④ N_2O。

51. ( ) 有關建築之外殼節能設計，下列敘述中錯誤的是？ (4)
①開窗區域設置遮陽設備
②大開窗面避免設置於東西日曬方位
③做好屋頂隔熱設施
④宜採用全面玻璃造型設計，以利自然採光。

52. ( ) 下列何者燈泡的發光效率最高？ (1)
① LED 燈泡　② 省電燈泡　③ 白熾燈泡　④ 鹵素燈泡。

53. ( ) 有關吹風機使用注意事項，下列敘述中錯誤的是？ (4)
①請勿在潮濕的地方使用，以免觸電危險
②應保持吹風機進、出風口之空氣流通，以免造成過熱
③應避免長時間使用，使用時應保持適當的距離
④可用來作為烘乾棉被及床單等用途。

54. ( ) 下列何者是造成聖嬰現象發生的主要原因？ (2)
①臭氧層破洞　②溫室效應　③霧霾　④颱風。

55. ( ) 為了避免漏電而危害生命安全，下列「不正確」的做法是？ (4)
①做好用電設備金屬外殼的接地
②有濕氣的用電場合，線路加裝漏電斷路器
③加強定期的漏電檢查及維護
④使用保險絲來防止漏電的危險性。

56. ( ) 用電設備的線路保護用電力熔絲（保險絲）經常燒斷，造成停電的不便，下列「不正確」的作法是？ (1)
①換大一級或大兩級規格的保險絲或斷路器就不會燒斷了
②減少線路連接的電氣設備，降低用電量
③重新設計線路，改較粗的導線或用兩迴路並聯
④提高用電設備的功率因數。

57. ( ) 政府為推廣節能設備而補助民眾汰換老舊設備，下列何者的節電效益最佳？ (2)
①將桌上檯燈光源由螢光燈換為 LED 燈
②優先淘汰 10 年以上的老舊冷氣機為能源效率標示分級中之一級冷氣機
③汰換電風扇，改裝設能源效率標示分級為一級的冷氣機
④因為經費有限，選擇便宜的產品比較重要。

58. ( ) 依據我國現行國家標準規定，冷氣機的冷氣能力標示應以何種單位表示？ (1)
① kW　② BTU/h　③ kcal/h　④ RT。

59. ( ) 漏電影響節電成效，並且影響用電安全，簡易的查修方法為 (1)
①電氣材料行買支驗電起子，碰觸電氣設備的外殼，就可查出漏電與否
②用手碰觸就可以知道有無漏電
③用三用電表檢查
④看電費單有無紀錄。

60. (2) 使用了10幾年的通風換氣扇老舊又骯髒,噪音又大,維修時採取下列哪一種對策最為正確及節能?
① 定期拆下來清洗油垢
② 不必再猶豫,10年以上的電扇效率偏低,直接換為高效率通風扇
③ 直接噴沙拉脫清潔劑就可以了,省錢又方便
④ 高效率通風扇較貴,換同機型的廠內備用品就好了。

61. (3) 電氣設備維修時,在關掉電源後,最好停留1至5分鐘才開始檢修,其主要的理由為下列何者?
① 先平靜心情,做好準備才動手
② 讓機器設備降溫下來再查修
③ 讓裡面的電容器有時間放電完畢,才安全
④ 法規沒有規定,這完全沒有必要。

62. (1) 電氣設備裝設於有潮濕水氣的環境時,最應該優先檢查及確認的措施是?
① 有無在線路上裝設漏電斷路器 ② 電氣設備上有無安全保險絲
③ 有無過載及過熱保護設備 ④ 有無可能傾倒及生鏽。

63. (1) 為保持中央空調主機效率,最好每隔多久時間應請維護廠商或保養人員檢視中央空調主機?
① 半年 ② 1年 ③ 1.5年 ④ 2年。

64. (1) 家庭用電最大宗來自於
① 空調及照明 ② 電腦 ③ 電視 ④ 吹風機。

65. (2) 冷氣房內為減少日照高溫及降低空調負載,下列何種處理方式是錯誤的?
① 窗戶裝設窗簾或貼隔熱紙
② 將窗戶或門開啟,讓屋內外空氣自然對流
③ 屋頂加裝隔熱材、高反射率塗料或噴水
④ 於屋頂進行薄層綠化。

66. (2) 有關電冰箱放置位置的處理方式,下列何者是正確的?
① 背後緊貼牆壁節省空間
② 背後距離牆壁應有10公分以上空間,以利散熱
③ 室內空間有限,側面緊貼牆壁就可以了
④ 冰箱最好貼近流理台,以便存取食材。

67. (2) 下列何項「不是」照明節能改善需優先考量之因素?
① 照明方式是否適當 ② 燈具之外型是否美觀
③ 照明之品質是否適當 ④ 照度是否適當。

68. (2) 醫院、飯店或宿舍之熱水系統耗能大,要設置熱水系統時,應優先選用何種熱水系統較節能?
① 電能熱水系統 ② 熱泵熱水系統 ③ 瓦斯熱水系統 ④ 重油熱水系統。

69. (4) 如右圖,你知道這是什麼標章嗎?
① 省水標章 ② 環保標章 ③ 奈米標章 ④ 能源效率標示。

70. (3) 台灣電力公司電價表所指的夏月用電月份(電價比其他月份高)是為
① 4/1~7/31 ② 5/1~8/31 ③ 6/1~9/30 ④ 7/1~10/31。

71. (1) 屋頂隔熱可有效降低空調用電,下列何項措施較不適當?
① 屋頂儲水隔熱
② 屋頂綠化
③ 於適當位置設置太陽能板發電同時加以隔熱
④ 鋪設隔熱磚。

72. (1) 電腦機房使用時間長、耗電量大,下列何項措施對電腦機房之用電管理較不適當?
①機房設定較低之溫度　②設置冷熱通道
③使用較高效率之空調設備　④使用新型高效能電腦設備。

73. (3) 下列有關省水標章的敘述中正確的是?
①省水標章是環境部為推動使用節水器材,特別研定以作為消費者辨識省水產品的一種標誌
②獲得省水標章的產品並無嚴格測試,所以對消費者並無一定的保障
③省水標章能激勵廠商重視省水產品的研發與製造,進而達到推廣節水良性循環之目的
④省水標章除有用水設備外,亦可使用於冷氣或冰箱上。

74. (2) 透過淋浴習慣的改變就可以節約用水,以下選項何者正確?
①淋浴時抹肥皂,無需將蓮蓬頭暫時關上
②等待熱水前流出的冷水可以用水桶接起來再利用
③淋浴流下的水不可以刷洗浴室地板
④淋浴沖澡流下的水,可以儲蓄洗菜使用。

75. (1) 家人洗澡時,一個接一個連續洗,也是一種有效的省水方式嗎?
①是,因為可以節省等待熱水流出之前所先流失的冷水
②否,這跟省水沒什麼關係,不用這麼麻煩
③否,因為等熱水時流出的水量不多
④有可能省水也可能不省水,無法定論。

76. (2) 下列何種方式有助於節省洗衣機的用水量?
①洗衣機洗滌的衣物盡量裝滿,一次洗完
②購買洗衣機時選購有省水標章的洗衣機,可有效節約用水
③無需將衣物適當分類
④洗濯衣物時盡量選擇高水位才洗的乾淨。

77. (3) 如果水龍頭流量過大,下列何種處理方式是錯誤的?
①加裝節水墊片或起波器
②加裝可自動關閉水龍頭的自動感應器
③直接換裝沒有省水標章的水龍頭
④直接調整水龍頭到適當水量。

78. (4) 洗菜水、洗碗水、洗衣水、洗澡水等的清洗水,不可直接利用來做什麼用途?
①洗地板　②沖馬桶　③澆花　④飲用水。

79. (1) 如果馬桶有不正常的漏水問題,下列何者處理方式是錯誤的?
①因為馬桶還能正常使用,所以不用著急,等到不能用時再報修即可
②立刻檢查馬桶水箱零件有無鬆脫,並確認有無漏水
③滴幾滴食用色素到水箱裡,檢查有無有色水流進馬桶,代表可能有漏水
④通知水電行或檢修人員來檢修,徹底根絕漏水問題。

80. (3) 水費的計量單位是「度」,你知道一度水的容量大約有多少?
① 2,000 公升　② 3000 個 600cc 的寶特瓶
③ 1 立方公尺的水量　④ 3 立方公尺的水量。

81. (3) 臺灣在一年中什麼時期會比較缺水(即枯水期)?
① 6 月至 9 月　② 9 月至 12 月　③ 11 月至次年 4 月　④ 臺灣全年不缺水。

82. (4) 下列何種現象「不是」直接造成台灣缺水的原因？
①降雨季節分佈不平均，有時候連續好幾個月不下雨，有時又會下起豪大雨
②地形山高坡陡，所以雨一下很快就會流入大海
③因為民生與工商業用水需求量都愈來愈大，所以缺水季節很容易無水可用
④台灣地區夏天過熱，致蒸發量過大。

83. (3) 冷凍食品該如何讓它退冰，才是既「節能」又「省水」？
①直接用水沖食物強迫退冰　　　　②使用微波爐解凍快速又方便
③烹煮前盡早拿出來放置退冰　　　　④用熱水浸泡，每 5 分鐘更換一次。

84. (2) 洗碗、洗菜用何種方式可以達到清洗又省水的效果？
①對著水龍頭直接沖洗，且要盡量將水龍頭開大才能確保洗的乾淨
②將適量的水放在盆槽內洗濯，以減少用水
③把碗盤、菜等浸在水盆裡，再開水龍頭拼命沖水
④用熱水及冷水大量交叉沖洗達到最佳清洗效果。

85. (4) 解決台灣水荒（缺水）問題的無效對策是
①興建水庫、蓄洪（豐）濟枯　　　　②全面節約用水
③水資源重複利用，海水淡化…等　　　　④積極推動全民體育運動。

86. (3) 如下圖，你知道這是什麼標章嗎？

①奈米標章　②環保標章　③省水標章　④節能標章。

87. (3) 澆花的時間何時較為適當，水分不易蒸發又對植物最好？
①正中午　②下午時段　③清晨或傍晚　④半夜十二點。

88. (3) 下列何種方式沒有辦法降低洗衣機之使用水量，所以不建議採用？
①使用低水位清洗　　　　②選擇快洗行程
③兩、三件衣服也丟洗衣機洗　　　　④選擇有自動調節水量的洗衣機。

89. (3) 有關省水馬桶的使用方式與觀念認知，下列何者是錯誤的？
①選用衛浴設備時最好能採用省水標章馬桶
②如果家裡的馬桶是傳統舊式，可以加裝二段式沖水配件
③省水馬桶因為水量較小，會有沖不乾淨的問題，所以應該多沖幾次
④因為馬桶是家裡用水的大宗，所以應該儘量採用省水馬桶來節約用水。

90. (3) 下列的洗車方式，何者「無法」節約用水？
①使用有開關的水管可以隨時控制出水
②用水桶及海綿抹布擦洗
③用大口徑強力水注沖洗
④利用機械自動洗車，洗車水處理循環使用。

91. (1) 下列何種現象「無法」看出家裡有漏水的問題？
①水龍頭打開使用時，水表的指針持續在轉動
②牆面、地面或天花板忽然出現潮濕的現象
③馬桶裡的水常在晃動，或是沒辦法止水
④水費有大幅度增加。

92. (2) 蓮蓬頭出水量過大時，下列對策何者「無法」達到省水？
①換裝有省水標章的低流量（5~10L/min）蓮蓬頭
②淋浴時水量開大，無需改變使用方法
③洗澡時間盡量縮短，塗抹肥皂時要把蓮蓬頭關起來
④調整熱水器水量到適中位置。

93. （ ）自來水淨水步驟，何者是錯誤的？ (4)
    ①混凝　②沉澱　③過濾　④煮沸。

94. （ ）為了取得良好的水資源，通常在河川的哪一段興建水庫？ (1)
    ①上游　②中游　③下游　④下游出口。

95. （ ）台灣是屬缺水地區，每人每年實際分配到可利用水量是世界平均值的約多少？ (4)
    ① 1/2　② 1/4　③ 1/5　④ 1/6。

96. （ ）台灣年降雨量是世界平均值的 2.6 倍，卻仍屬缺水地區，下列何者不是真正缺水的原因？ (3)
    ①台灣由於山坡陡峻，以及颱風豪雨雨勢急促，大部分的降雨量皆迅速流入海洋
    ②降雨量在地域、季節分佈極不平均
    ③水庫蓋得太少
    ④台灣自來水水價過於便宜。

97. （ ）電源插座堆積灰塵可能引起電氣意外火災，維護保養時的正確做法是？ (3)
    ①可以先用刷子刷去積塵
    ②直接用吹風機吹開灰塵就可以了
    ③應先關閉電源總開關箱內控制該插座的分路開關，然後再清理灰塵
    ④可以用金屬接點清潔劑噴在插座中去除銹蝕。

98. （ ）溫室氣體易造成全球氣候變遷的影響，下列何者不屬於溫室氣體？ (4)
    ①二氧化碳（CO_2）　　　　　　②氫氟碳化物（HFCs）
    ③甲烷（CH_4）　　　　　　　　④氧氣（O_2）。

99. （ ）就能源管理系統而言，下列何者不是能源效率的表示方式？ (4)
    ①汽車－公里 / 公升
    ②照明系統－瓦特 / 平方公尺（W/m^2）
    ③冰水主機－千瓦 / 冷凍噸（kW/RT）
    ④冰水主機－千瓦（kW）。

100.（ ）某工廠規劃汰換老舊低效率設備，以下何種做法並不恰當？ (3)
    ①可考慮使用較高效率設備產品
    ②先針對老舊設備建立其「能源指標」或「能源基線」
    ③唯恐一直浪費能源，未經評估就馬上將老舊設備汰換掉
    ④改善後需進行能源績效評估。

PART 2 術科題庫解析

應檢規範及評審表

技術士技能檢定印前製程（圖文組版項）丙級術科測試應檢人須知

一、 本試題共有 4 題，應檢人依術科測試辦理單位通知之日期、地點及有關規定前往報到參加檢定。

二、 應檢人經術科辦理單位同意得自備之電腦軟體應為貼有原版標籤之合法原版光碟軟體（原版磁碟片、試用版或僅具授權書之光碟片，均不予接受）。且需經術科辦理單位檢查及認證。（應檢人為身障人士需檢附相關證明文件，經術科辦理單位同意，得自備合法之電腦軟體或週邊設備，且需經術科辦理單位檢查及認證。）

三、 應檢人所自備之電腦軟體中，若含有任何與考題有關之資料或巨集時，將以零分論處。

四、 到達檢定場後，請先到「報到處」辦理報到手續，然後才能進入檢定場。測試時間開始後 15 分鐘尚未進場者，不准進場，成績以缺考論。

五、 報到時，請攜帶檢定通知單、准考證及身分證明文件（如身分證、駕照、健保卡等）。

六、 術科測試應檢人應按其檢定位置號碼就檢定崗位，並將准考證及術科檢定通知單放在指定位置。

七、 依據術科測試辦理單位所提供之機具設備表清點工具，如有短少或損壞，立即請場地管理人員補充或更換（檢定後如有短少或損壞，應照價賠償）。

八、 依據所選定檢定項目試題材料表，先行檢查材料規格及數量是否正確，如有錯誤，應立即請場地管理人員補充或更換（開始檢定後一律不准更換）。

九、 本套試題共有四題（試題編號：19101-980301～4），測試時間均為 90 分鐘，測試時由術科測試編號最小號的應檢人代表抽題（起始題序），之後的應檢人再依題序順序循環給題進行測試。

倘若該場次術科測試編號最小的應檢人未準時報到應試，則由到考應檢人中術科測試編號最小者代表抽題，而前位應檢人則依抽中之題序遞減給題進行測試。

如：第一、二位未準時報到應試，則由第三順位應檢人代表抽題，若應檢人抽中第二題，則由第三位開始給題，題序依序為 2、3、4、1、2、3、4……的原則循環給題進行測試，而第二位應檢人之題序則依序遞減為第一題，第一位應檢人題序則再依序遞減為第四題。

以第三位應檢人代表抽中第二題為例，其對應情形依序如下

應檢人	1	2	*3	4	5	6	7	8	9	10	11	12	13	14	15	16	17	18
題序	4	1	2	3	4	1	2	3	4	1	2	3	4	1	2	3	4	1

十、 俟監評人員宣佈「開始」口令後，才能開始檢定作業。

十一、檢定中不得與鄰人交談、代人操作或託人操作。

十二、檢定中應注意自己、旁人及檢定場地之安全。

十三、檢定作業流程：

(一) 檢定於試題開始製作即開始計時。

(二) 請應檢人於版面上輸入姓名。

(三) 測試時間內若提前完成，將原稿、隨身碟、光碟片與成品簽名後一併繳交監評人員即可離場。

(四) 術科測試時間包含版面製作、完成作品列印、檔案修改校正及儲存等程序，當監評人員宣布測試時間結束，除了位於列印工作站之應檢人繼續完成列印操作外，所有仍在電腦工作站崗位的應檢人必須立即停止操作，並將原稿、隨身碟、光碟片與成品簽名後一併繳交監評人員即可離場，若未於規定時間內完成作品者，應於繳驗單上勾選　未能於規定時間內列印輸出，同時於繳驗單上簽名，將原稿、隨身碟、光碟片等元件一併繳交監評人員即可離場。

十四、離場前，應點交工具及清潔場地，同時將檢定通知單請監評人員簽章後才可離開檢定場。

十五、離場時，屬於術科辦理場地準備之機具設備表物品之外，包含術科辦理場地所提供應檢人應考時所有參考書面資料、光碟片，以及自行列印之所有作品樣張均不得攜帶出場。

十六、不遵守試場規則者，除勒令出場外，並取消應檢資格，以不及格論處。

十七、各試題測試時間均為 90 分鐘。

十八、分數之評分，分現場評分與成品評分，如評審表所列。其評分項目均以扣分方式扣分，總得分低於 60 分為不及格。違規者或未完成作業不予評分。

技術士技能檢定印前製程（圖文組版項）丙級術科承辦單位考場設備規格表

項目	名稱	規格
1	作業系統	
2	軟體	☐ 1. Photoshop　CS 版本 _____ ☐ 2. Illustrator　CS 版本 _____ ☐ 3. InDesign　CS 版本 _____ ☐ 4. CorelDraw　版本 _____ ☐ 5. 其他軟體　版本 _____
3	輸入法	☐ 注音 ☐ 倉頡 ☐ 大易 ☐ 嘸蝦米 ☐ 其他

註：1. 應檢人在接獲術科測試辦理單位通知時，如個人使用軟體版本及輸入法未列在考場設備規格表中時，請主動與術科測試辦理單位聯繫說明，以便安排應檢人於檢定前以自備合法軟體，會同場地負責人進行安裝。

2. 應檢人自備之軟體，若無法與術科測試辦理單位所提供之作業系統相容或不能完成試題之各項要求時，由應檢人自行負責。

3. 如因應檢人自備的版本不相容致無法安裝，則以術科測試辦理單位所提供軟體為主，應檢人不得有異議。

術科承辦單位名稱：_____

（請填入術科承辦單位名稱、並加蓋單位戳章）

技術士技能檢定印前製程（圖文組版項）丙級術科測試評審表

共 4 頁

姓　　　名		檢定日期		評審結果	□及格	□不及格	□缺考
准考證號碼		檢定地點		監評人員簽　章			
崗位號							
試題編號	19101-980301	測試時間		請勿於測試結束前先行簽名			

評　　　　審　　　　項　　　　目

一、凡有下列試場違規事項者，請註明其具體之事實，並經評審委員共同認定屬實者，評審結果將為"不及格"。（請於該項□內打✓，並註明事實）

□ 1. 不遵守檢定場所規定，從事非考試相關操作（如上網、玩遊戲），影響考試進行。
　　_____

□ 2. 不聽從監評人員指示，不與監評人員配合，情節嚴重，影響考試進行。
　　_____

□ 3. 開考後 15 分放棄製作，提早離場者。離場時間：
　　_____

□ 4. 設備操作觀念不正確，故意毀壞、拆組測試場機具、物料。
　　_____

□ 5. 有夾帶檔案（含隨身碟）、代人製作或舞弊情事發生者。
　　_____

【評審方式及內容應依試題、應檢須知及所附評審表之規定辦理，不得更改原意。】

以下項目採扣分計算（□內請註記扣分次數）				扣分標準	最高扣分	扣　分
成品評分	1	成品繳驗與指定規格不正確	□ 未能於規定時間內列印輸出 □ 完成品尺寸錯誤 □ 頁面內容縮放、位移或未做出血 □ 完成品印出描圖檔殘留	此項嚴重缺失，直接扣100分，總分以零分計。下列評分項目則不需再給予評分。		
	2	成品出現漏製視為不完整	□ 漏圖 □ 漏製線條、色塊（含漸層色塊） □ 漏製各標題字 □ 漏製表格 □ 漏製整段內文 □ 漏製其他頁面內容	漏製達三處（含）以上者，視為重大缺失，直接扣100分，總分以零分計。下列評分項目則不需再給予評分。		
	3	製版標示不正確	□ 裁切標記、十字規線未標示或位置錯誤。 □ 內容誤製多餘框線（含完成尺寸外圍）	每錯一處扣5分	30分	
	4	文字格式設定（不含表格文字）	□ 整段漏製（直接扣15分） □ 未輸入應檢人姓名或應檢年度數字，直接扣10分 □ 文字輸入錯誤或漏字（錯漏字每字扣2分，每段最多扣15分） □ 字型、字體集（複合字型）設定錯誤 □ 字型大小、變形縮放（比例錯誤） □ 字型顏色設定錯誤 □ 字型外框線線寬設定錯誤 □ 文字對齊位置偏移或文字框架位置偏移。（水平或垂直位置誤差>2mm） □ 文字未依樣張範圍編排製作（含總寬度、總行數、行距或段落間距錯誤） □ 文字框框架的尺寸、背景底色設定錯誤（含誤製） □ 文字框框架的框線樣式、粗細、圓角弧度或顏色錯誤（含誤製） □ 未依指定製作或誤植效果	每錯一處扣5分	60分	

	5	影像處理不正確	☐ 漏圖或圖像置入錯誤（每錯、漏一圖一處扣 15 分） ☐ 圖像出血尺寸錯誤（未作出血或出血尺寸不足，該項扣 10 分） ☐ 圖片特效或去背處理未製作（合成、融入、刷淡、填色等，直接扣 10 分） ☐ 圖像特效或去背處理品質不佳（合成、融入、刷淡錯誤、填色等） ☐ 圖像框架尺寸、位置偏移（水平或垂直誤差 2mm 以上） ☐ 影像內容錯誤（含方向、變形、裁切錯誤） ☐ 圖像框架背景底色設定錯誤（含誤製） ☐ 圖像框架框線顏色、粗細、樣式錯誤（含誤製） ☐ 圖像品質或解析度不佳 ☐ 繞圖排文不正確 ☐ 陰影製作錯誤 ☐ 未依指定製作或誤植效果	每錯一處扣 5 分	60 分	
	6	色塊或線條處理不正確	☐ 任一色塊或線條漏製（直接扣 15 分） ☐ 未做出血或出血尺寸不足（該項直接扣 10 分） ☐ 尺寸錯誤（不完整） ☐ 任一顏色設定錯誤（含背景填色或框線顏色） ☐ 色塊、曲線位置錯誤（水平與垂直誤差>2mm） ☐ 線條樣式、弧度、寬度錯誤 ☐ 誤製多餘框線 ☐ 未依指定製作或誤植效果	每錯一處扣 5 分	45 分	

	7	表格製作不正確	☐ 漏製表格、不完整（以下設定 3 處未完成），直接扣 30 分 ☐ 表格格式錯誤（尺寸、欄列數、欄寬尺寸、列高尺寸） ☐ 文字輸入錯誤（每錯/漏一字扣 2 分） ☐ 字體錯誤（表格內同一種字體樣式設定算 1 處） ☐ 字體大小錯誤（表格內同一種字體樣式設定算 1 處） ☐ 文字位置或對齊錯誤（表格內同一種字體樣式設定算 1 處） ☐ 文字顏色設定錯誤（表格內同一種字體樣式設定算 1 處） ☐ 表格位置錯誤（水平與垂直誤差 >2mm） ☐ 表格儲存格底色、框線顏色設定錯誤（表格內同一種樣式設定算 1 處） ☐ 表格框線粗細、顏色設定錯誤（表格內同一種樣式設定算 1 處） ☐ 未依指定製作或誤植效果	每錯一處扣 5 分	30 分
	8	檔案處理不正確	☐ 未儲存原生檔 ☐ 未儲存為 PDF 檔案 ☐ 存檔錯誤（未正確連結、封裝）或內容不完整 ☐ 檔名命名錯誤	每錯一處扣 5 分	20 分
扣分小計					分
總得分（請以總分 100 分－成品評分扣分）					分

技術士技能檢定印前製程（圖文組版項）丙級術科測試評審表

共 4 頁

姓　　名		檢定日期		評審結果	□及格	□不及格	□缺考
准考證號碼		檢定地點		監評人員簽　　章			
崗位號							
試題編號	19101-980302	測試時間		請勿於測試結束前先行簽名			

評　　　　審　　　　項　　　　目

一、凡有下列試場違規事項者，請註明其具體之事實，並經評審委員共同認定屬實者，評審結果將為"不及格"。（請於該項□內打✓，並註明事實）

□ 1. 不遵守檢定場所規定，從事非考試相關操作（如上網、玩遊戲），影響考試進行。
_____

□ 2. 不聽從監評人員指示，不與監評人員配合，情節嚴重，影響考試進行。
_____

□ 3. 開考後 15 分放棄製作，提早離場者。離場時間：
_____

□ 4. 設備操作觀念不正確，故意毀壞、拆組測試場機具、物料。
_____

□ 5. 有夾帶檔案（含隨身碟）、代人製作或舞弊情事發生者。
_____

【評審方式及內容應依試題、應檢須知及所附評審表之規定辦理，不得更改原意。】

以下項目採扣分計算（□內請註記扣分次數）				扣分標準	最高扣分	扣　　分
成品評分	1	成品繳驗與指定規格不正確	□ 未能於規定時間內列印輸出 □ 完成品尺寸錯誤 □ 頁面內容縮放、位移或未做出血 □ 完成品印出描圖檔殘留	此項嚴重缺失，直接扣 100 分，總分以零分計。 下列評分項目則不需再給予評分。		
	2	成品出現漏製視為不完整	□ 漏圖 □ 漏製線條、色塊（含漸層色塊） □ 漏製各標題字 □ 漏製表格 □ 漏製整段內文 □ 漏製其他頁面內容	漏製達三處（含）以上者，視為重大缺失，直接扣 100 分，總分以零分計。 下列評分項目則不需再給予評分。		
	3	製版標示不正確	□ 裁切標記、十字規線未標示或位置錯誤。 □ 文字分欄錯誤（欄數、欄寬尺寸、欄間距設定錯誤） □ 內容誤製多餘框線（含完成尺寸外圍）	每錯一處扣 5 分	30 分	
	4	文字格式設定（不含表格文字）	□ 整段漏製（直接扣 15 分） □ 未輸入應檢人姓名或應檢年度數字，直接扣 10 分 □ 文字輸入錯誤或漏字（錯漏字每字扣 2 分，每段最多扣 15 分） □ 文字路徑錯誤 □ 字型、字體集（複合字型）設定錯誤 □ 字型大小、變形縮放（比例錯誤） □ 字型顏色設定錯誤 □ 字型外框線線寬設定錯誤 □ 段落未設定齊行 □ 文字首字放大錯誤 □ 首行縮排錯誤 □ 凸排錯誤 □ 文字或文字框架位置偏移，（水平或垂直位置誤差>2mm） □ 文字未依樣張範圍編排製作（含總寬度、總行數、行距或段落間距錯誤）	每錯一處扣 5 分	60 分	

4	文字格式設定(不含表格文字)	☐ 文字框框架的尺寸、背景底色設定錯誤（含誤製） ☐ 文字框框架的框線樣式、粗細、圓角弧度或顏色錯誤（含誤製） ☐ 未依指定製作或誤植效果			
5	影像處理不正確	☐ 漏圖或圖像置入錯誤（每錯、漏一圖一處扣 15 分） ☐ 圖像出血尺寸錯誤（未作出血或出血尺寸不足，該項扣 10 分） ☐ 圖片特效或去背處理未製作（合成、融入、刷淡、填色等，直接扣 10 分） ☐ 圖像特效或去背處理品質不佳（合成、融入、刷淡錯誤、填色等） ☐ 圖像框架尺寸、位置偏移（水平或垂直誤差 2mm 以上） ☐ 影像內容錯誤（含方向、變形、裁切錯誤） ☐ 圖像框架背景底色設定錯誤（含誤製） ☐ 圖像框架框線顏色、粗細、樣式錯誤（含誤製） ☐ 圖像品質或解析度不佳 ☐ 繞圖排文不正確 ☐ 陰影製作錯誤 ☐ 未依指定製作或誤植效果	每錯一處扣 5 分	45 分	
6	色塊或線條處理不正確	☐ 任一色塊漏製（直接扣 15 分） ☐ 未做出血或出血尺寸不足（該項直接扣 10 分） ☐ 尺寸錯誤（不完整） ☐ 任一顏色設定錯誤（含背景填色或框線顏色） ☐ 色塊、曲線位置錯誤（水平與垂直誤差>2mm） ☐ 誤製多餘框線 ☐ 未依指定製作或誤植效果	每錯一處扣 5 分	15 分	

7	表格製作不正確	☐ 漏製表格、不完整（以下設定 3 處未完成），直接扣 30 分 ☐ 表格格式錯誤（尺寸、欄列數、欄寬尺寸、列高尺寸） ☐ 文字輸入錯誤（每錯/漏一字扣 2 分） ☐ 字體錯誤（表格內同一種字體樣式設定算 1 處） ☐ 字體大小錯誤（表格內同一種字體樣式設定算 1 處） ☐ 文字位置或對齊錯誤（表格內同一種字體樣式設定算 1 處） ☐ 文字顏色設定錯誤（表格內同一種字體樣式設定算 1 處） ☐ 表格位置錯誤（水平與垂直誤差 >2mm） ☐ 表格儲存格底色、框線顏色設定錯誤（表格內同一種樣式設定算 1 處） ☐ 表格框線粗細、顏色設定錯誤（表格內同一種樣式設定算 1 處） ☐ 未依指定製作或誤植效果	每錯一處扣 5 分	30 分	
8	檔案處理不正確	☐ 未儲存原生檔 ☐ 未儲存為 PDF 檔案 ☐ 存檔錯誤（未正確連結、封裝）或內容不完整 ☐ 檔名命名錯誤	每錯一處扣 5 分	20 分	
扣分小計					分
總得分（請以總分 100 分－成品評分扣分）					分

技術士技能檢定印前製程（圖文組版項）丙級術科測試評審表

共 4 頁

姓　　名		檢定日期		評審結果	□及格　□不及格　□缺考		
准考證號碼		檢定地點		監評人員簽　章			
崗位號							
試題編號	19101-980303	測試時間		請勿於測試結束前先行簽名		

評　　審　　項　　目

一、凡有下列試場違規事項者，請註明其具體之事實，並經評審委員共同認定屬實者，評審結果將為"不及格"。（請於該項□內打✓，並註明事實）

□ 1. 不遵守檢定場所規定，從事非考試相關操作（如上網、玩遊戲），影響考試進行。
　_____

□ 2. 不聽從監評人員指示，不與監評人員配合，情節嚴重，影響考試進行。
　_____

□ 3. 開考後 15 分放棄製作，提早離場者。離場時間：
　_____

□ 4. 設備操作觀念不正確，故意毀壞、拆組測試場機具、物料。
　_____

□ 5. 有夾帶檔案（含隨身碟）、代人製作或舞弊情事發生者。
　_____

【評審方式及內容應依試題、應檢須知及所附評審表之規定辦理,不得更改原意。】

以下項目採扣分計算(□內請註記扣分次數)				扣分標準	最高扣分	扣　分
成品評分	1	成品繳驗與指定規格不正確	□ 未能於規定時間內列印輸出 □ 完成品尺寸錯誤 □ 頁面內容縮放、位移或未做出血 □ 完成品印出描圖檔殘留	此項嚴重缺失,直接扣100分,總分以零分計。 下列評分項目則不需再給予評分。		
	2	成品出現漏製視為不完整	□ 漏圖 □ 漏製線條、色塊(含漸層色塊) □ 漏製各標題字 □ 漏製表格 □ 漏製整段內文 □ 漏製其他頁面內容	漏製達三處(含)以上者,視為重大缺失,直接扣100分,總分以零分計。 下列評分項目則不需再給予評分。		
	3	製版標示不正確	□ 裁切標記、十字規線、折線,未標示或位置錯誤(十字規線若與折線重疊,只需標示十字規線即可)。 □ 內容誤製多餘框線(含完成尺寸外圍)	每錯一處扣5分	30分	
	4	文字格式設定(不含表格文字)	□ 整段漏製(直接扣15分) □ 未輸入應檢人姓名或應檢年度數字,直接扣10分 □ 文字輸入錯誤或漏字(錯漏字每字扣2分,每段最多扣15分) □ 字型、字體集(複合字型)設定錯誤 □ 字型大小、變形縮放(比例錯誤) □ 字型顏色設定錯誤 □ 字型外框線線寬設定錯誤 □ 文字對齊位置偏移或文字框架位置偏移。(水平或垂直位置誤差>2mm) □ 文字未依樣張範圍編排製作(含總寬度、總行數、行距或段落間距錯誤) □ 文字框框架的尺寸、背景底色設定錯誤(含誤製)	每錯一處扣5分	60分	

4	文字格式設定(不含表格文字)	☐ 文字框框架的框線樣式、粗細、圓角弧度或顏色錯誤（含誤製） ☐ 未依指定製作或誤植效果			
5	影像處理不正確	☐ 漏圖或圖像置入錯誤（每錯、漏一圖一處扣 15 分） ☐ 圖像框架尺寸、位置偏移（水平或垂直誤差 2mm 以上） ☐ 影像內容錯誤（含方向、變形、裁切錯誤） ☐ 圖像框架背景底色設定錯誤（含誤製） ☐ 圖像框架框線顏色、粗細、樣式錯誤（含誤製） ☐ 圖像品質或解析度不佳 ☐ 陰影製作錯誤 ☐ 未依指定製作或誤植效果	每錯一處扣 5 分	60 分	
6	色塊或線條處理不正確	☐ 任一色塊或線條漏製（直接扣 15 分） ☐ 未做出血或出血尺寸不足（該項直接扣 10 分） ☐ 尺寸錯誤（不完整） ☐ 任一顏色設定錯誤（含背景填色或框線顏色） ☐ 色塊、線條位置錯誤（水平與垂直誤差>2mm） ☐ 線條樣式、寬度、圓角半徑（弧度）錯誤 ☐ 誤製多餘框線 ☐ 未依指定製作或誤植效果	每錯一處扣 5 分	60 分	
7	表格製作不正確	☐ 漏製表格、不完整（以下設定 3 處未完成），直接扣 30 分 ☐ 表格格式錯誤（尺寸、欄列數、欄寬尺寸、列高尺寸） ☐ 文字輸入錯誤（每錯/漏一字扣 2 分） ☐ 字體錯誤（表格內同一種字體樣式設定算 1 處） ☐ 字體大小錯誤（表格內同一種字體樣式設定算 1 處）			

7	表格製作不正確	☐ 文字位置或對齊錯誤（表格內同一種字體樣式設定算 1 處） ☐ 文字顏色設定錯誤（表格內同一種字體樣式設定算 1 處） ☐ 表格位置錯誤（水平與垂直誤差 >2mm） ☐ 表格儲存格底色、框線顏色設定錯誤（表格內同一種樣式設定算 1 處） ☐ 表格框線粗細、顏色設定錯誤（表格內同一種樣式設定算 1 處） ☐ 未依指定製作或誤植效果	每錯一處扣 5 分	30 分	
8	檔案處理不正確	☐ 未儲存原生檔 ☐ 未儲存為 PDF 檔案 ☐ 存檔錯誤（未正確連結、封裝）或內容不完整 ☐ 檔名命名錯誤	每錯一處扣 5 分	20 分	

扣分小計	分
總得分（請以總分 100 分－成品評分扣分）	分

技術士技能檢定印前製程（圖文組版項）丙級術科測試評審表

共 3 頁

姓　　名		檢定日期		評審結果	□及格　□不及格　□缺考
准考證號碼		檢定地點		監評人員簽　　章	
崗位號					
試題編號	19101-980304	測試時間		請勿於測試結束前先行簽名	

評　　　　審　　　　項　　　　目

一、凡有下列試場違規事項者，請註明其具體之事實，並經評審委員共同認定屬實者，評審結果將為"不及格"。（請於該項□內打✓，並註明事實）

□ 1. 不遵守檢定場所規定，從事非考試相關操作（如上網、玩遊戲），影響考試進行。

──────────────────────────────

□ 2. 不聽從監評人員指示，不與監評人員配合，情節嚴重，影響考試進行。

──────────────────────────────

□ 3. 開考後 15 分放棄製作，提早離場者。離場時間：

──────────────────────────────

□ 4. 設備操作觀念不正確，故意毀壞、拆組測試場機具、物料。

──────────────────────────────

□ 5. 有夾帶檔案（含隨身碟）、代人製作或舞弊情事發生者。

──────────────────────────────

【評審方式及內容應依試題、應檢須知及所附評審表之規定辦理，不得更改原意。】

以下項目採扣分計算（□內請註記扣分次數）			扣分標準	最高扣分	扣　　分
成品評分	1	成品繳驗與指定規格不正確	□ 未能於規定時間內列印輸出 □ 完成品尺寸錯誤 □ 頁面內容縮放、位移或未做出血 □ 完成品印出描圖檔殘留	此項嚴重缺失，直接扣 100 分，總分以零分計。 下列評分項目則不需再給予評分。	
	2	成品出現漏製視為不完整	□ 漏圖 □ 漏製線條、色塊（含漸層色塊） □ 漏製各標題字 □ 漏製表格 □ 漏製整段內文 □ 漏製其他頁面內容	漏製達三處（含）以上者，視為重大缺失，直接扣 100 分，總分以零分計。 下列評分項目則不需再給予評分。	
	3	製版標示不正確	□ 裁切標記、十字規線、折線，未標示或位置錯誤（十字規線若與折線重疊，只需標示十字規線即可）。 □ 內容誤製多餘框線（含完成尺寸外圍）	每錯一處扣 5 分	30 分	
	4	文字格式設定（不含表格文字）	□ 整段漏製（直接扣 15 分） □ 未輸入應檢人姓名或應檢年度數字，直接扣 10 分 □ 文字輸入錯誤或漏字（錯漏字每字扣 2 分，每段最多扣 15 分） □ 字型、字體集（複合字型）設定錯誤 □ 字型大小、變形縮放（比例錯誤） □ 字型顏色設定錯誤 □ 字型外框線線寬設定錯誤 □ 字型陰影設定錯誤 □ 段落未設定齊行 □ 首行縮排錯誤 □ 文字對齊位置偏移或文字框架位置偏移。（水平或垂直位置誤差 >2mm） □ 文字未依樣張範圍編排製作（含總寬度、總行數、行距或段落間距錯誤） □ 未依指定製作或誤植效果	每錯一處扣 5 分	60 分	

	5	影像處理不正確	☐ 漏圖或圖像置入錯誤（每錯、漏一圖一處扣 15 分） ☐ 圖像出血尺寸錯誤（未作出血或出血尺寸不足，該項扣 10 分） ☐ 圖片特效或去背處理未製作（合成、融入、刷淡、填色等，直接扣 10 分） ☐ 圖像特效或去背處理品質不佳（合成、融入、刷淡錯誤、填色等） ☐ 圖像框架尺寸、位置偏移（水平或垂直誤差 2mm 以上） ☐ 影像內容錯誤（含方向、變形、裁切錯誤） ☐ 圖像框架背景底色設定錯誤（含誤製） ☐ 圖像框架框線顏色、粗細、樣式錯誤（含誤製） ☐ 圖像品質或解析度不佳 ☐ 繞圖排文不正確 ☐ 陰影製作錯誤 ☐ 未依指定製作或誤植效果	每錯一處扣 5 分	60 分	
	6	色塊或線條處理不正確	☐ 任一色塊漏製（直接扣 15 分） ☐ 未做出血或出血尺寸不足（該項直接扣 10 分） ☐ 尺寸錯誤（不完整） ☐ 任一顏色設定錯誤（含背景填色或框線顏色） ☐ 色塊位置錯誤（水平與垂直誤差 >2mm） ☐ 誤製多餘框線 ☐ 未依指定製作或誤植效果	每錯一處扣 5 分	15 分	
	7	檔案處理不正確	☐ 未儲存原生檔 ☐ 未儲存為 PDF 檔案 ☐ 存檔錯誤（未正確連結、封裝）或內容不完整 ☐ 檔名命名錯誤	每錯一處扣 5 分	20 分	
扣分小計					分
總得分（請以總分 100 分－成品評分扣分）					分

PART 2　術科題庫解析

19101-980301

測試試題

一、試題編號：19101-980301

二、試題名稱：製作菊八開彩色單面 DM

三、測試時間：90 分鐘

四、測試項目：

　　（一）版面尺寸、字體樣式和顏色標示。

　　（二）文稿打字及圖檔編排。

　　（三）儲存檔案、另附存 PDF 電子檔及檔案列印操作，包含出血標記、裁切標記與十字線印出。

　　（四）列印後應具備自我品管檢查之責任。

五、測試內容：

　　（一）版面尺寸：完成尺寸為 282mm × 210mm，必須依『說明樣式』製作製版尺寸和標線，而且必須符合印刷條件之需求。

　　（二）圖檔請依說明樣式由光碟中挑選，依說明樣式製作，並須以影像處理軟體轉換為印刷所需之解析度與色彩模式。

　　（三）光碟片內含文字檔，檔名為 TEXT.txt，電子稿中未包含的文字請依製作說明自行輸入。

　　（四）字體大小與樣式如下：

　　　　1. 大標題：超黑體，50pt，C100M80。

　　　　2. 中標題：粗明體，28pt 平長 110%，C80M40。

　　　　3. 小標題：中明體，20pt，Y60M70。

　　　　4. 內文：中明體，14pt，BK100。

　　　　5. 表格編排：表格尺寸寬 100mm、高 54mm，中明體 12pt，BK100。兩欄表格，編排包括內文字體及標色。

　　（五）除特別指定位置外，各物件位置可利用所附之『描圖檔（為完成尺寸）』參考調整至接近即可。

　　（六）輸出列印成品上需有出血標記、裁切標記與十字線，線寬 0.3mm 以下可供識別。

　　（七）術科測試時間包含版面製作、完成作品列印、檔案修改校正及儲存等程序，當監評人員宣布測試時間結束，除了位於列印工作站之應檢人繼續完成列印操作外，所有仍在電腦工作站崗位的應檢人必須立即停止操作。

　　（八）作業期間務必隨時存檔，完成檔案命名（檔名為准考證號碼 + 應檢人姓名），並轉為 PDF 檔案格式 (建議相容版本為 PDF1.3 或 1.4 版本)，儲存於隨身碟中，以彩色印表機列印。所有成品檔案含 PDF 檔各乙份需儲存於隨身碟中供檢覈。

　　（九）列印時，可參考現場所提供之列印注意事項，以 Acrobat Reader 或 Acrobat 軟體列印輸出，並須自行量測與檢視印樣成品尺寸規格正確性。

　　（十）作業完畢須將原稿、隨身碟（內含所有經手處理之電子檔案）、光碟片與成品對摺簽名後一併繳交監評人員評分。

參考成品

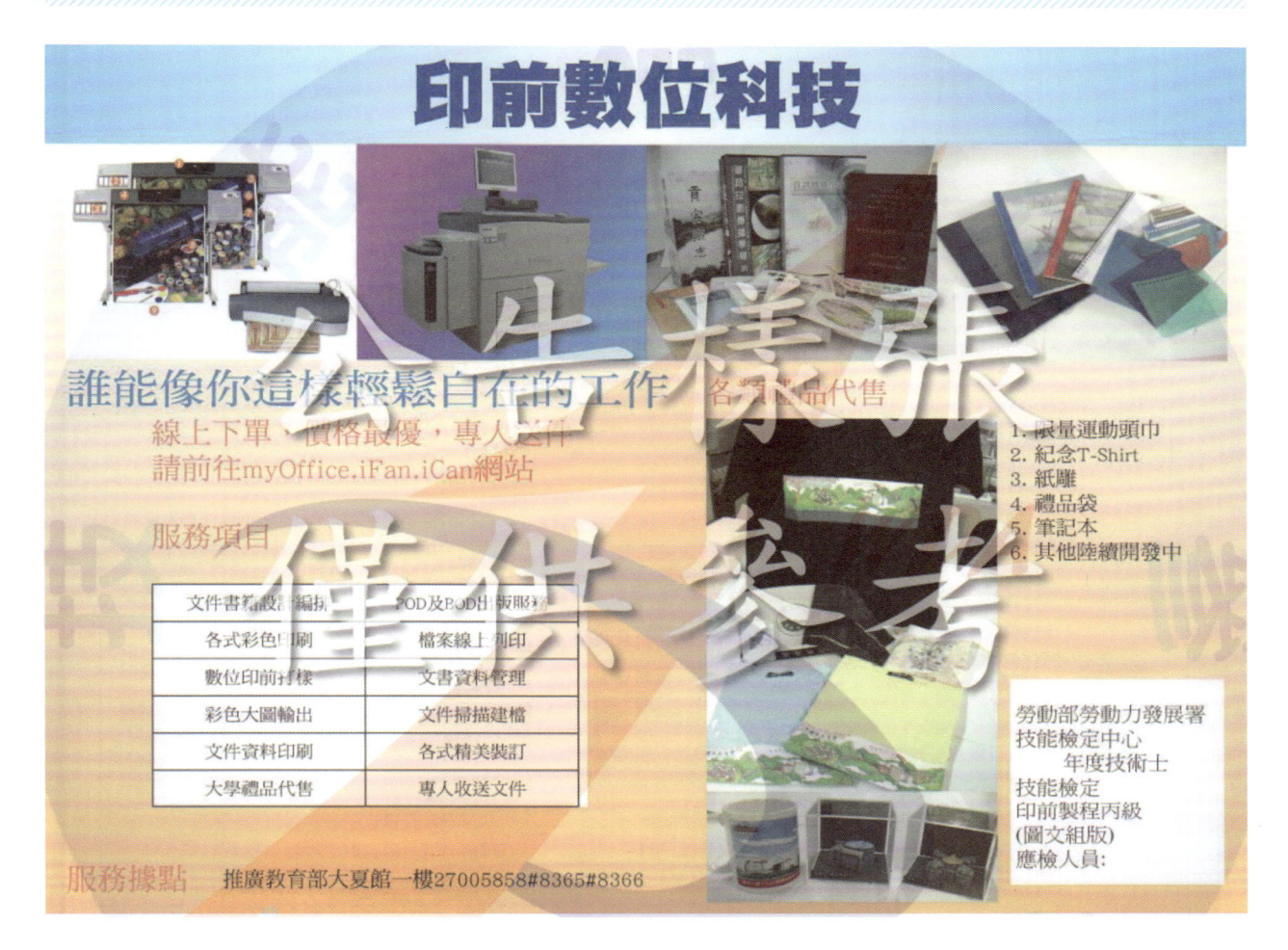

印前數位科技

誰能像你這樣輕鬆自在的工作
線上下單，價格最優，專人送件
請前往myOffice.iFan.iCan網站

各項禮品代售
1. 限量運動頭巾
2. 紀念T-Shirt
3. 紙雕
4. 禮品袋
5. 筆記本
6. 其他陸續開發中

服務項目

文件書籍設計編排	POD及BOD出版服務
各式彩色印刷	檔案線上列印
數位印前打樣	文書資料管理
彩色大圖輸出	文件掃描建檔
文件資料印刷	各式精美裝訂
大學禮品代售	專人收送文件

勞動部勞動力發展署
技能檢定中心
　　年度技術士
技能檢定
印前製程丙級
(圖文組版)
應檢人員：

服務據點　推廣教育部大夏館一樓27005858#8365#8366

試題解析

（一）工作前的認識

一、製作圖文整合稿件時，首先要詳細閱讀完稿的各項規定，例如：版面大小、是否出血、各處文字字型、大小以及是否有其他特殊要求，最重要的是「原稿呈現不要加入個人審美觀念」。

本題製作重點為：

1. 圖片格式轉換、解析度調整、圖檔合成。
2. 底色漸層製作。
3. 嵌入圖檔。
4. 表格繪製。

本題評分重點為：

1. 漸層色塊必須依照指定製作。
2. 圖檔必須符合規定尺寸。
3. 第一層圖檔必須與漸層色塊密接。
4. 表格尺寸正確性。

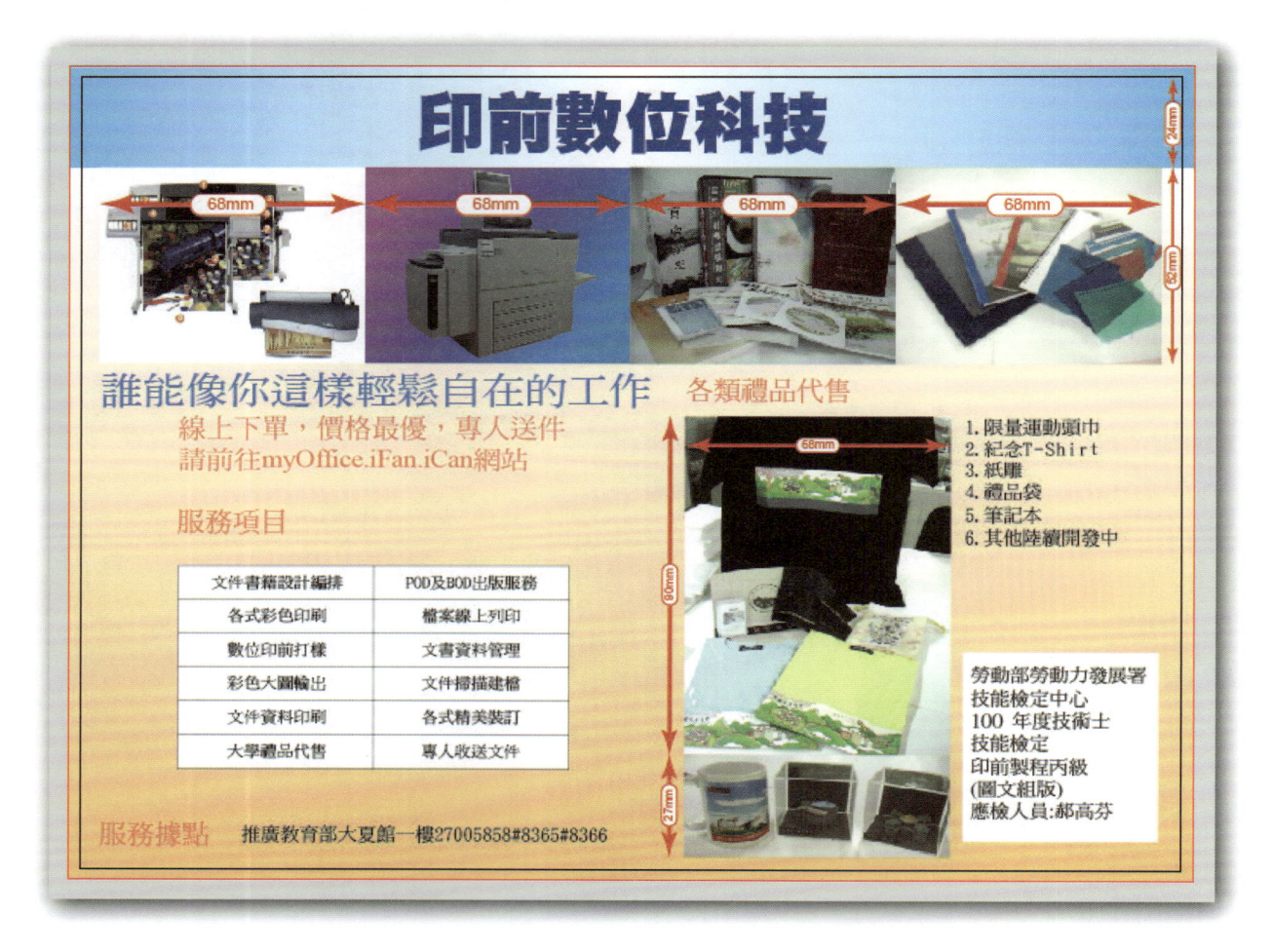

二、準備要點：

1. 於桌面上建立一個命名為「專案一」的資料夾。
2. 將試場提供的光碟片放入光碟機中，把製作所需要的圖片檔案及文字檔案全部複製到「專案一」資料夾中。
3. 完成之後請記得先將光碟片取出避免混淆。

(二)影像檔的處理

Step 1

- 執行 Photoshop 程式。
- 【檔案 \ 開啟舊檔】開啟「Pict-3.jpg」、「Pict-4.jpg」、「Pict-5.jpg」、「Pict-6.jpg」、「Pict-7.jpg」五個影像檔。

Step 2

- 【影像 \ 模式 \CMYK 色彩】。
- 將所有影像檔轉換成印刷用 CMYK 色彩模式。

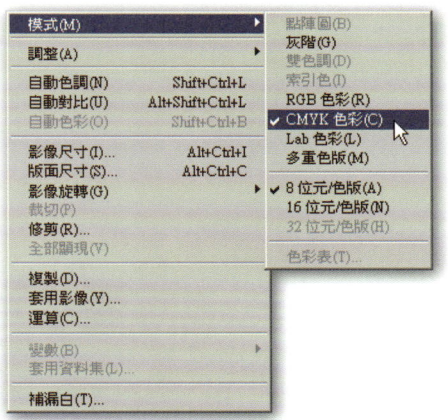

Step 3

- 【影像 \ 影像尺寸】取消勾選「影像重新取樣」，將所有影像檔解析度為【300 像素 \ 英寸】。
- 【檔案 \ 儲存檔案】確定每個檔案都完成儲存動作。

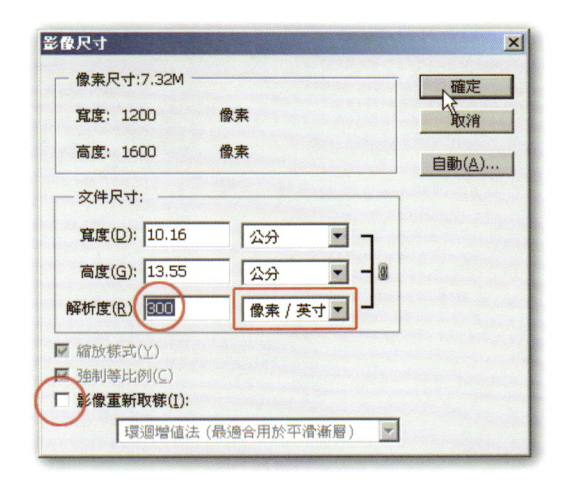

Step 4

- 【檔案\開新檔案】建立一個名為「Pict-8」的檔案。
- 規格為：寬度 68 公釐、高度 52 公釐、解析度 350 像素/英寸、CMYK 模式。

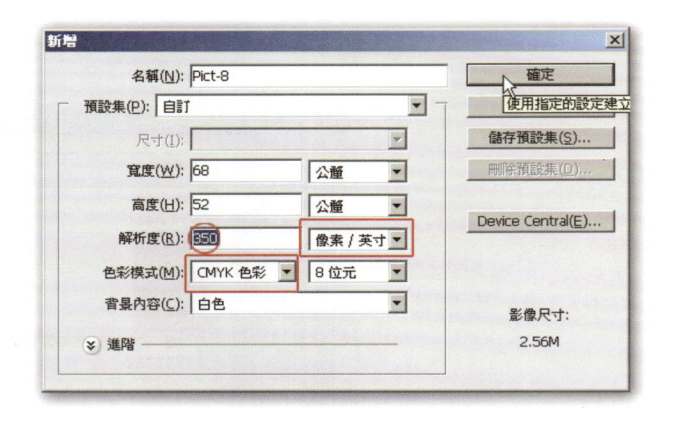

Step 5

- 【檔案\開啟舊檔】開啟「Pict-1.jpg」、「Pict-2.jpg」以及「丙級-19101-980301 描圖樣張.jpg」。

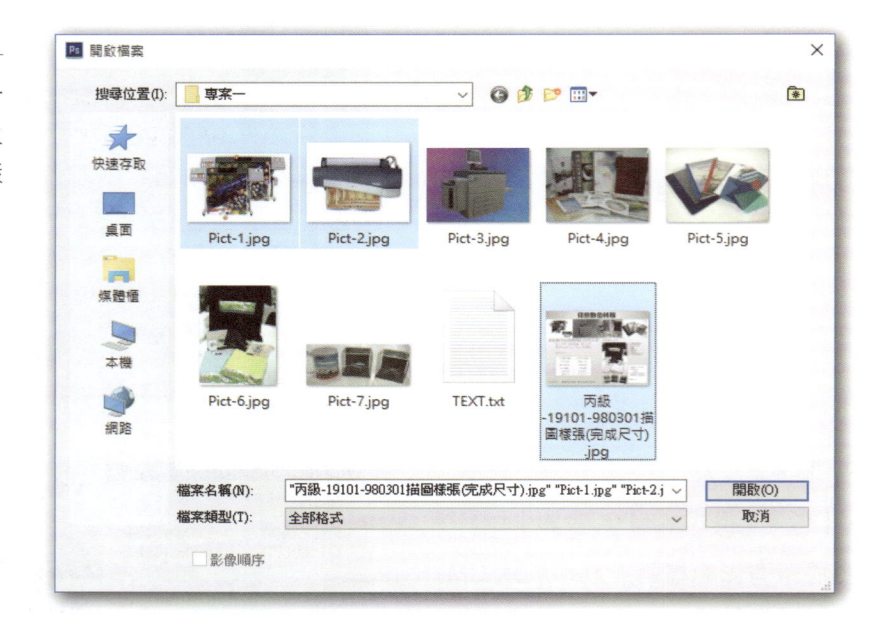

Step 6

- 選取並複製「丙級-19101-980301 描圖樣張.jpg」中的印表機區域。可以在要選取的區域四邊加入參考線方便選取。
- 複製完成請將「丙級-19101-980301 描圖樣張.jpg」關閉。

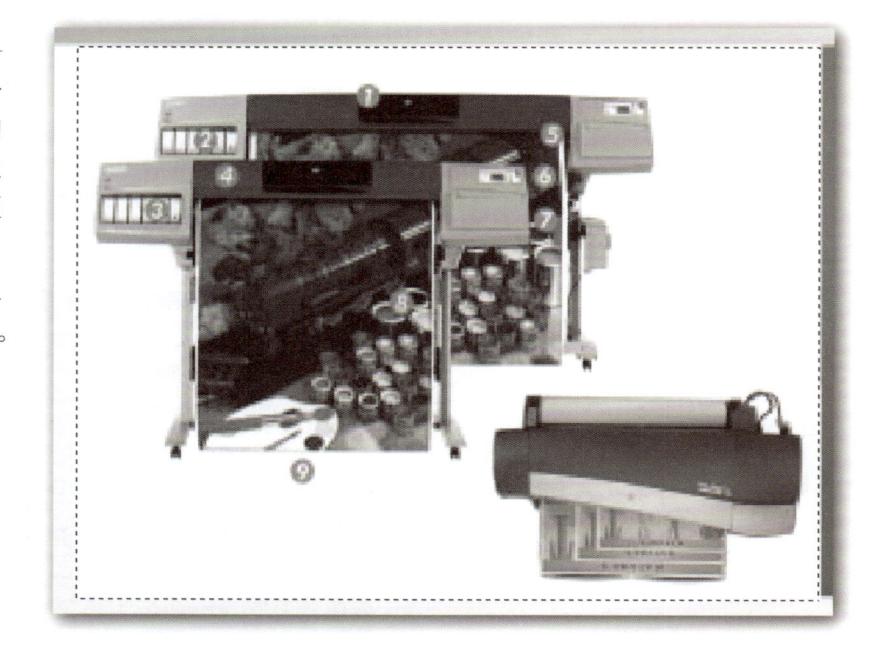

Step 7

- 將「丙級-19101-980301描圖樣張.jpg」中複製的區域貼到「Pict-8」中。
- 【編輯\任意變形】同時配合 Shift 鍵＋滑鼠左鍵，將該圖形放大符合尺寸。

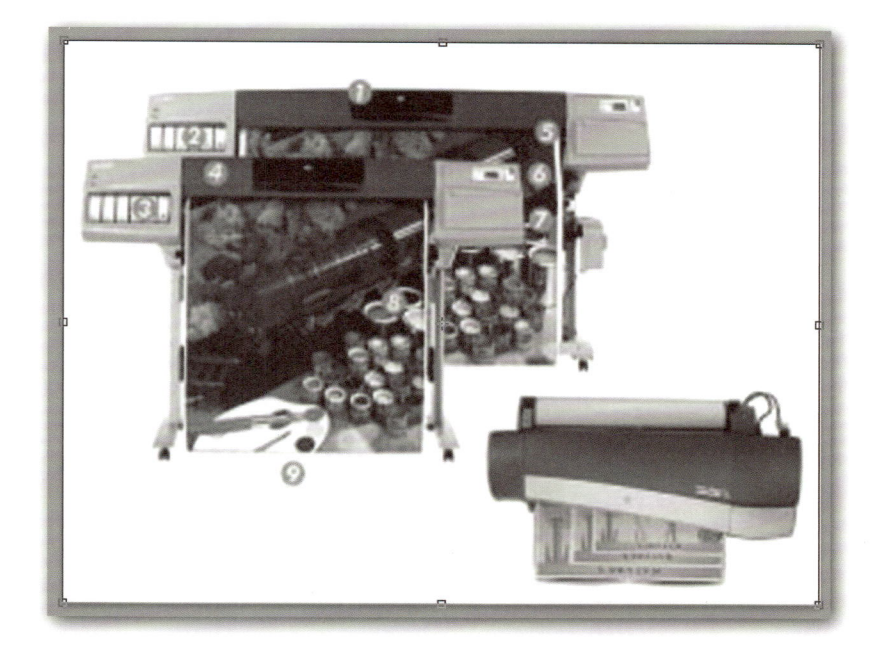

Step 8

- 在「Pict-8」描圖檔中選擇幾處關鍵位置，建立參考線。

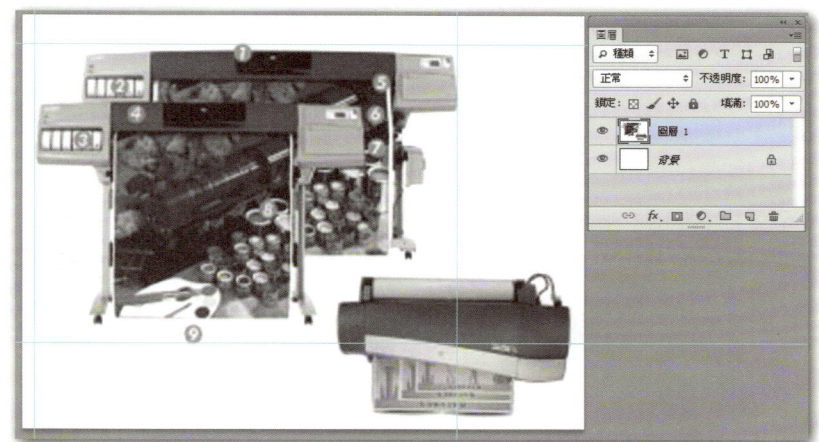

Step 9

- 將「Pict-1.jpg」複製並貼到「Pict-8」中，建議先將該圖層的不透明度降為 50% 以方便對位。
- 複製完成請將「Pict-1.jpg」關閉。
- 接著參考剛剛建立的四條參考線調整比例。
- 調整完成後，恢復該圖層的不透明度為 100%。

Step 10

- 在「Pict-8」描圖檔中選擇幾處關鍵位置，建立參考線。

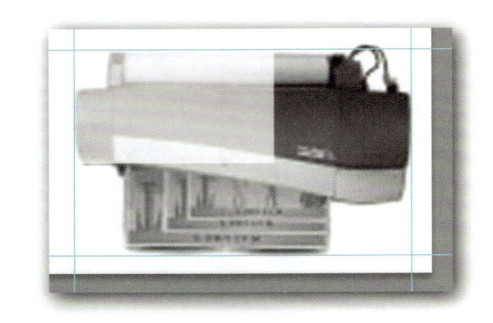

Step 11

- 將「Pict-2.jpg」複製並貼到「Pict-8」中，建議先將該圖層的不透明度降為 50% 以方便對位。
- 複製完成請將「Pict-2.jpg」關閉。
- 接著參考剛剛建立的四條參考線調整比例。
- 調整完成後，恢復該圖層的不透明度為 100%。

Step 12

- 使用【多邊形套索工具】將印表機中，重疊的部分選取起來。
- 使用【Delete】鍵刪除重疊部分，讓下方圖層的大型輸出機可以露出來。

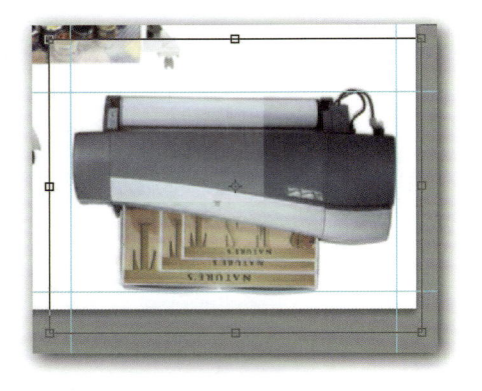

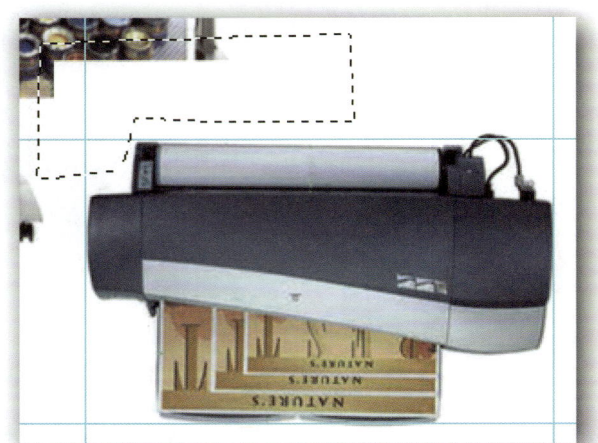

Step 13

- 【視窗\圖層】點選右方功能鍵，選擇【影像平面化】平面化圖層。
- 【檔案\儲存檔案】將檔案以 JPG 格式 儲存在「專案一」的資料夾，完成之後關閉 Photoshop 程式。

(三)版面設定

Step 1

- 執行 Illustrator 程式，新增【「列印」文件…】，【名稱】請依照規定輸入當天應試的「准考證號碼＋應檢人姓名」，此以「10008080101 郝高芬」為例。
- 【寬度】：282mm、【高度】：210mm、【單位】：公釐，【出血】上方、下方、左方、右方請都設定為 3mm。

Step 2

- 【檢視\智慧型參考線】或使用快速鍵 Ctrl＋U 將智慧型參考線開啟。
- 智慧型參考線在製作過程中可以提供使用者各式的抓點模式方便標齊對正。
- 【檔案\文件色彩模式\CMYK 色彩】，確定為 CMYK 色彩。

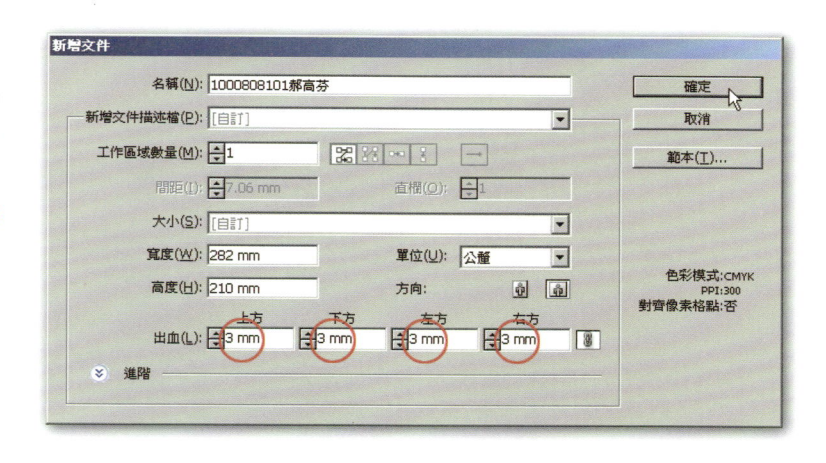

Step 3

- 【檔案\儲存】將檔案儲存在「專案一」資料夾中
- 【版本】選擇版本 Illustrator CS4 或更高，其餘選項均以預設值就可以，製作過程中要記得常做存檔的動作。

(四)底圖製作

Step 1

- 【視窗\圖層】點選「圖層1」並將該圖層命名為「描圖檔」。

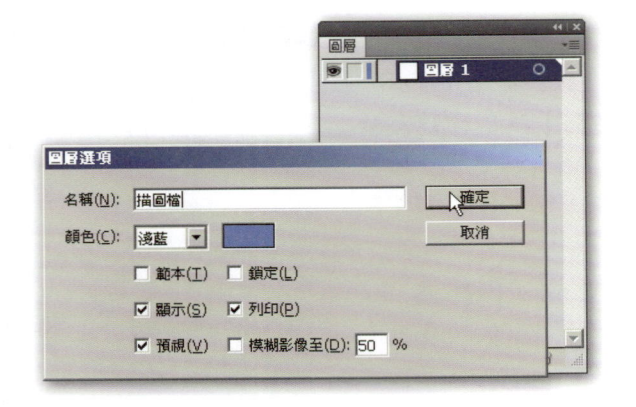

Step 2

- 【檔案\置入】將試場所附的「描圖檔」置入，**請注意：左下方連結方框不可勾選**。

Step 3

- 將描圖檔對齊版面中央之後，請將該圖層鎖定。
- 再新增「圖層2」並將該圖層更名為「底圖」。

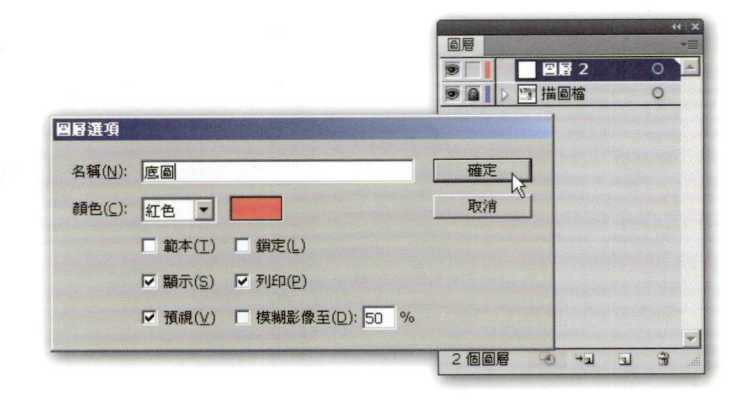

Step 4

- 【視窗\漸層】、【視窗\顏色】，點選右方「漸層滑桿」依指定建立角度 0、C60 色塊。
- 接著將左方白色移動到 50％位置，最後在左方新增 C60 色塊。

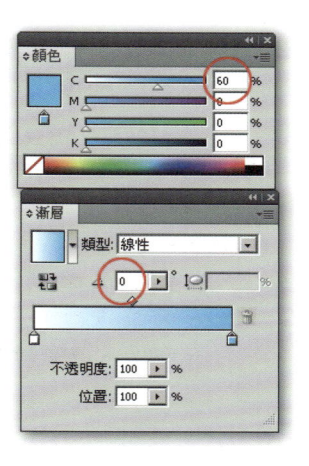

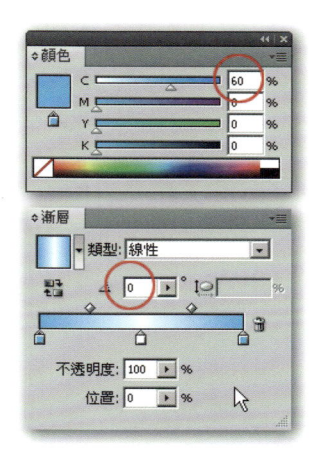

Step 5

- 【矩形工具】由版面左上角出血線處向右下方繪製一個漸層色塊。
- 尺寸為：寬 288mm、高 27mm。

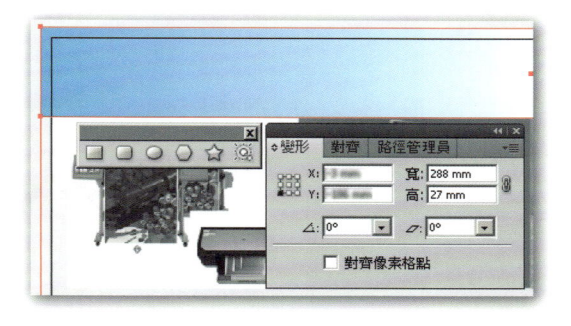

Step 6

- 【視窗\漸層】、【視窗\顏色】，點選右方「漸層滑桿」依指定建立角度 -90、M30Y60 色塊。

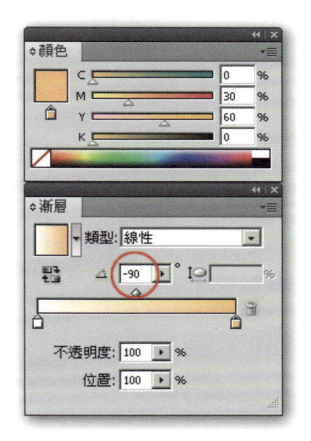

Step 7

- 【矩形工具】緊貼著上一個色塊向右下方繪製一個漸層色塊。
- 尺寸為：寬 288mm、高 189mm。

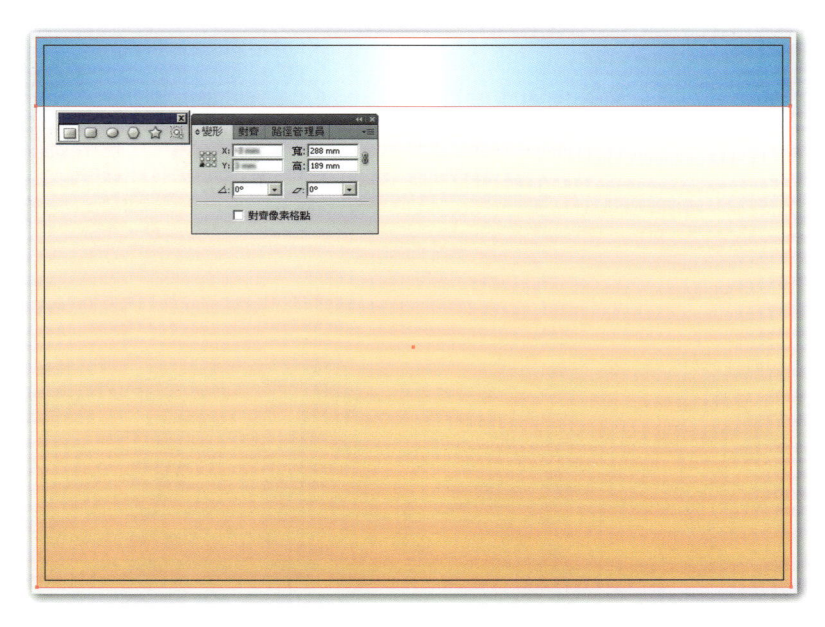

Step 8

- 【視窗\圖層】新增一個圖層命名為「圖層一」。
- 先暫時將「底圖」取消圖層可見度，露出「描圖檔」圖層以便對位。

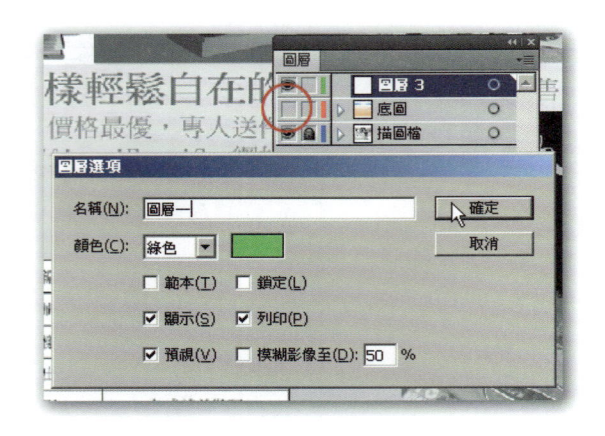

(五)圖片置入編排

Step 1

- 【檔案\置入】將「Pict-8」置入，請注意：左下方連結方框不可勾選。

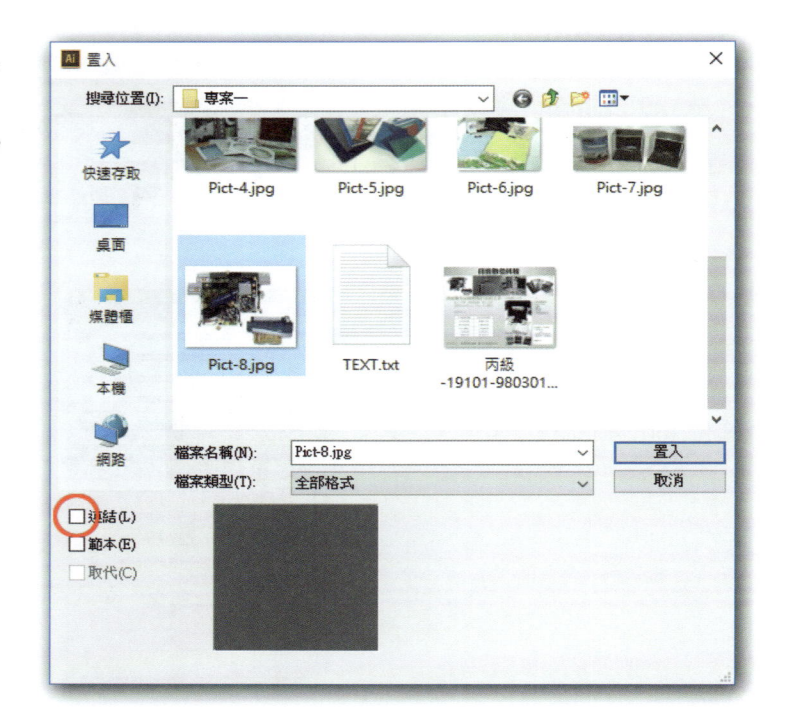

Step 2

- 將「Pict-8」對齊描圖檔位置。

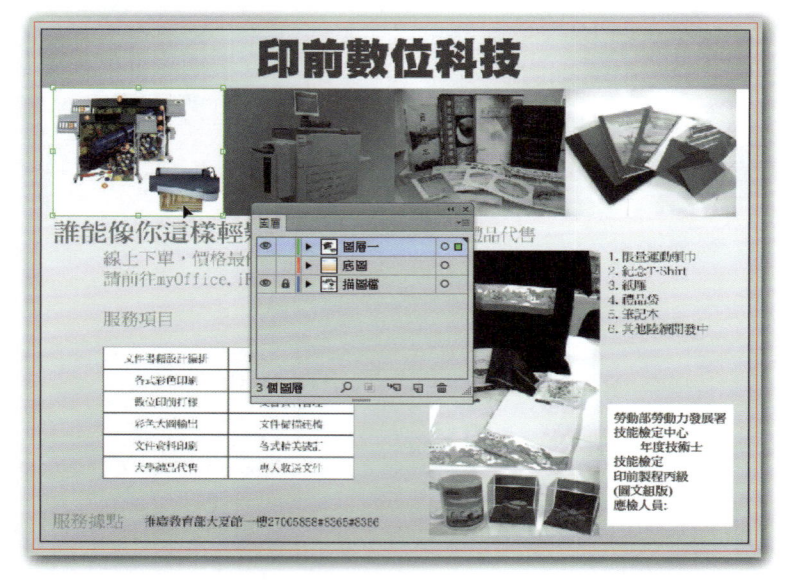

Step 3

- 【檔案 \ 置入】將「Pict-3」置入，請注意：左下方連結方框不可勾選。

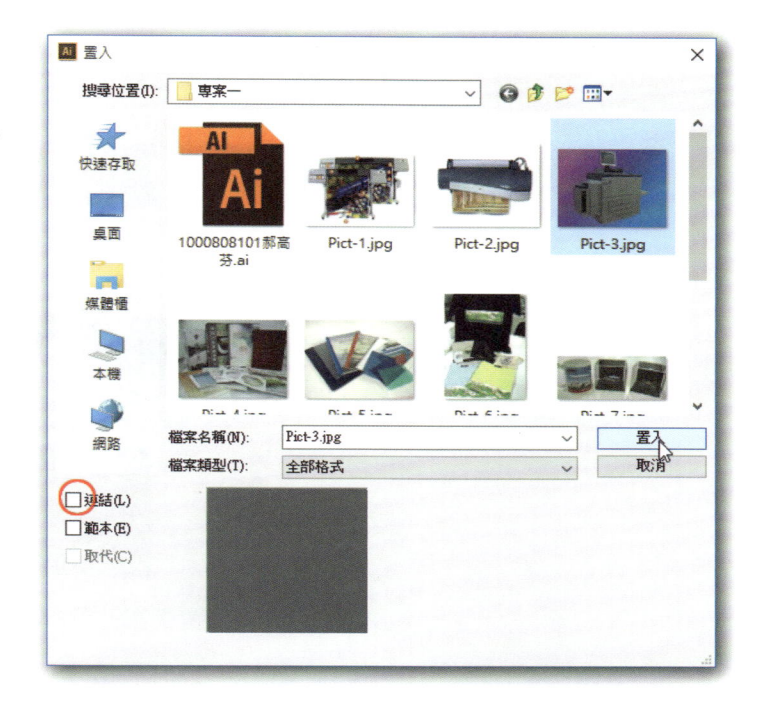

Step 4

- 【視窗 \ 變形】將尺寸調整為：寬 70mm、高 52mm。
- 並將該圖對齊描圖檔位置。

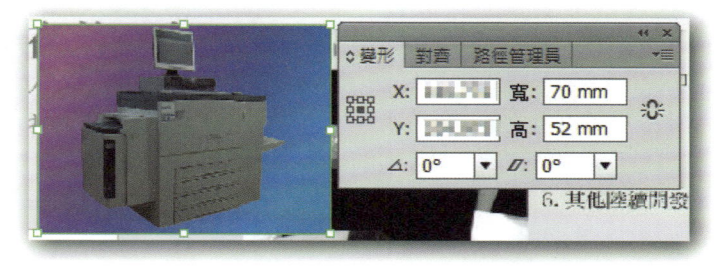

Step 5

- 【矩形工具】繪製一個色塊。
- 尺寸為：寬 68mm、高 52mm。
- 將色塊對齊「Pict-3」左緣。

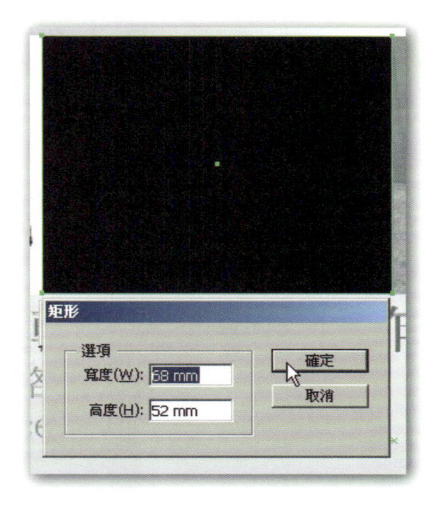

Step 6

- 按 Shift 鍵加滑鼠左鍵加選後方圖檔。
- 滑鼠右鍵【製作剪裁遮色片】。

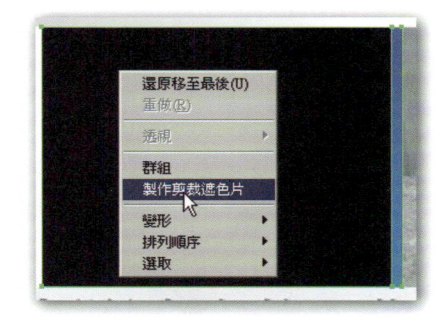

Step 7

- 【檔案\置入】將「Pict-4」置入，請注意：左下方連結方框不可勾選。

Step 8

- 【視窗\變形】將尺寸調整為：寬 68mm、高 52mm。
- 並將該圖對齊描圖檔位置。

Step 9

- 【檔案\置入】將「Pict-5」置入，請注意：左下方連結方框不可勾選。

Step 10

- 【視窗\變形】將尺寸調整為：寬 68mm、高 52mm。
- 並將該圖對齊描圖檔位置。

Step 11

- 【檔案\置入】將「Pict-6」置入，
  請注意：左下方連結方框不可勾選。

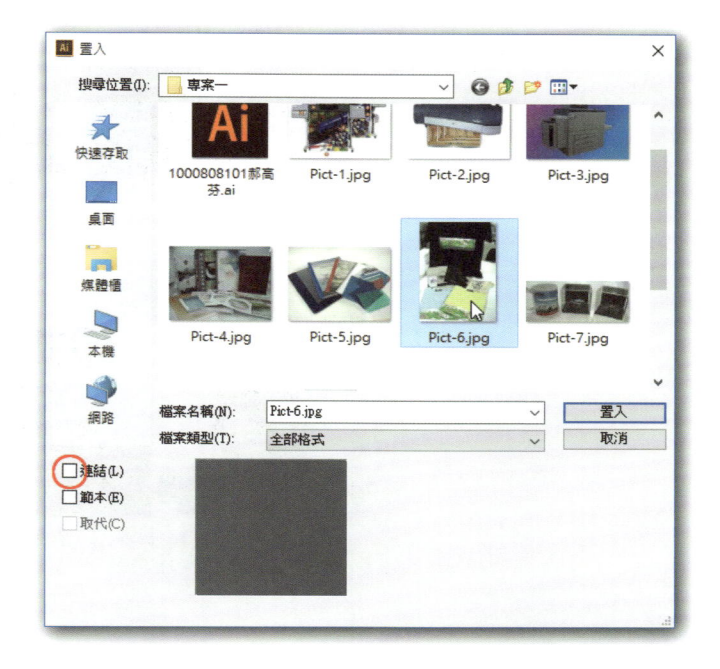

Step 12

- 【視窗\變形】將尺寸調整為：寬 68mm、高 90mm。
- 並將該圖對齊描圖檔位置。

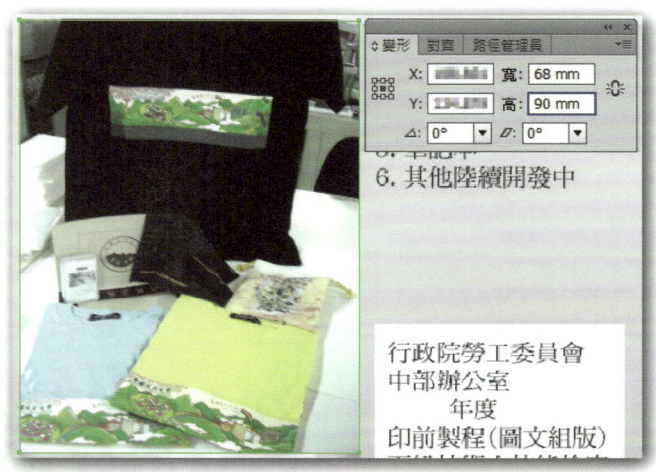

Step 13

- 【檔案\置入】將「Pict-7」置入，
  請注意：左下方連結方框不可勾選。

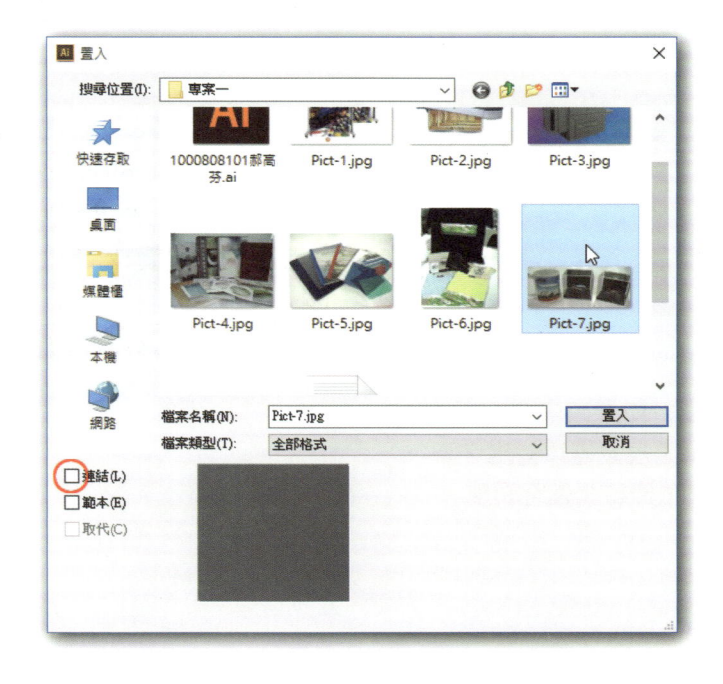

Step 14

- 【視窗\變形】將尺寸調整為：寬 68mm、高 27mm。
- 並將該圖對齊描圖檔位置。

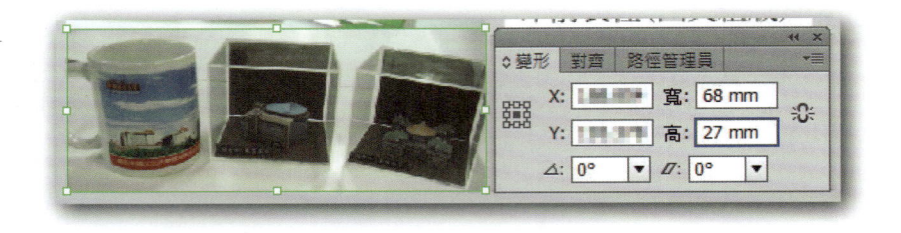

Step 15

- 圖檔置入調整完成。

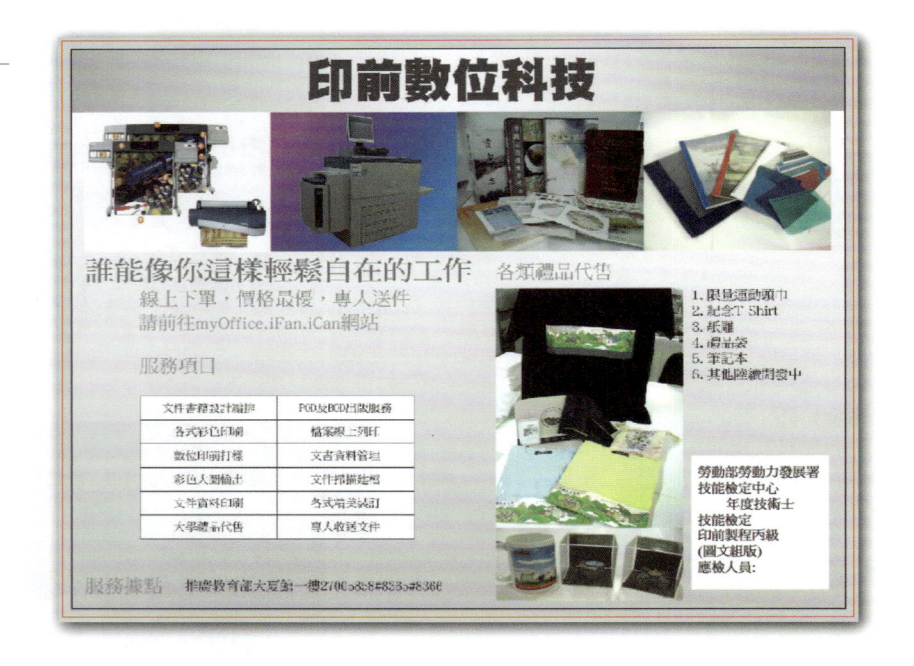

(六) 內文製作

Step 1

- 請開啟 TEXT 文字檔，如果文字檔中有提供的文字可以直接複製，如果沒有提供就必須自行輸入。
- 【視窗\字元】或快速鍵 Ctrl + T，設定字型「華康超黑體」，字體大小 50pt。
- 【視窗\顏色】C100M80 輸入指定文字。
- 對齊描圖檔位置。
- 請注意！如果沒有該字型請依照試場規定選擇對應字型，但務必依照樣張進行調整。

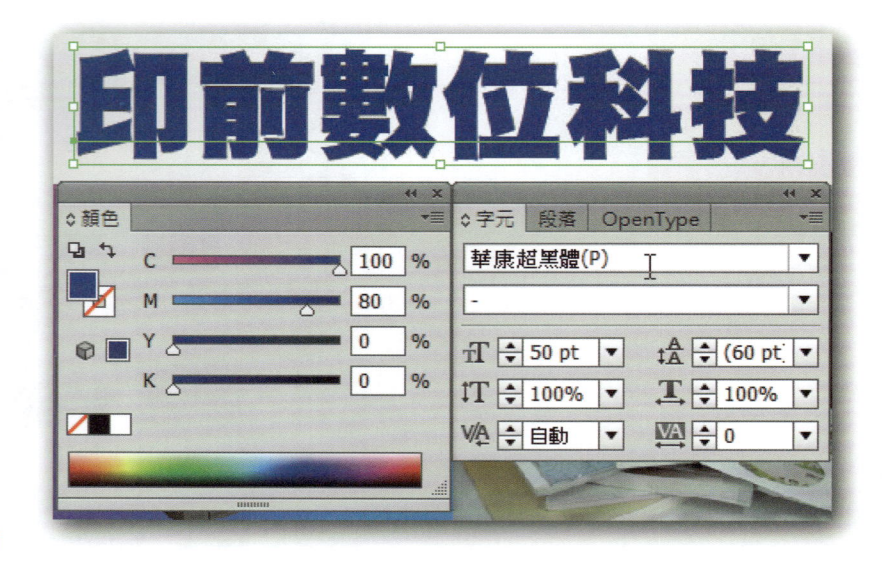

Step 2

- 【視窗\字元】設定字型「華康粗明體」，字體大小 28pt 水平縮放 110%。
- 【視窗\顏色】C80M40 輸入指定文字。
- 對齊描圖檔位置。

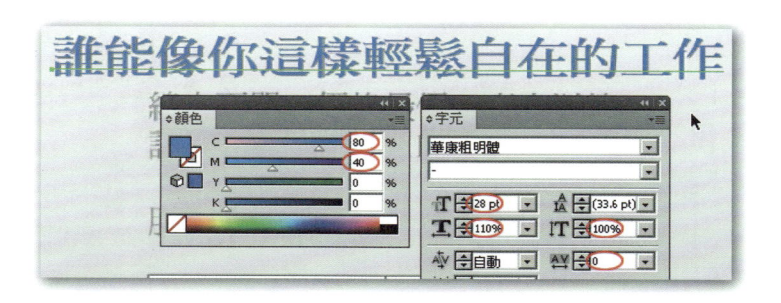

Step 3

- 【視窗\字元】設定字型「華康中明體」，字體大小 20pt、行距 24pt。
- 【視窗\顏色】M70Y60 輸入指定文字。
- 對齊描圖檔位置。

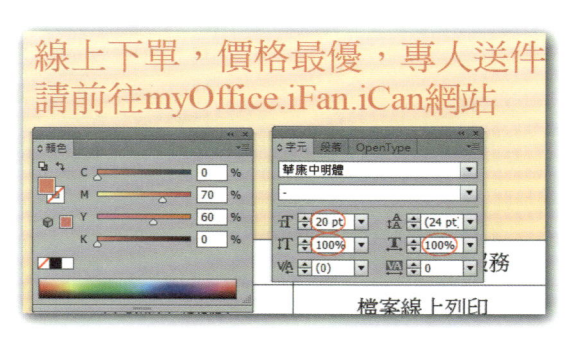

Step 4

- 【視窗\字元】設定字型「華康中明體」字體大小 20pt。
- 【視窗\顏色】M70Y60 輸入指定文字。
- 對齊描圖檔位置。

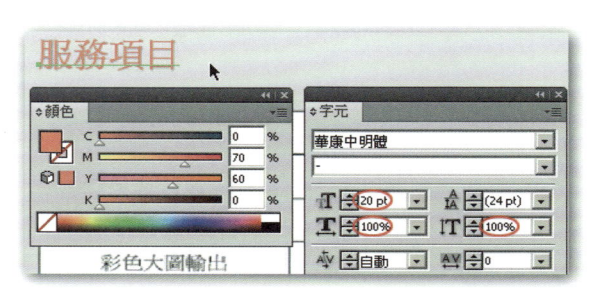

Step 5

- 【視窗\字元】設定字型「華康中明體」，字體大小 20pt。
- 【視窗\顏色】M70Y60 輸入指定文字。
- 對齊描圖檔位置。

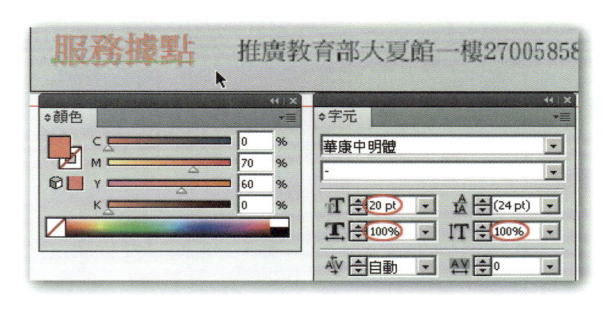

Step 6

- 【視窗\字元】設定字型「華康中明體」，字體大小 14pt。
- 【視窗\顏色】K100 輸入指定文字。
- 對齊描圖檔位置。

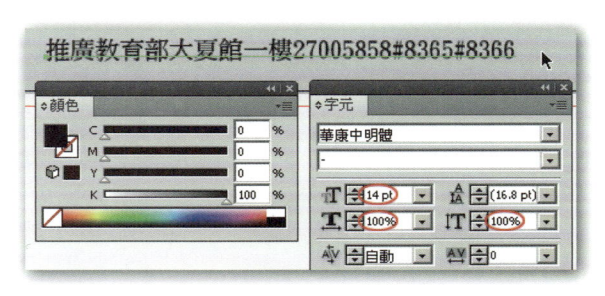

Step 7

- 【視窗\字元】設定字型「華康中明體」，字體大小 20pt。
- 【視窗\顏色】M70Y60 輸入指定文字。
- 對齊描圖檔位置。

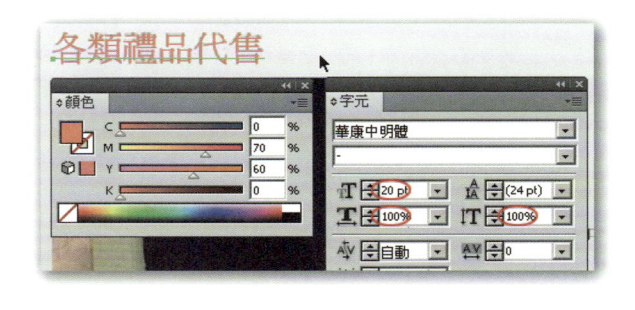

Step 8

- 【視窗\字元】設定字型「華康中明體」，字體大小 14pt 行距 16.8pt。
- 【視窗\顏色】K100 輸入指定文字。
- 對齊描圖檔位置。

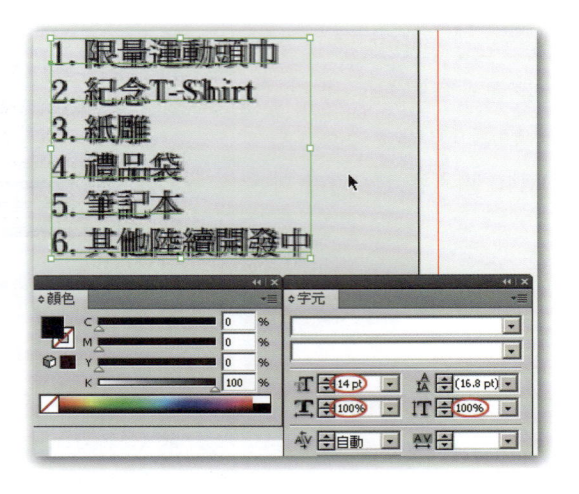

Step 9

- 使用【矩形工具】繪製一個色塊。
- 尺寸為：寬 50mm、高 50mm。
- 對齊描圖檔位置。

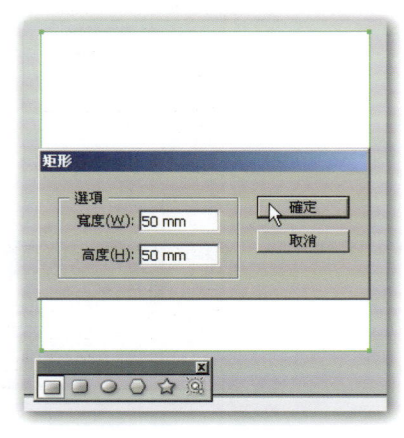

Step 10

- 【視窗\字元】設定字型「華康中明體」，字體大小 14pt 行距 16.8pt。
- 【視窗\顏色】K100 輸入指定文字。
- 對齊描圖檔位置。

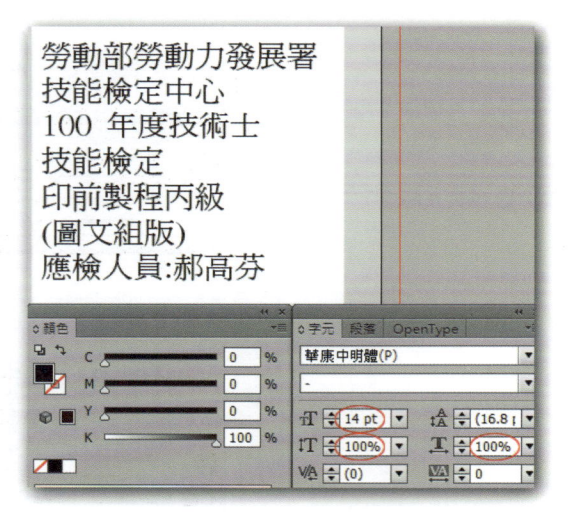

(七)表格繪製

Step 1

- 【線段區段工具】對齊描圖檔位置繪製一條水平線段。
- 長度：100mm、角度：0。
- 【視窗\畫筆】寬度：1pt、端點：方端點。

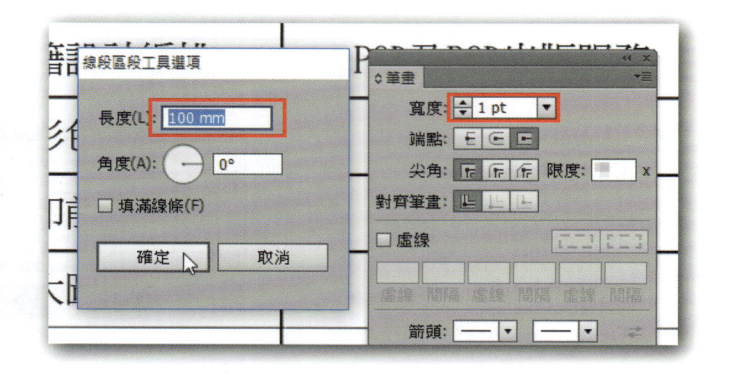

Step 2

- 【線段區段工具】接住剛剛那條水平線的左端點，繪製一條垂直線段。
- 長度：54mm、角度：270。
- 【視窗\畫筆】寬度：0.5pt。

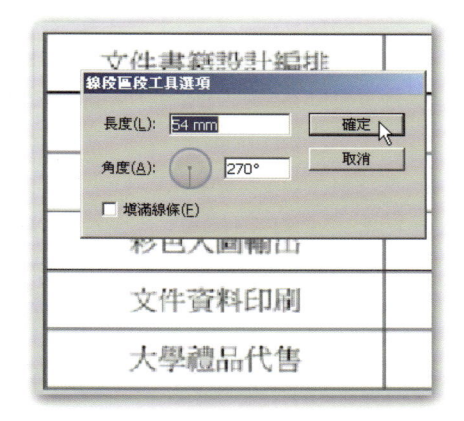

Step 3

- 滑鼠左鍵點選住水平線段 +Shift 鍵 +Alt 鍵。
- 往下拖曳複製出六條線段。
- 最後一條水平線段務必接住垂直線段的下緣。

Step 4

- 【視窗\對齊】滑鼠選擇七條水平線段。
- 執行【垂直依中線均分】。

Step 5

- 滑鼠左鍵點選住垂直線段 +Shift 鍵 +Alt 鍵。
- 往右拖曳複製出兩條線段。
- 最後一條垂直線段務必接住水平線段的端點。

Step 6

- 【視窗\字元】或快速鍵 Ctrl ＋ T，設定字型「華康中明體」，字體大小 12pt 行距 25.5pt。
- 段落置中對齊，對齊描圖檔位置。

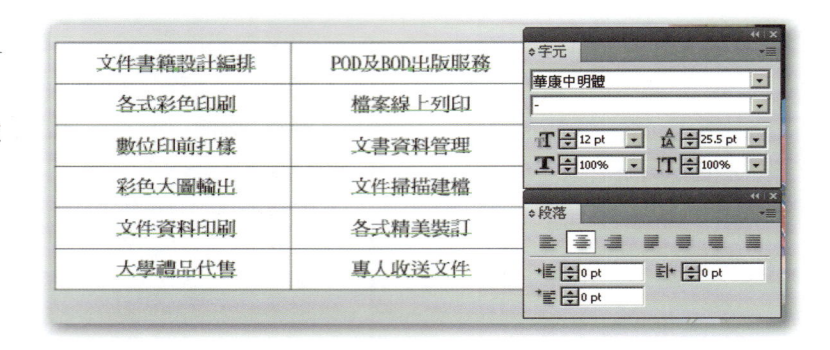

Step 7

- 使用【矩形工具】繪製一個覆蓋在表格上的白色塊。
- 滑鼠右鍵【排列順序\移到最後】。

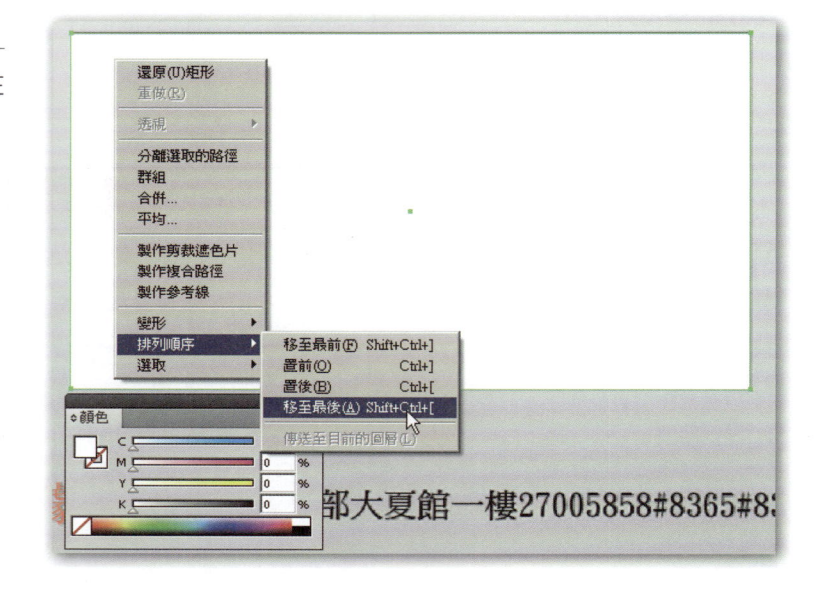

Step 8

- 【視窗\圖層】將「底圖」圖層可見度開啟。
- 請將描圖檔刪除，如未刪除殘留印出將零分計算。
- 大功告成。

(八)輸出設定與轉檔

Step 1

- 【檔案\另存新檔】檔案類型選擇 Adobe PDF。

Step 2

- 【相容性】請選擇【Acrobat 4 (PDF 1.3)】或【Acrobat 5 (PDF 1.4)】，因為如果考場印表機的 PostScript 版本過於低，部分效果將無法列印出來。
- 【標記與出血】選項要勾選【剪裁標記】以及【對齊標記】。
- 【印表機標記類型】請選擇【日式】。
- 【使用文件出血設定】要勾選。

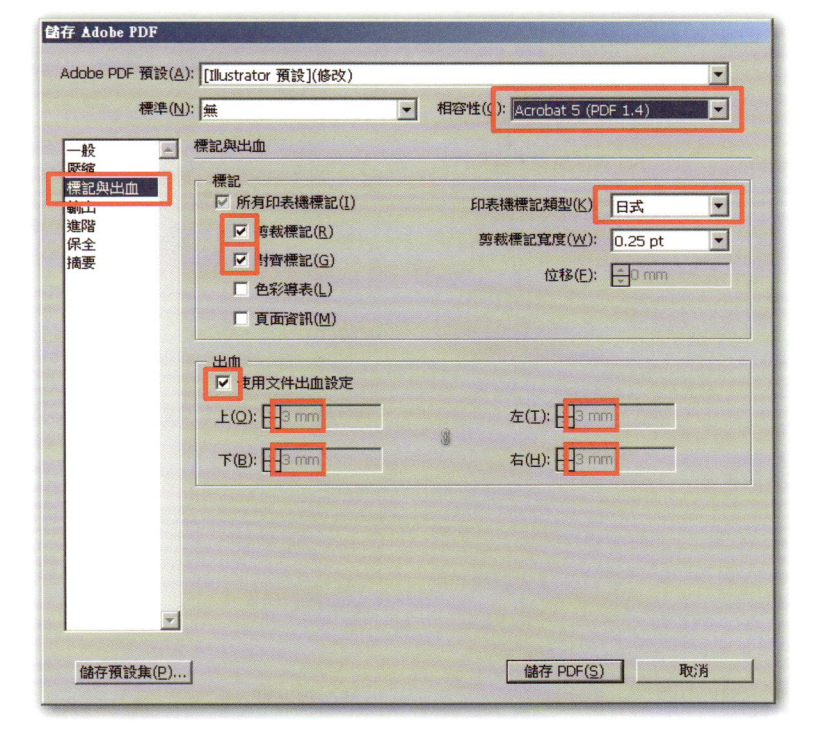

Step 3

- 將「專案一」資料夾複製到隨身碟中，到指定列印崗位進行 PDF 檔案列印。

Step 4

- 【列印 \ 內容】列印 PDF 檔案前務必進行設定，每種印表機介面稍有不同。

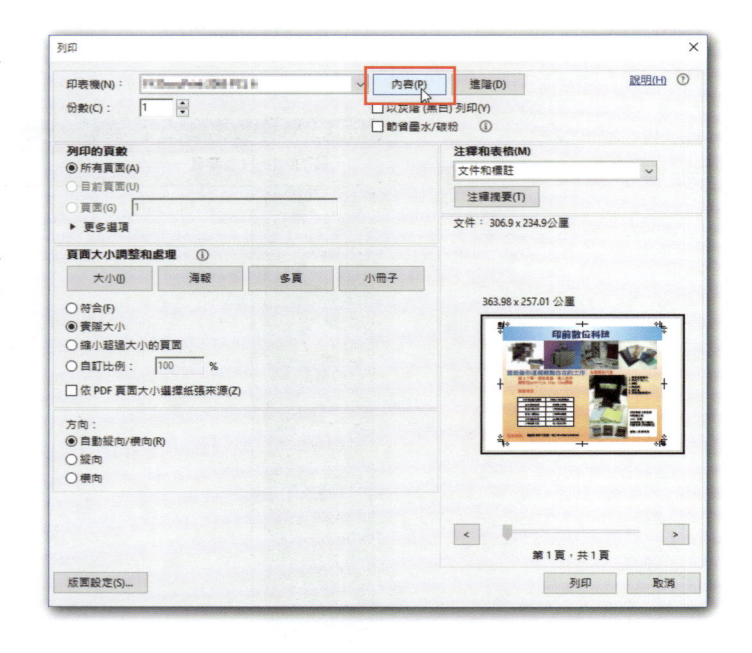

Step 5

- 紙張尺寸：B4（或 A3 也可以）、方向：橫向。

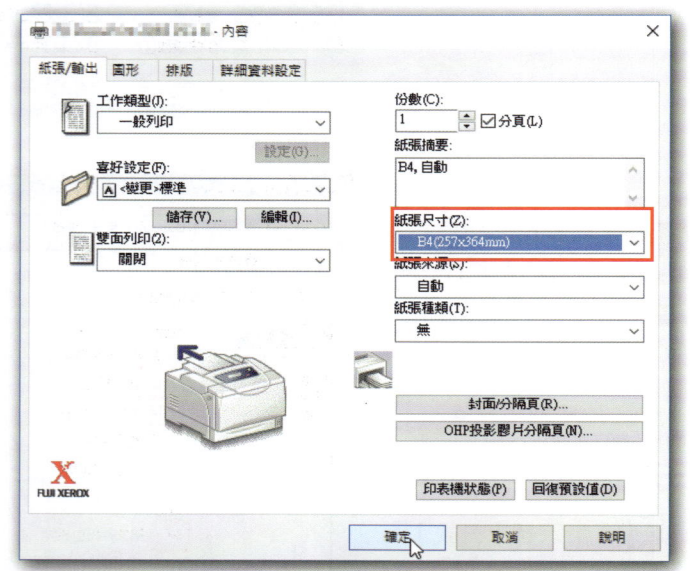

Step 6

- 頁面大小調整和處理：實際大小。※ 不同廠牌列印介面稍有差異，或【縮放類型；無】。
- 進行列印。

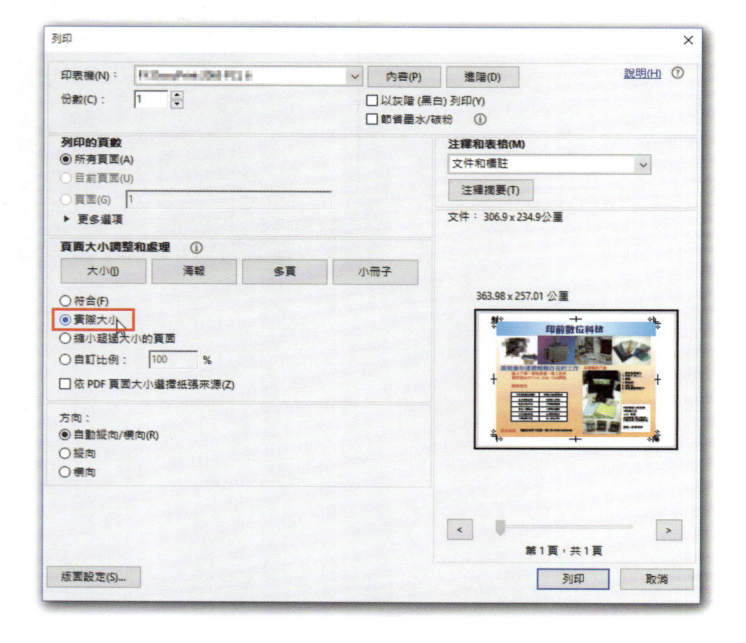

PART 2　術科題庫解析

19101-980302

測試試題

一、試題編號：19101-980302

二、試題名稱：製作 16 開單面彩色書籍內頁

三、測試時間：90 分鐘

四、測試項目：

（一）原稿判讀與處理。

（二）文字大小與字體樣式設定，以及段落樣式設定與表格編排。

（三）色塊、圖像及圖案的製作及處理。

（四）儲存檔案、另附存 PDF 電子檔及檔案列印操作，包含出血標記、裁切標記與十字線印出。

（五）列印後應具備自我品管檢查之責任。

五、測試內容：

（一）試題製作請依照『說明樣式』完稿且須符合印刷條件需求。

（二）光碟片內含 1 個文字檔：TEXT.txt，及 4 個圖檔：分別為圖 1.psd、圖 2.ai、圖 2.eps、圖 3.tif，其中圖 2 提供兩種檔案格式請自行選擇。文字檔未包含的文字，請依『說明樣式』標示自行輸入。

（三）完成尺寸為 16 開（190mm × 260mm）。

（四）內文二欄橫排，排版範圍在 150mm × 200mm，欄間距 6 mm，頁邊留白：天 40mm（不含大標題）、地 20mm、左 20mm、右 20mm。

（五）大標題由應檢人自行輸入文字，並依『說明樣式』設定。

（六）中標題、內文，請依『說明樣式』設定編排。

（七）圖像請依『說明樣式』處理並置入。

（八）表格請依『說明樣式』製作。

（九）除特別指定位置外，各物件位置可利用所附之『描圖檔（為完成尺寸）』參考調整至接近即可。

（十）輸出列印成品上需有出血標記、裁切標記與十字線，線寬 0.3mm 以下可供識別。

（十一）術科測試時間包含版面製作、完成作品列印、檔案修改校正及儲存等程序，當監評人員宣布測試時間結束，除了位於列印工作站之應檢人繼續完成列印操作外，所有仍在電腦工作站崗位的應檢人必須立即停止操作。

（十二）作業期間務必隨時存檔，完成檔案命名（檔名為准考證號碼＋應檢人姓名），並轉為 PDF 檔案格式（建議相容版本為 PDF1.3 或 1.4 版本），儲存於隨身碟中，以彩色印表機列印。所有成品檔案含 PDF 檔各乙份需儲存於隨身碟中供檢覈。

（十三）列印時，可參考現場所提供之列印注意事項，以 Acrobat Reader 或 Acrobat 軟體列印輸出，並須自行量測與檢視印樣成品尺寸規格正確性。

（十四）作業完畢須將原稿、隨身碟（內含所有經手處理之電子檔案）、光碟片與成品對摺簽名後一併繳交監評人員評分。

參考成品

印刷色彩淺談

太陽光帶給我們五彩繽紛的世界，眼睛所及皆是繽紛多樣的色彩，像是鮮紅的番茄、翠綠的樹木、湛藍的海洋、紫色的葡萄……，這些都是物體對光的吸收與反射所呈現的結果。影像複製便是利用光的特性將顏色分色，再利用製版套印重新再現原色彩，因此色彩相關理論對印刷而言是相當重要的。

一、色光三原色

十九世紀初，英國湯瑪斯·楊格（Tomas Young）提出的色光三原色學說，他研究發現紅、綠、藍三種色光可以混合產生各種色彩，而成為目前多數人所採用的色彩學理論。

色光三原色具有下列特性：
1. 色光三原色不能再分解。
2. 色光三原色是無法由其他的色光混合產生出來。
3. 等量的色光三原色混合時，會形成白色。

當我們將綠色光與藍色光混合時可以產生青色光，紅色光與綠色光混合時可以產生黃色光，紅色光與藍色光混合時可以產生洋紅色光。色光混合的結果會產生更明亮的顏色光，因此將紅、藍、綠色光混合稱為「加色混合」或稱為「加色法」。

二、色料三原色

西元十八世紀初，荷蘭畫家拉伯隆（Le Blon）首先主張色料三原色為紅、黃、藍。但是根據調和實驗的結果，目前一般色料（包含顏料、染料、油墨等）的原色定為洋紅色（Magenta）、黃色（Yellow）、青色（Cyan）。

色料三原色具有下列特性：
1. 色料三原色不能再分解。
2. 色料三原色是無法由其他的色料混合產生出來。
3. 等量的色料三原色混合時會形成黑色。

當我們將洋紅色與黃色色料混合時可以產生紅色，黃色與青色色料混合時可以產生綠色，洋紅色與青色色料混合時可以產生藍色。色料愈混合顏色愈暗濁，這種洋紅色、黃色、青色色料混合稱為「減色混合」或「減色法」。

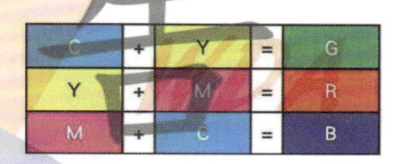

C	+	Y	=	G
Y	+	M	=	R
M	+	C	=	B

紅、藍、綠色域的色光是屬於加色混合，它可以製作出整個光譜的顏色，像電視、電腦螢幕和掃瞄器等都是利用此方式顯色。洋紅、黃、青色域是屬於減色混合，它是利用色光三原色的補色混合來表現顏色，像彩色印表機、彩色印刷等都是利用此方式顯色。因此印刷時是以洋紅色、黃色、青色的油墨套印複製呈現原來的色彩，並以黑色油墨來補強黑色區域濃度的不足。

勞動部勞動力發展署技能檢定中心
□□□年度技術士技能檢定
印前製程(圖文組版)丙級
應檢人員：○○○

試題解析

（一）工作前的認識

一、製作圖文整合稿件時，首先要詳細閱讀完稿的各項規定，例如：版面大小、是否出血、各處文字字型、大小以及是否有其他特殊要求，最重要的是「原稿呈現不要加入個人審美觀念」。

本題製作重點為：	本題評分重點為：
1. 圖片改指定色彩、解析度調整、圖檔合成。	1. 上下漸層底圖必須依照指定製作消失效果。
2. 底色漸層製作。	2. 圖檔必須符合規定色彩及尺寸。
3. 嵌入圖檔。	3. 圖檔嵌入並製作文繞圖。
4. 表格繪製。	4. 表格尺寸及填入色彩正確性。

二、準備要點：

1. 於桌面上建立一個命名為「專案二」的資料夾。
2. 將試場提供的光碟片放入光碟機中，把製作所需要的圖片檔案及文字檔案全部複製到「專案二」資料夾中。
3. 完成之後請記得先將光碟片取出避免混淆。

（二）影像檔的處理

Step 1

- 執行 Photoshop 程式。
- 開啟「圖 1.psd」影像檔。

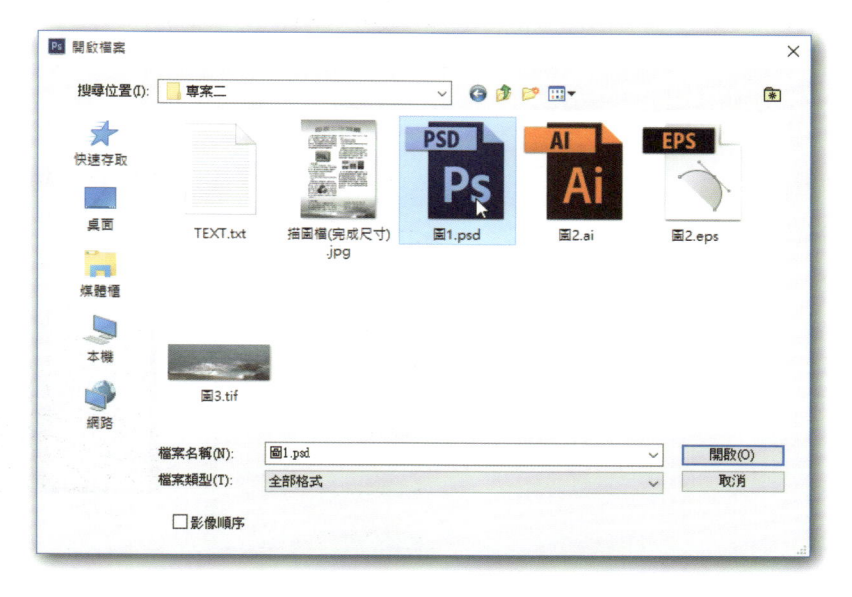

Step 2

- 【影像\影像尺寸】**取消勾選「影像重新取樣」**，解析度為 300 像素\英寸。

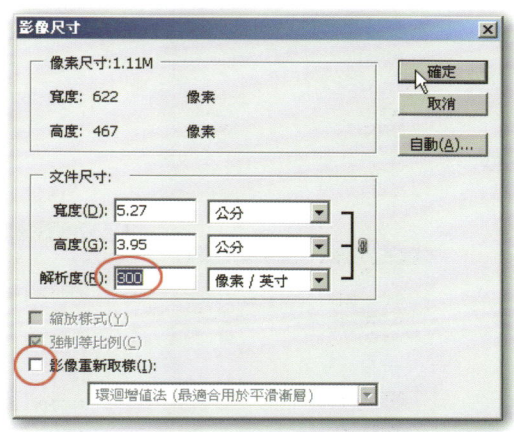

Step 3

- 【筆型工具\路徑】將圖形中指定區域圈選起來。
- 陰影區域也要圈選

陰影區域也要圈選

Step 4

- 【視窗\路徑】Ctrl 鍵 + 滑鼠左鍵點選【工作路徑】進行選取該路徑。

Step 5

- 【選取\反轉】反轉選取區域。
- 【設定前景色】將色彩調整為 C50Y100。

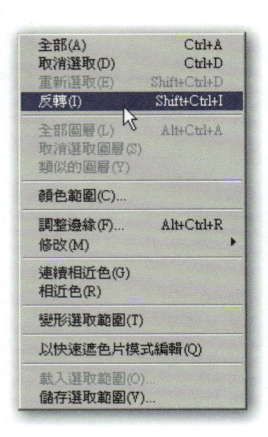

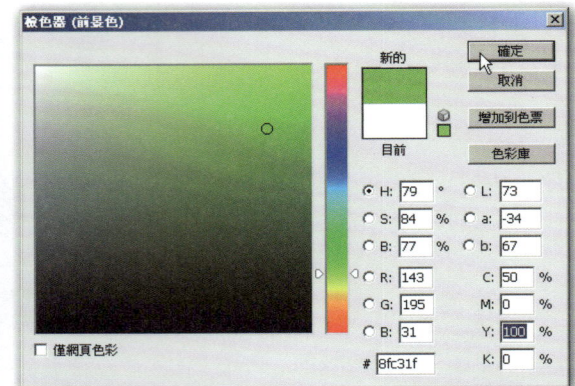

Step 6

- 【編輯\填滿】填滿前景色彩 C50Y100。
- 【檔案\儲存檔案】儲存檔案。
- 【關閉檔案】將「圖1.psd」關閉。

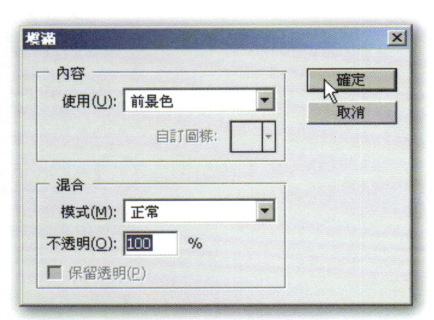

Step 7

- 【檔案\開啟檔案】開啟「圖3.tif」。

Step 8

- 【影像\影像尺寸】取消勾選「影像重新取樣」,寬度設定為 19.6 公分。

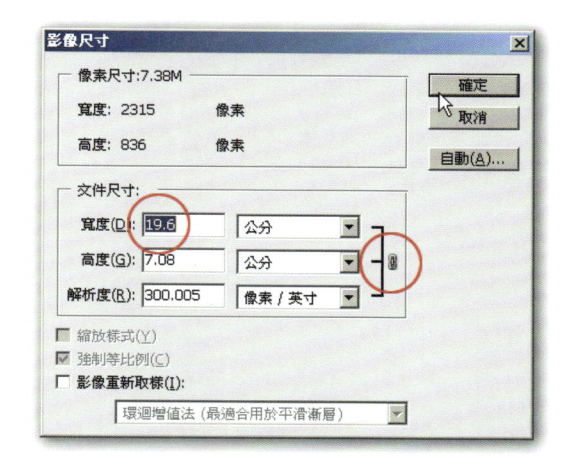

Step 9

- 擊點【背景】圖層,將名稱變更為【圖層 0】。

Step 10

- 點選下方【增加圖層遮色片】增加圖層遮色片。

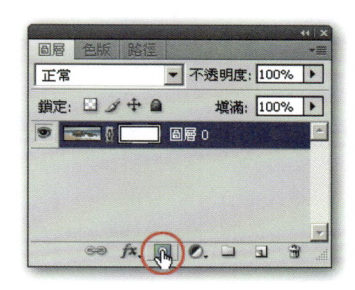

Step 11

- 點選【漸層工具】後,預設前景色為黑色、後景色為白色。
- 同時按 Shift 後由畫面上緣向下方垂直下拉到畫面 3/4 處,注意:圖檔最上方必須透明。

Step 12

- 【檔案＼儲存檔案】將檔案儲存在「專案二」的資料夾。
- 影像壓縮：無，勾選「儲存透明」，關閉 Photoshop 程式。

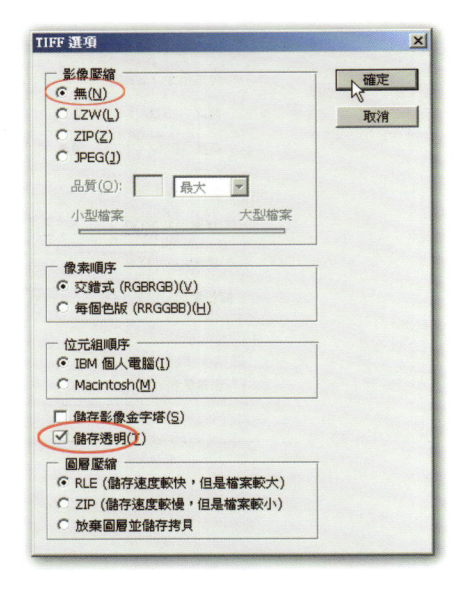

（三）版面設定

Step 1

- 執行 Illustrator 程式，新增【「列印」文件…】，【名稱】請依照規定輸入當天應試的**准考證號碼＋應檢人姓名**」，此以「10008080101 郝高芬」為例。
- 【寬度】：190mm、【高度】：260mm、【單位】：公釐，【出血】上方、下方、左方、右方請都設定為 3mm。

Step 2

- 【檢視＼智慧型參考線】或使用快速鍵 Ctrl ＋ U 將智慧型參考線開啟。
- 智慧型參考線在製作過程中可以提供使用者各式的抓點模式方便標齊對正。
- 【檔案＼文件色彩模式＼CMYK 色彩】，確定為 CMYK 色彩。

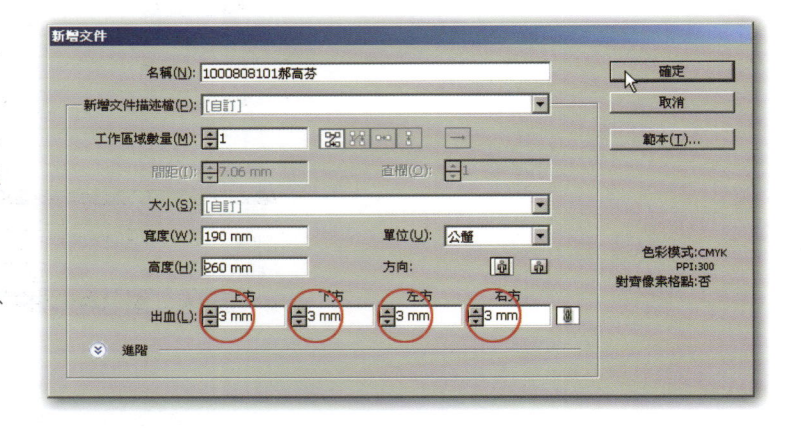

Step 3

- 【檔案\儲存】將檔案儲存在「專案二」資料夾中。
- 【版本】選擇版本 Illustrator CS4 或更高，其餘選項均以預設值就可以，製作過程中要記得常做存檔的動作。

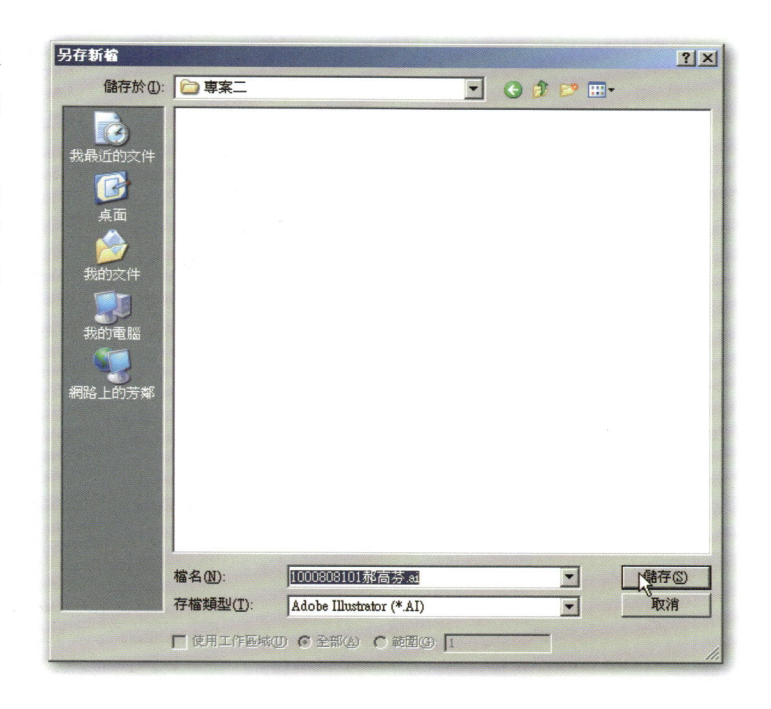

（四）底圖製作

Step 1

- 【視窗\圖層】點選「圖層1」並將該圖層命名為「描圖檔」。

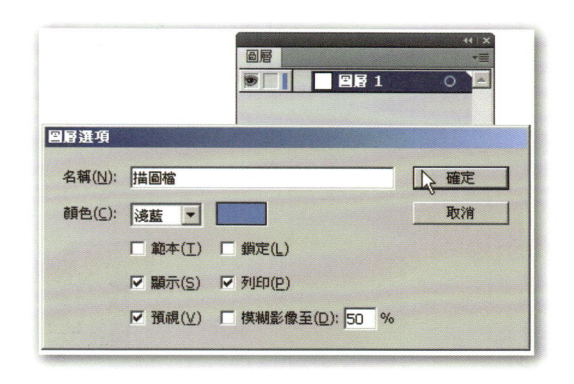

Step 2

- 【檔案\置入】將試場所附的「描圖檔」置入，<u>請注意：左下方連結方框不可勾選。</u>

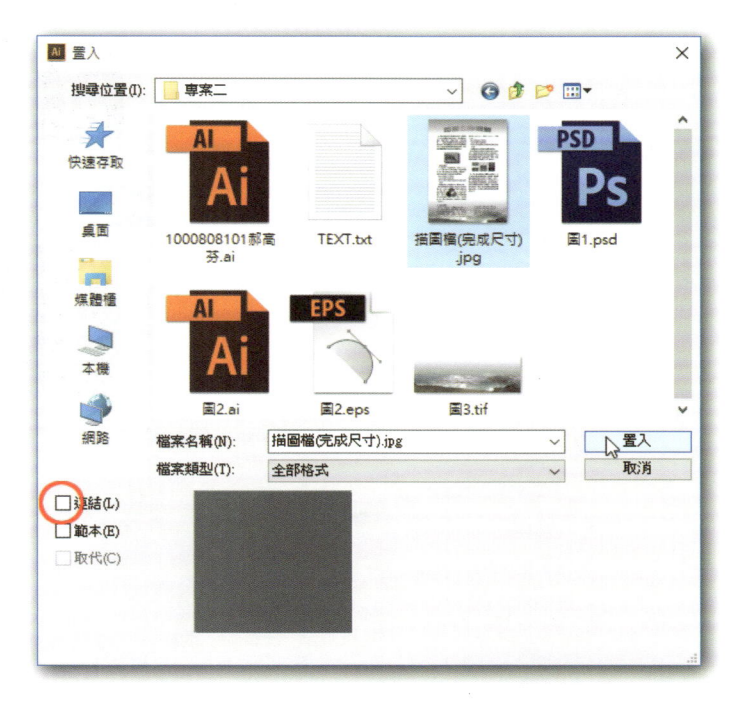

Step 3

- 將描圖檔對齊版面中央之後,請將該圖層鎖定。
- 再新增「圖層 2」並將該圖層更名為「底圖」。

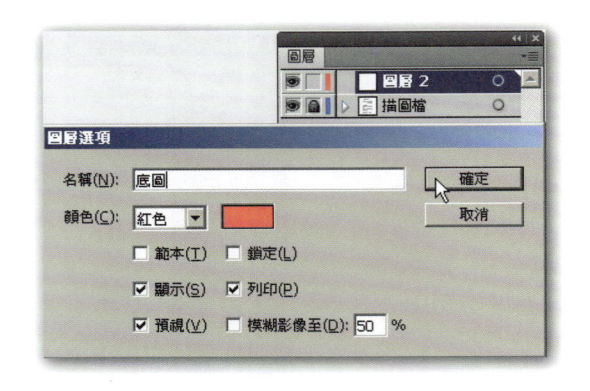

Step 4

- 【視窗\漸層】【視窗\顏色】點選右方「漸層滑桿」,依指定建立:角度 90、C50M20 的漸層色塊。
- 【矩形工具】繪製漸層色塊,尺寸為:寬度 196mm、長度 43mm。
- 對齊描圖檔位置。

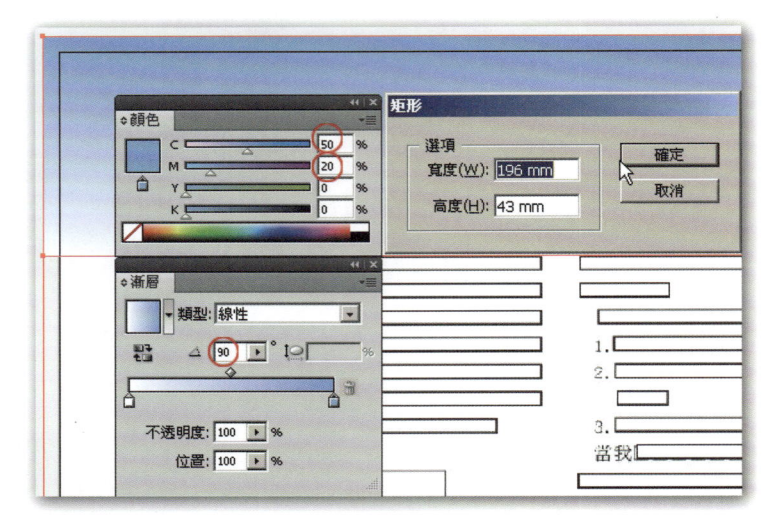

Step 5

- 【檔案\置入】將「圖 3.tif」置入,請注意:左下方連結方框不可勾選。
- 對齊描圖檔位置。

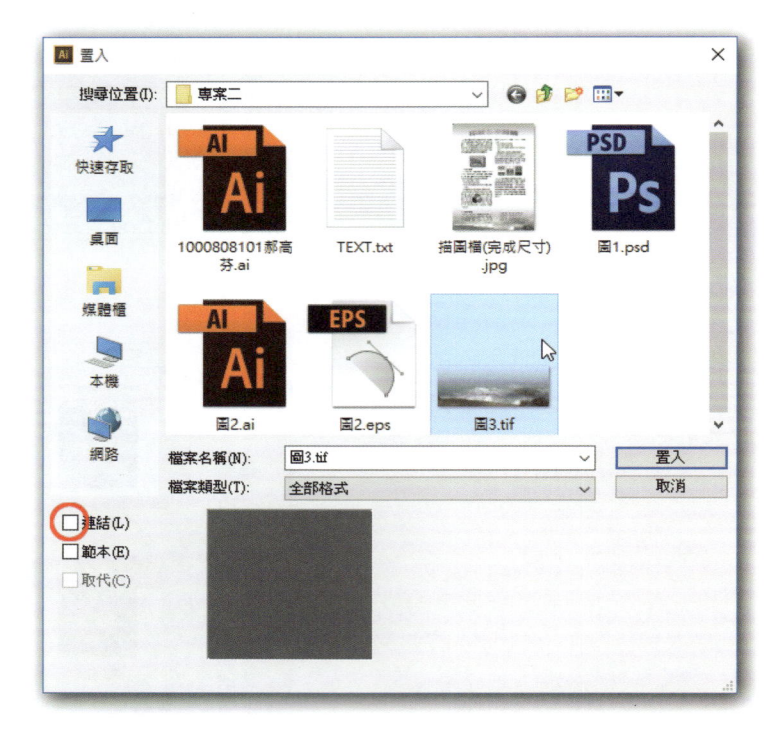

（五）標題與內文製作

Step 1

- 【視窗\圖層】新增一個圖層命名為「圖層一」。
- 先暫時將「底圖」取消圖層可見度，露出「描圖檔」圖層以便對位。

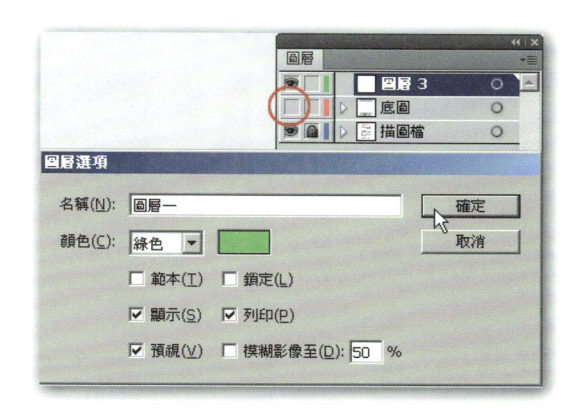

Step 2

- 參考描圖檔位置，繪製適當尺寸之橢圓形。

Step 3

- 【視窗\字元】或快速鍵 Ctrl＋T，設定字型「華康粗黑體」，字體大小 36pt、水平縮放 150%。
- 【路徑文字工具】輸入指定文字。
- 對齊描圖檔位置。
- 請注意！如果沒有該字型請依照試場規定選擇對應字型，但務必依照樣張進行調整。

Step 4

- 滑鼠右鍵【建立外框】。

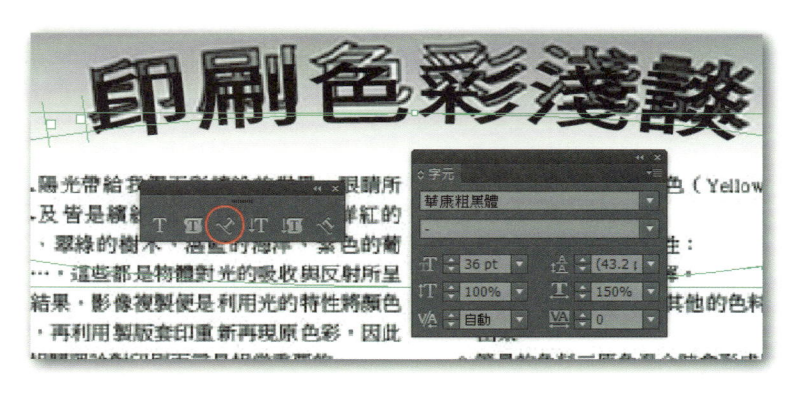

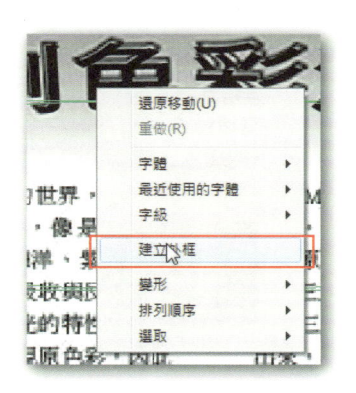

Step 5

- 填入【畫筆】K100，寬度：0.25mm。

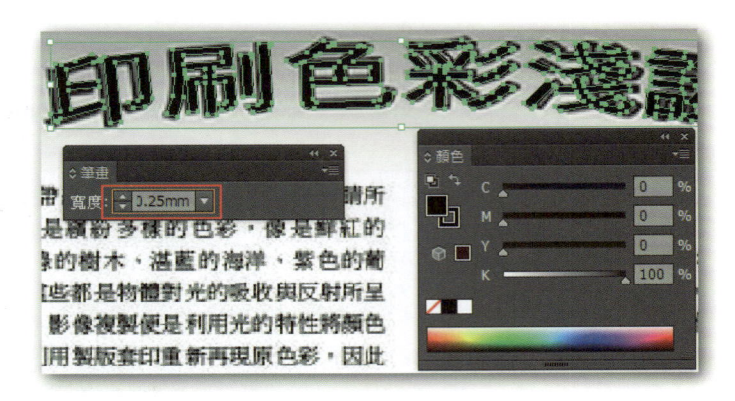

Step 6

- 建立漸層色塊，點選 M100【位置】100%，Y100【位置】50%，C100、【位置】0%，建立新的漸層色票。

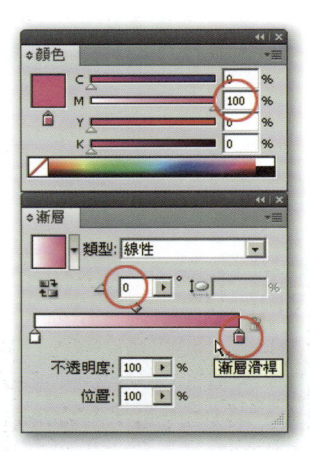

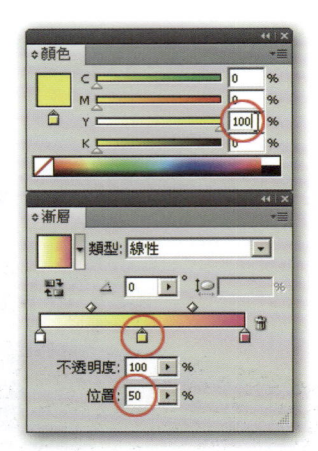

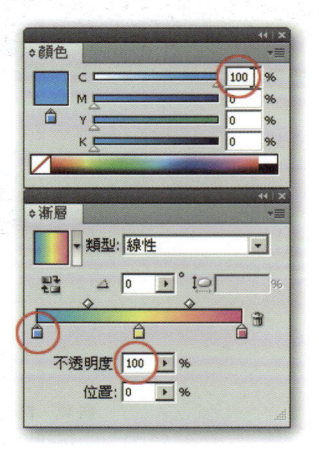

Step 7

- 先點選標題字，接著點選【漸層填色】，這個時候會個別產生漸層效果。

Step 8

- 【漸層工具】在標題字上由左至右重新拉一次即可完成標題字製作。

Step 9

- 【視窗 \ 字元】設定字型「細明體」，字體大小 26pt，輸入指定文字。
- 對齊描圖檔位置。

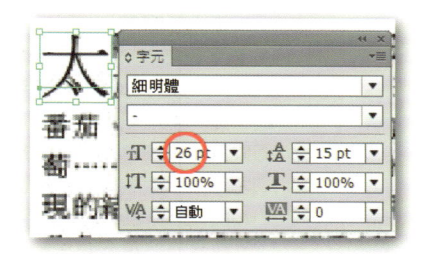

Step 10

- 【視窗 \ 字元】設定字型「細明體」，字體大小 10pt、行距 15pt，輸入指定文字。
- 依照描圖檔位置及文字格式斷行（Enter）。
- 對齊描圖檔位置。

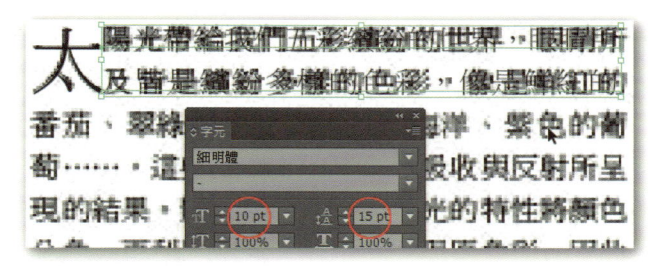

Step 11

- 逐一將每行文字選取，調整「字元字距微調」設定。

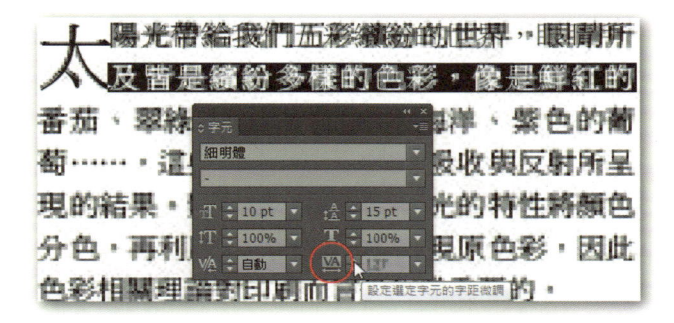

Step 12

- 【視窗 \ 字元】設定字型「細明體」，字體大小 10pt、行距 15pt，輸入指定文字。
- 依照描圖檔位置及文字格式斷行（Enter）。
- 對齊描圖檔位置。

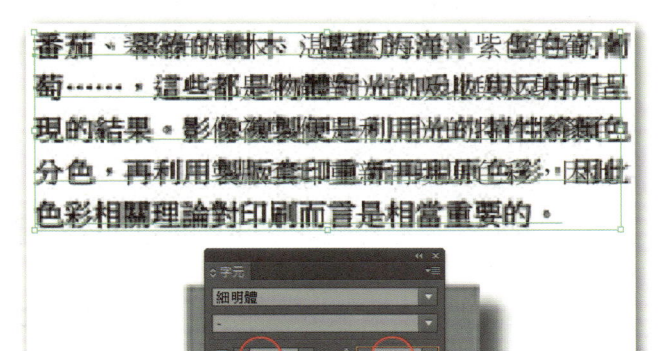

Step 13

- 逐一將每行文字選取，調整「字元字距微調」設定。

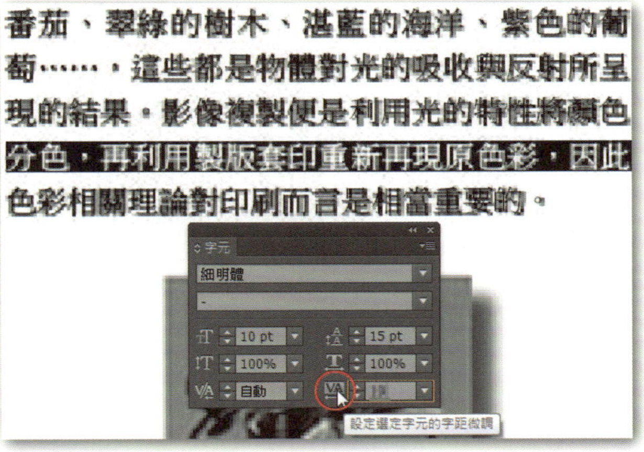

Step 14

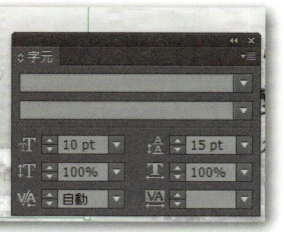

- 【視窗\字元】設定字型「細明體」，字體大小 10pt、行距 15pt，輸入指定文字。
- 依照描圖檔位置及文字格式斷行（Enter）。
- 對齊描圖檔位置。

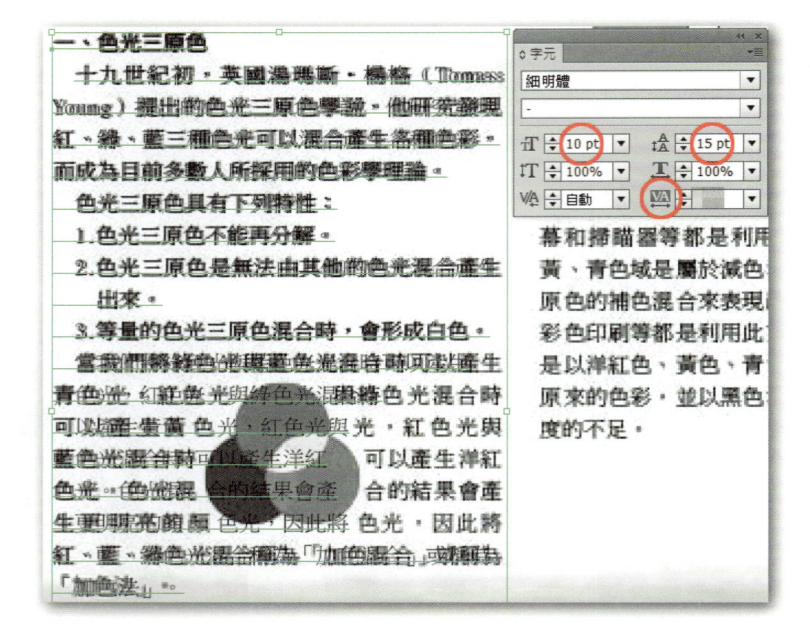

Step 15

- 逐一將每行文字選取，調整「字元字距微調」設定。
- 中標題字型請依規定修改為「中黑體」。
- 文繞圖部分暫時先不要處理，待下個階段一併處理。

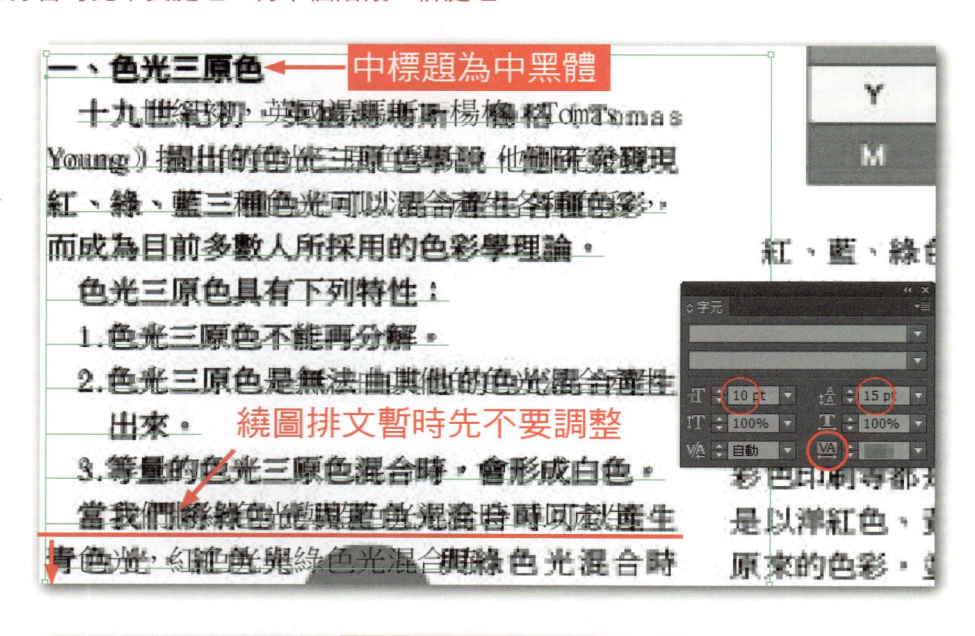

Step 16

- 【視窗\字元】設定字型「細明體」，字體大小 10pt、行距 15pt，輸入指定文字。
- 依照描圖檔位置及文字格式斷行（Enter）。
- 對齊描圖檔位置。

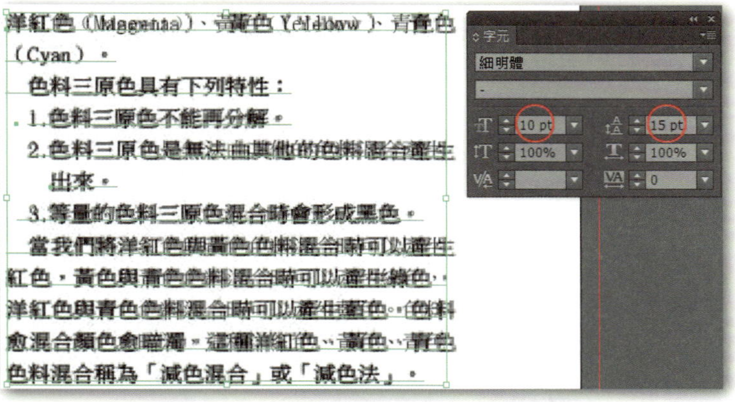

Step 17

- 逐一將每行文字選取，調整「字元字距微調」設定。

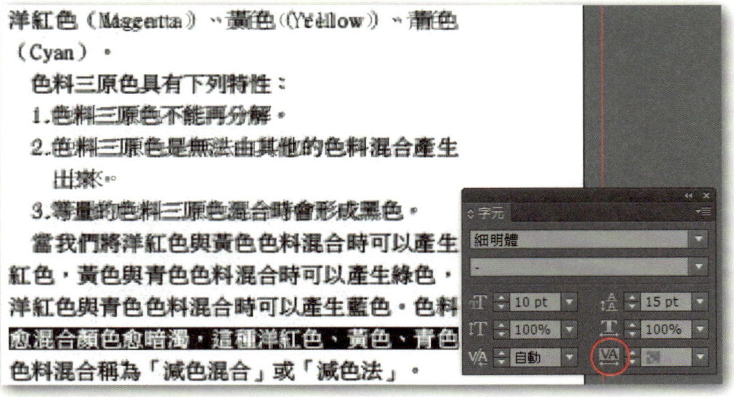

Step 18

- 【視窗\字元】設定字型「細明體」，字體大小 10pt、行距 15pt，輸入指定文字。
- 依照描圖檔位置及文字格式斷行（Enter）。
- 對齊描圖檔位置。

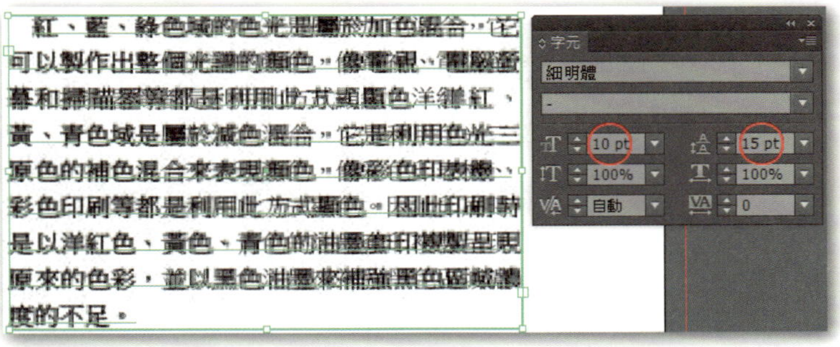

Step 19

- 逐一將每行文字選取，調整「字元字距微調」設定。

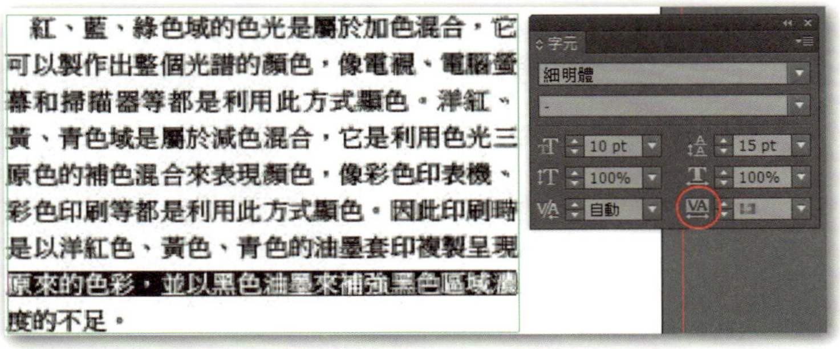

Step 20

- 【視窗\字元】設定字型「華康標楷體」，字體大小 12pt、行距 16pt，輸入指定文字。
- 依照描圖檔位置及文字格式斷行（Enter）。
- 對齊描圖檔位置。
- 逐一將每行文字選取，調整「字元字距微調」設定。

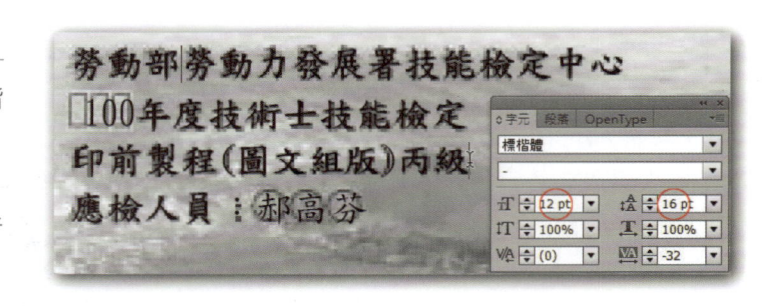

（六）圖片置入編排

Step 1

- 【檔案\置入】將「圖 1.psd」置入，請注意：左下方連結方框不可勾選。

Step 2

- 可以先降低圖片透明度以便參照描圖檔位置、大小，待調整完成再恢復原圖片透明度。

Step 3

- 【矩形工具】繪製色塊，寬 35mm、高 25mm，放置於「圖 1.psd」上方。
- 可以先降低透明度以便參照描圖檔位置，待調整完成再恢復透明度。

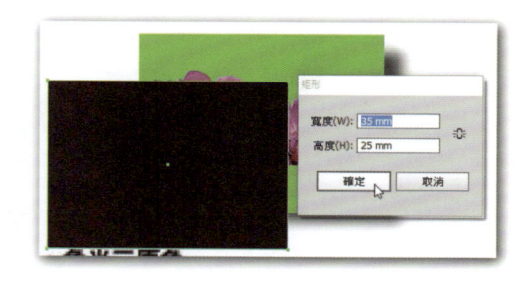

Step 4

- 按 Shift 鍵加滑鼠左鍵加選後方圖檔。
- 滑鼠右鍵【製作剪裁遮色片】。

Step 5

- 【效果 \ 風格化 \ 製作陰影】模式：色彩增值、不透明度：75%、X 位移：2.47mm、Y 位移：2.47mm、模糊：1mm。

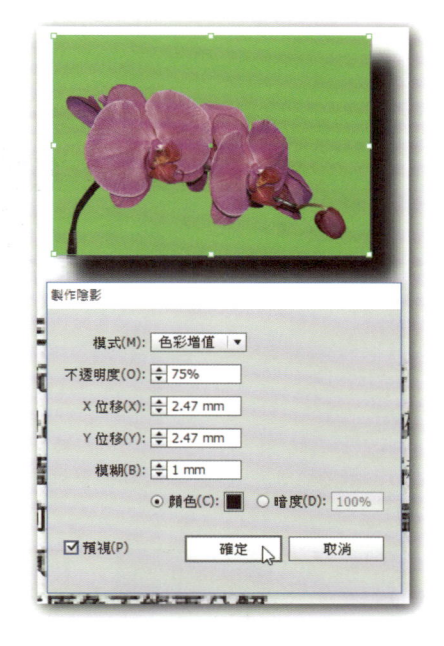

Step 6

- 【檔案 \ 置入】將「圖 2.eps」置入，請注意：左下方連結方框不可勾選。

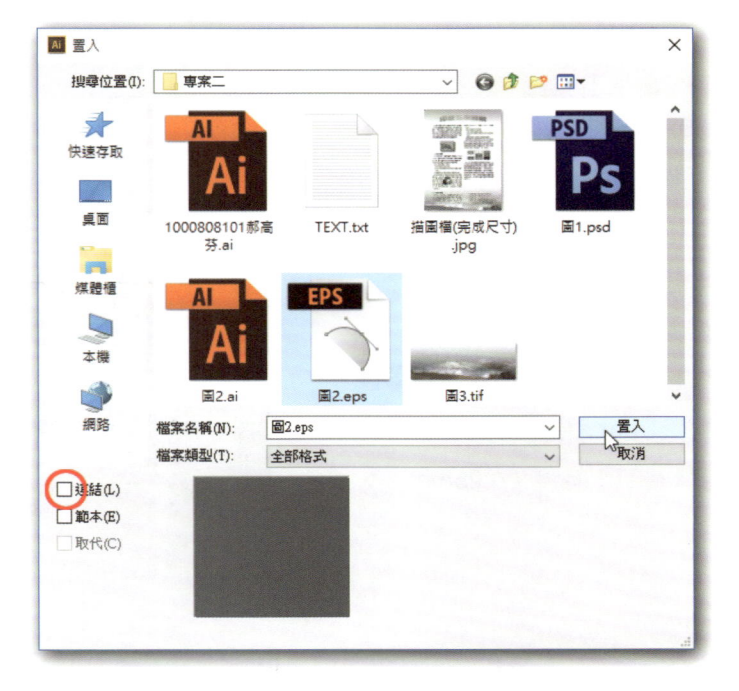

Step 7

- 參照描圖檔文字，使用鍵盤「空白鍵」將文字先往後移。

Step 8

- 選取前半段文字，參照描圖檔文字距離進行「字元字距微調」設定。

Step 9

- 先使用鍵盤「空白鍵」以及「Backspce」鍵，將後半段文字的字首對齊描圖檔。
- 選取後半段文字，參照描圖檔文字距離進行「字元字距微調」設定。
- 依序將每行文字進行調整。

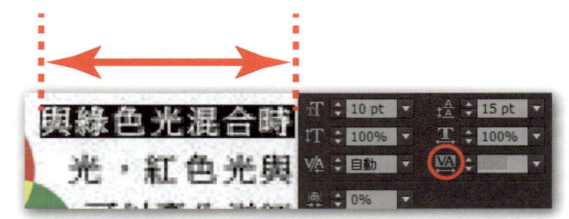

（七）表格繪製

Step 1

- 【線段區段工具】對齊描圖檔位置繪製一條水平線段。
- 長度：55mm、角度：0。
- 【視窗\畫筆】寬度：0.25mm、端點：方端點。

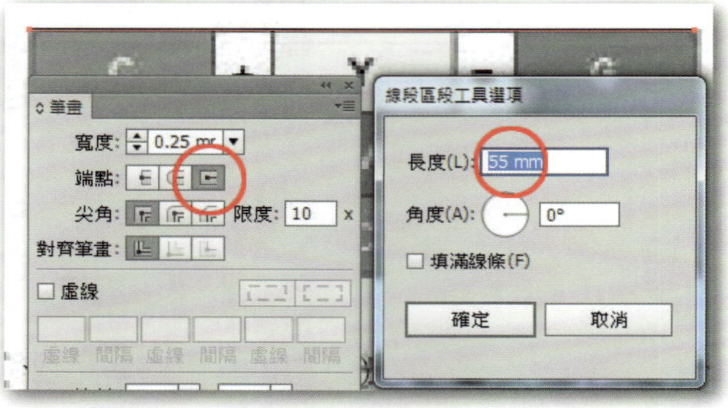

Step 2

- 【線段區段工具】接住剛剛那條水平線的左端點，繪製一條垂直線段。
- 長度：21mm、角度：270。
- 【視窗\畫筆】寬度：0.25mm。

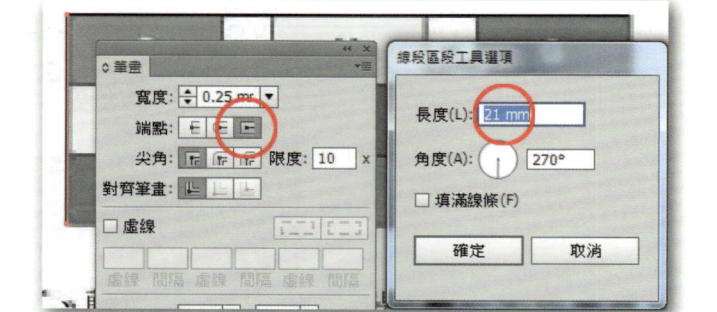

Step 3

- 滑鼠左鍵點選住水平線段 +Shift 鍵 +Alt 鍵。
- 往下拖曳複製出三條線段。
- 最後一條水平線段務必接住垂直線段的下緣。

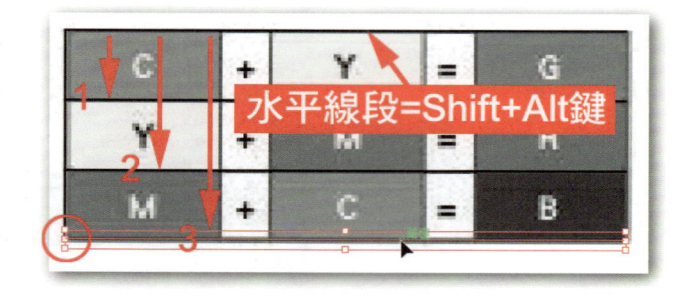

Step 4

- 滑鼠左鍵點選住垂直線段 +Shift 鍵 +Alt 鍵。
- 往右拖曳對齊描圖檔，複製出五條線段。
- 最後一條垂直線段務必接住水平線段的端點。

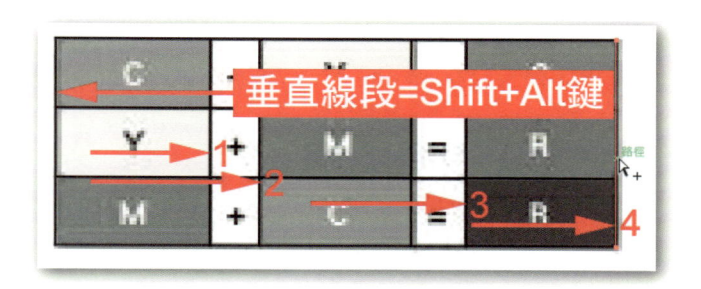

Step 5

- 全選表格。
- 【即時上色油漆桶】即時填入色彩。
- 【視窗\顏色】色彩分別為 C100、Y100、M100、C100Y100、M100Y100、C100M100。

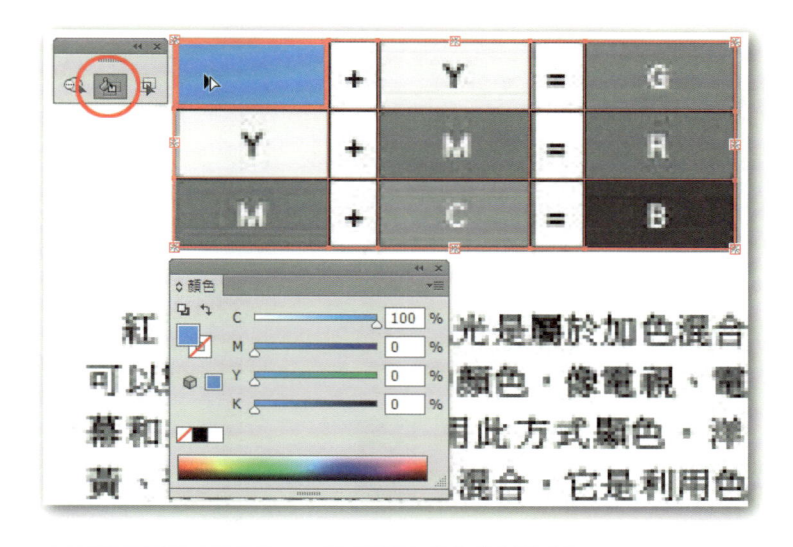

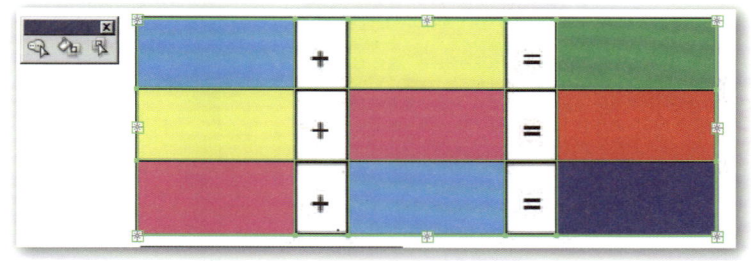

Step 6

- 【視窗\字元】設定字型「Arial」，字體大小 10pt、設定行距 19pt，輸入指定文字並調整黑白文字色彩。
- 逐一將每行文字選取，調整「字元字距微調」設定。

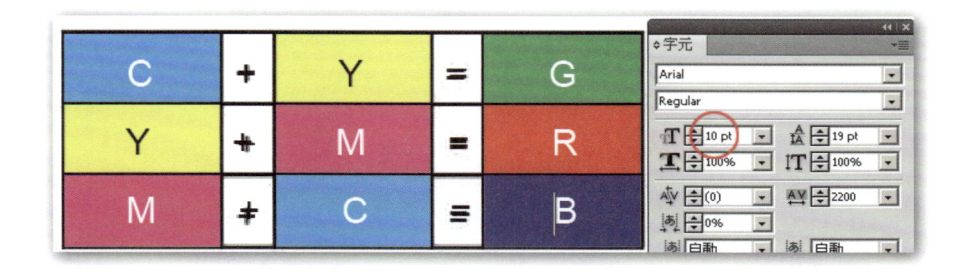

Step 7

- 【視窗 \ 圖層】將「底圖」圖層可見度開啟。
- 請將描圖檔刪除，如未刪除殘留印出將零分計算。
- 大功告成。

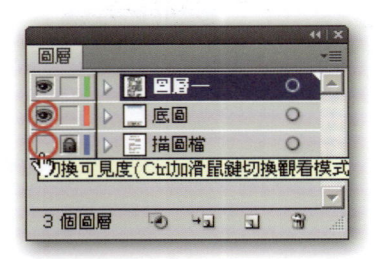

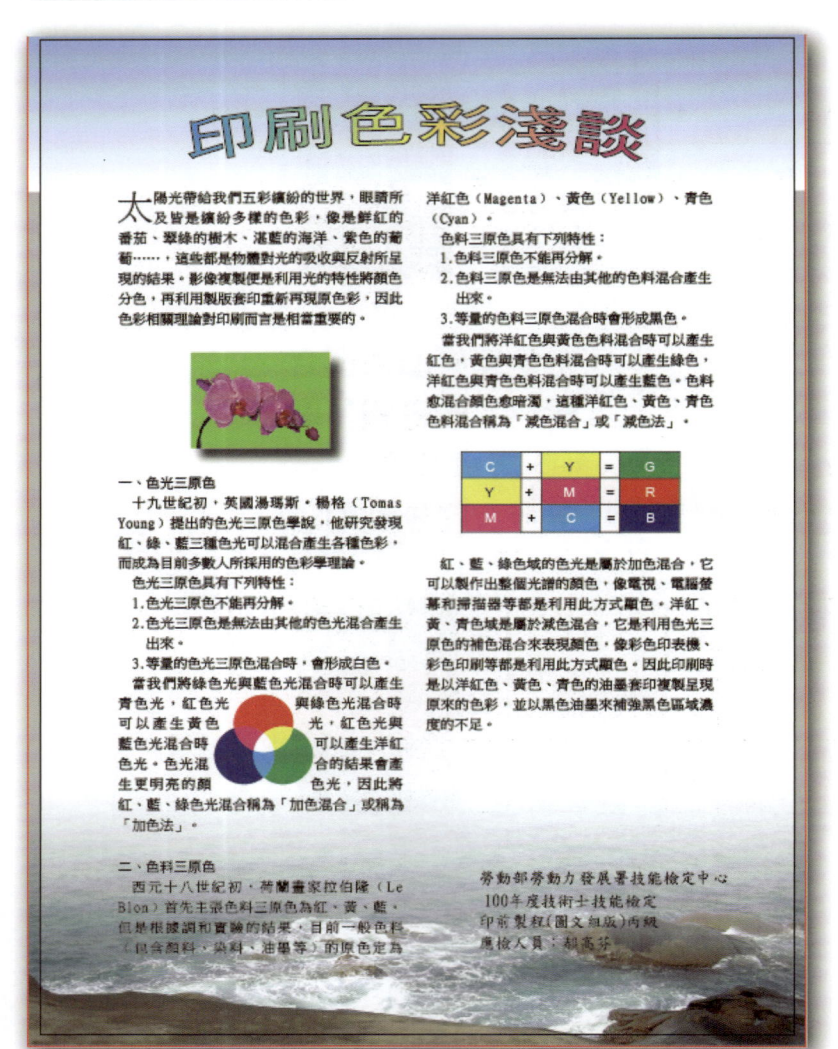

(八)輸出設定與轉檔

Step 1

- 【檔案\另存新檔】檔案類型選擇 Adobe PDF。

Step 2

- 【相容性】請選擇【Acrobat 4 (PDF 1.3)】或【Acrobat 5 (PDF 1.4)】,因為如果考場印表機的 PostScript 版本過於低,部分效果將無法列印出來。
- 【標記與出血】選項要勾選【剪裁標記】以及【對齊標記】。
- 【印表機標記類型】請選擇【日式】。
- 【使用文件出血設定】要勾選。

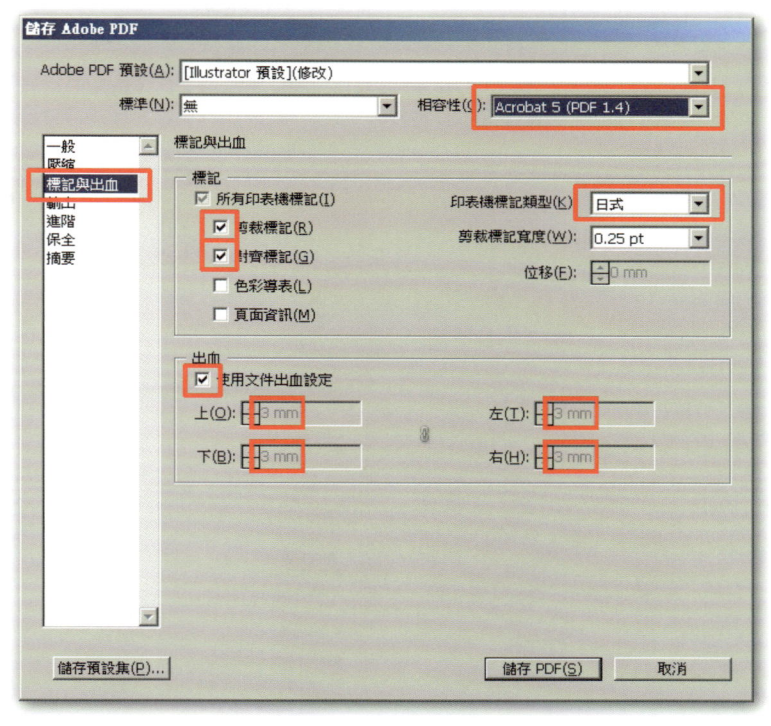

Step 3

- 將「專案二」資料夾複製到隨身碟中，到指定列印崗位進行 PDF 檔案列印。

Step 4

- 【列印 \ 內容】列印 PDF 檔案前務必進行設定，每種印表機介面稍有不同。

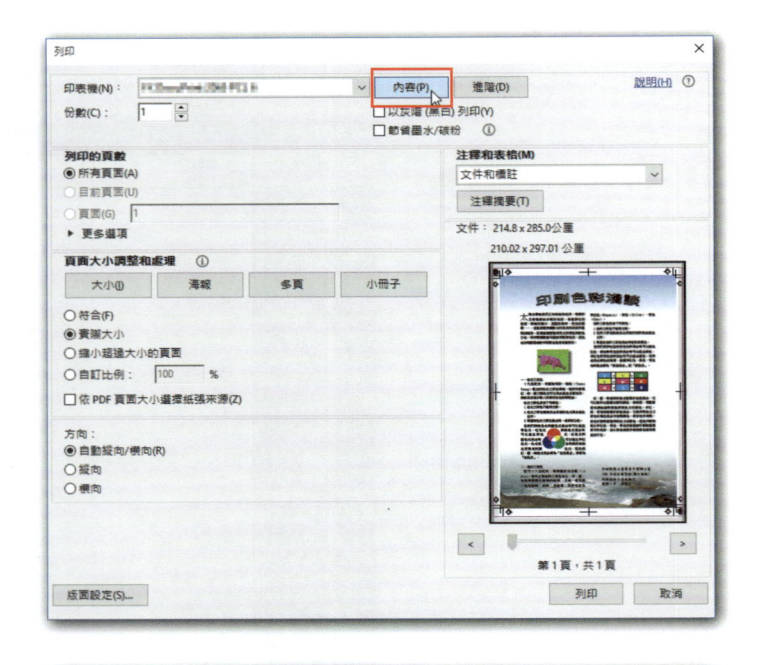

Step 5

- 紙張尺寸：B4（或 A3 也可以）、方向：直向。

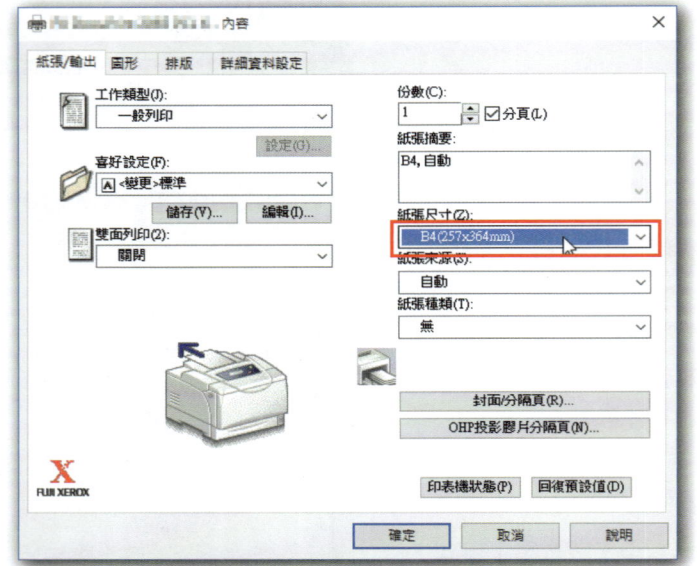

Step 6

- 頁面大小調整和處理：實際大小。※ 不同廠牌列印介面稍有差異，或【縮放類型；無】。
- 進行列印。

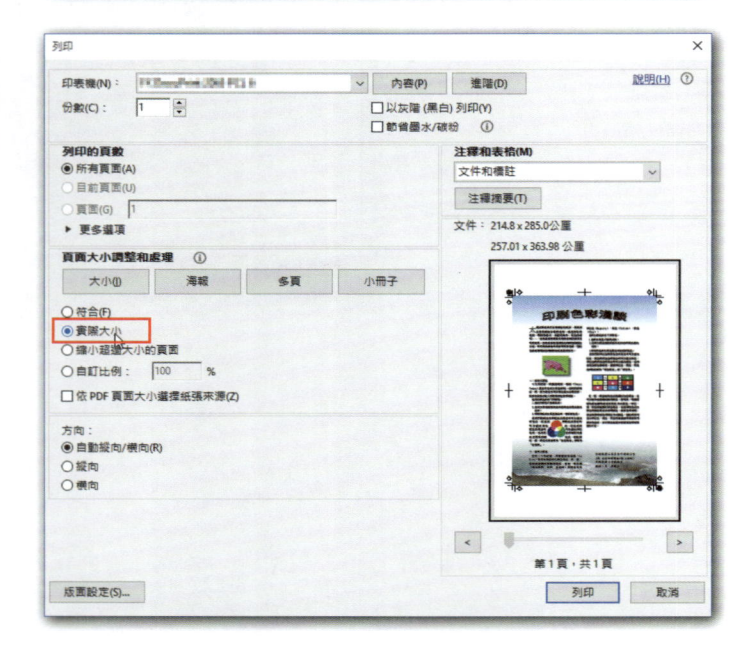

PART 2 術科題庫解析

19101-980303

測試試題

一、試題編號：19101-980303

二、試題名稱：：製作西翻 16 開彩色『封面 - 封底』跨頁作品

三、測試時間：90 分鐘

四、測試項目：

（一）版面完成尺寸與出血尺寸的製作觀念。

（二）四色模式數位圖片解析度辨識與基本裁切、置入處理。

（三）基本顏色設定、色塊與邊框製作、線條製作、陰影設定。

（四）標題、文稿打字與字體樣式設定，以及段落調整應用與表格編排。

（五）儲存檔案、另附存 PDF 電子檔及檔案列印操作，包含出血標記、裁切標記與十字線印出。

（六）列印後應具備自我品管檢查之責任。

五、測試內容：

（一）試題內容：模擬一份西翻 16 開『封面 - 封底』跨頁成品，請依照『說明樣式』完稿且符合印刷條件需求。

（二）版面規格：16 開，本完成品列印樣張必須是跨頁輸出一張，不得分成兩頁輸出。

（三）完成尺寸：左右 19cm × 天地 26cm 兩頁，或左右 38cm × 天地 26cm 跨頁一頁，頁邊留白為 2cm，請製作出血 0.3cm。

（四）光碟片中包含一份文字檔：檔名為 TEXT.txt，中英文數字混排，自行取用置入。本電子稿中未包含的文字，請依照『說明樣式』自行輸入。

（五）光碟片中包含四份圖片檔：檔名分別是 IMAGE1.tif、IMAGE2.tif、IMAGE3.tif、IMAGE4.tif，請依照『說明樣式』處理置入。

（六）封面大標題、中標題、內文、圖說、表格內文等請依照『說明樣式』設定處理。

（七）表格編排：寬 5.6cm、高 3.3cm，二欄五列，格線寬 0.2mm，餘參照『說明樣式』。

（八）段落樣式、頁碼位置、各顏色指定、線條等製作請參考『說明樣式』設定。

（九）除特別指定位置外，各物件位置可利用所附之『描圖檔 (為完成尺寸)』參考調整至接近即可。

（十）輸出列印成品上需有出血標記、裁切標記與十字線，線寬 0.3mm 以下可供識別。

（十一）術科測試時間包含版面製作、完成作品列印、檔案修改校正及儲存等程序，當監評人員宣布測試時間結束，除了位於列印工作站之應檢人繼續完成列印操作外，所有仍在電腦工作站崗位的應檢人必須立即停止操作。

（十二）作業期間務必隨時存檔，完成檔案命名（檔名為准考證號碼 + 應檢人姓名），並轉為 PDF 檔案格式 (建議相容版本為 PDF1.3 或 1.4 版本)，儲存於隨身碟中，以彩色印表機列印。所有成品檔案含 PDF 檔各乙份需儲存於隨身碟中供檢覈。

（十三）列印時，可參考現場所提供之列印注意事項，以 Acrobat Reader 或 Acrobat 軟體列印輸出，並須自行量測與檢視印樣成品尺寸規格正確性。

（十四）作業完畢須將原稿、隨身碟（內含所有經手處理之電子檔案）、光碟片與成品對摺簽名後一併繳交監評人員評分。

參考成品

術科題庫解析 – 19101-980303 2-65

試題解析

（一）工作前的認識

一、製作圖文整合稿件時，首先要詳細閱讀完稿的各項規定，例如：版面大小、是否出血、各處文字字型、大小以及是否有其他特殊要求，最重要的是「原稿呈現不要加入個人審美觀念」。

本題製作重點為：

1. 漸層色塊製作。
2. 文字與物件必須對齊。
3. 各項物件尺寸必須依照規定製作。
4. 表格繪製。

本題評分重點為：

1. 下半部漸層底圖必須依照指定製作消失效果。
2. 各項對齊規定。
3. 圖片等比調整為正確尺寸。
4. 表格尺寸。

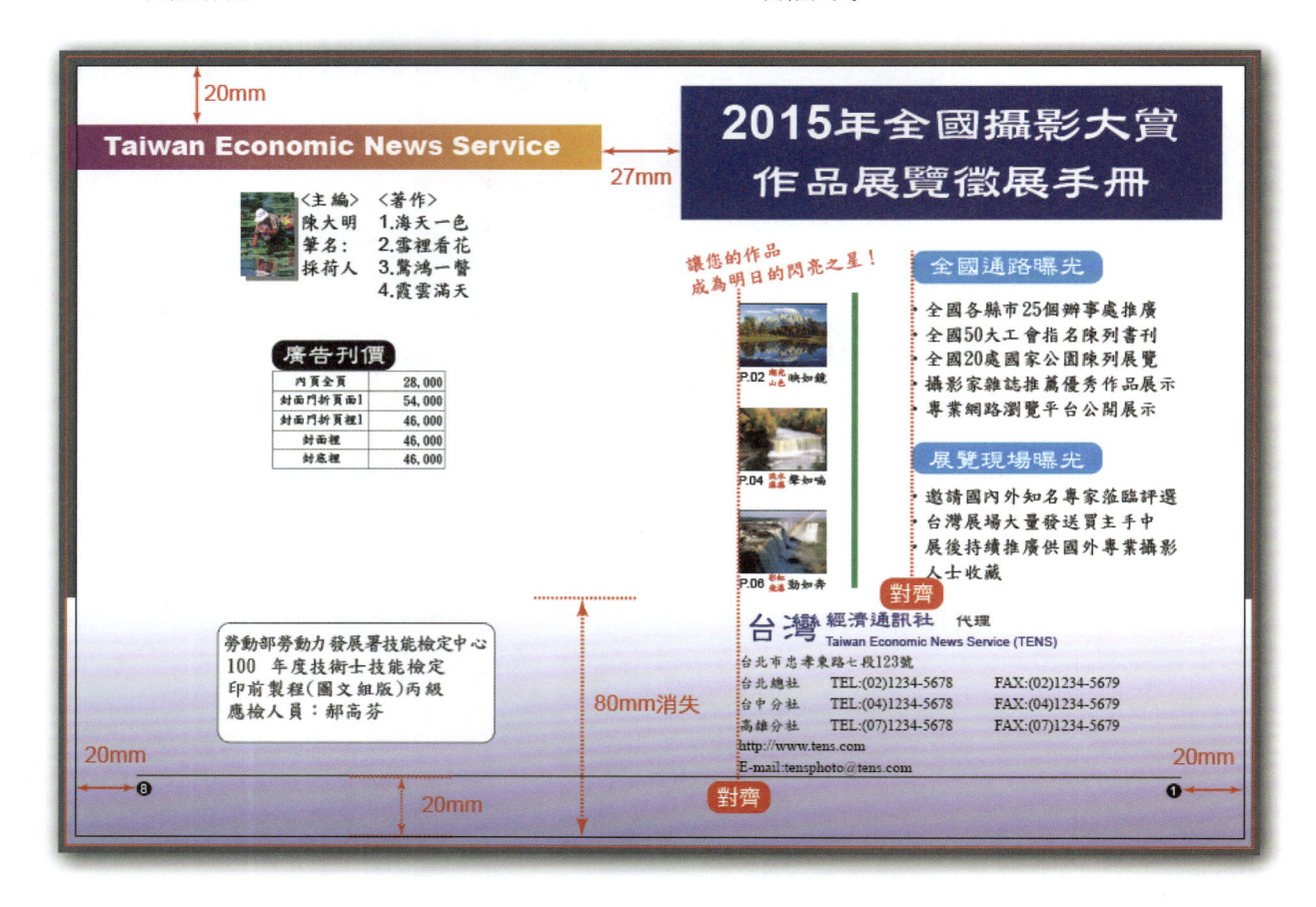

二、準備要點：

1. 於桌面上建立一個命名為「專案三」的資料夾。
2. 將試場提供的光碟片放入光碟機中，將製作所需要的所有圖片檔案及文字檔案全部複製到「專案三」資料夾中。
3. 完成之後請記得先將光碟片取出避免混淆。

（二）影像檔的處理

Step 1

- 執行 Photoshop 程式。
- 【檔案 \ 開啟舊檔】開啟「image4.tif」影像檔。

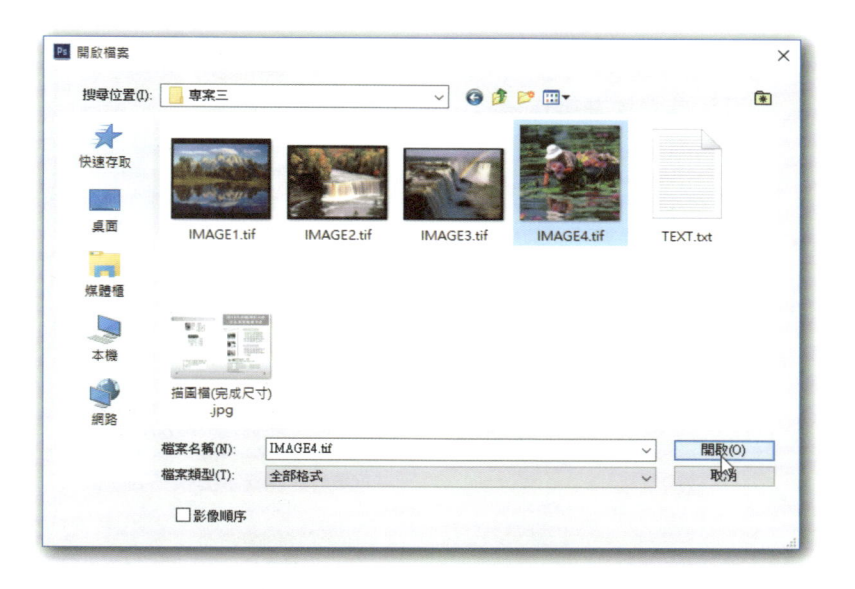

Step 2

- 【影像 \ 影像尺寸】將【影像重新取樣】取消勾選，將【解析度】改為 300 像素 / 英寸。
- 【檔案 \ 儲存檔案】將檔案儲存。
- 【檔案 \ 關閉】結束 Photoshop 程式。

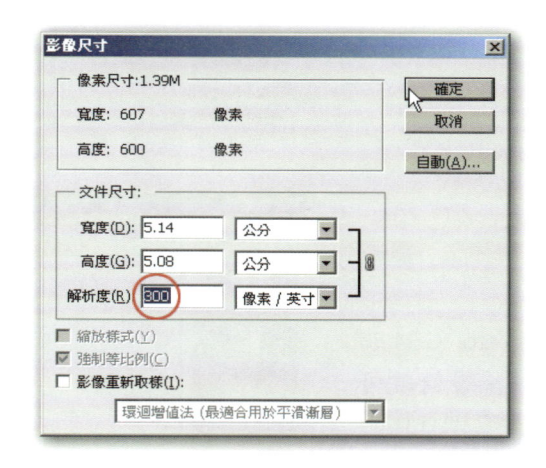

（三）版面設定

Step 1

- 執行 Illustrator 程式，新增【「列印」文件…】，【名稱】請依規定輸入當天應試的**「准考證號碼＋應檢人姓名」**，此以「10008080101 郝高芬」為例。
- 【寬度】：380mm、【高度】：260mm、【單位】：公釐，【出血】上方、下方、左方、右方請都設定為 3mm。

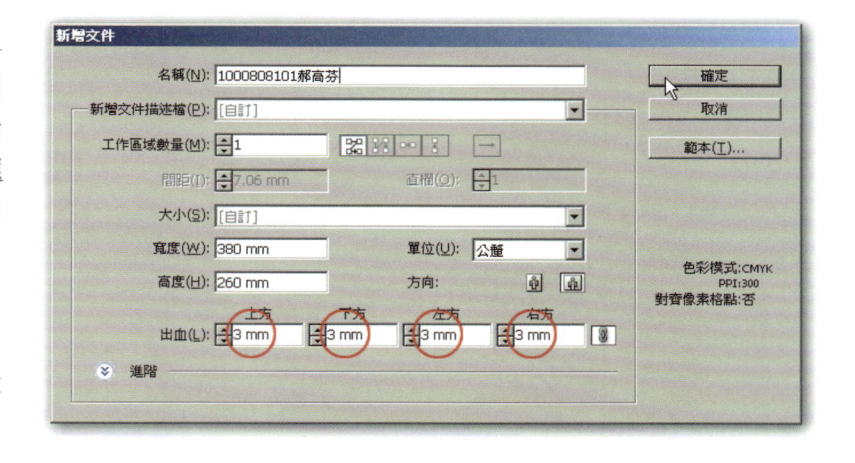

Step 2

- 【檢視 \ 智慧型參考線】或使用快速鍵 Ctrl ＋ U 將智慧型參考線開啟。
- 智慧型參考線在製作過程中可以提供使用者各式的抓點模式方便標齊對正。
- 【檔案 \ 文件色彩模式 \ CMYK 色彩】，確定為 CMYK 色彩。

Step 3

- 【檔案 \ 儲存】將檔案儲存在「專案三」資料夾中。
- 【版本】選擇版本 Illustrator CS4 或更高，其餘選項均以預設值就可以，製作過程中要記得常做存檔的動作。

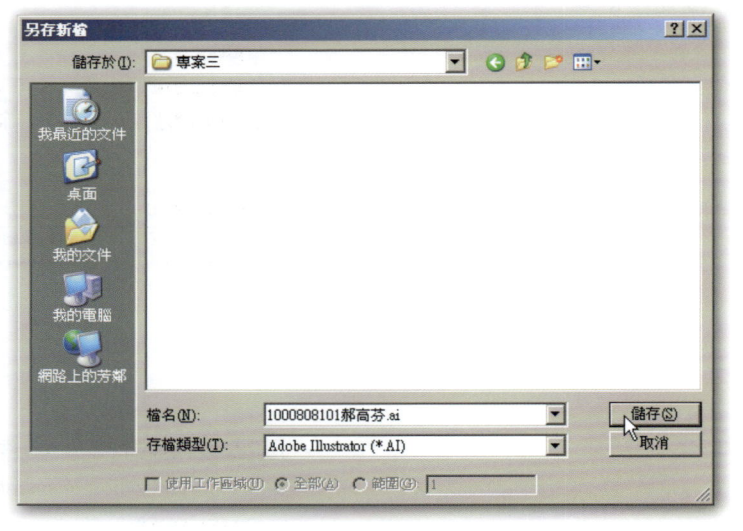

Step 4

- 【視窗 \ 圖層】點選「圖層 1」並將該圖層命名為「描圖檔」。

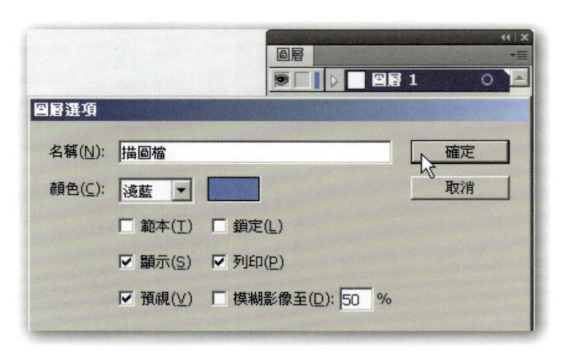

Step 5

- 【檔案\置入】將試場所附的「描圖檔」置入，請注意：左下方連結方框不可勾選。

Step 6

- 將描圖檔對齊版面中央之後，請將該圖層鎖定。
- 再新增「圖層 2」並將該圖層更名為「底圖」。

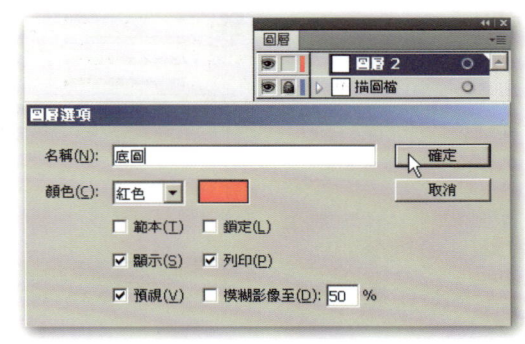

（四）底圖製作

Step 1

- 【視窗\漸層】建立漸層色塊，M40C40。
- 【漸層滑桿\位置】100%、角度部分調整為 -90 度。

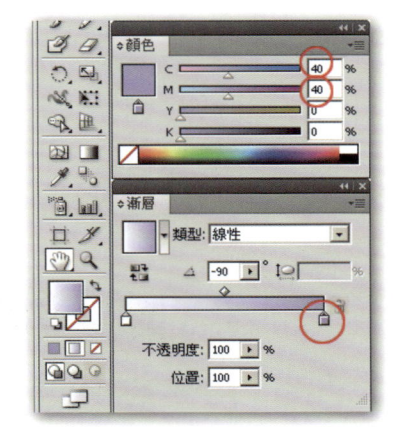

Step 2

- 【矩形】繪製寬 386mm 高 83mm 的漸層矩形。
- 並將該圖對齊描圖檔位置。

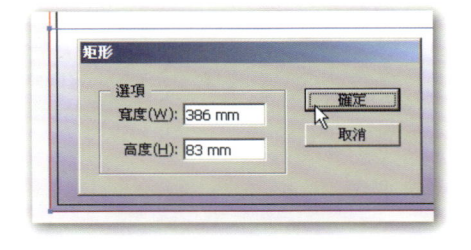

（五）標題字製作

Step 1

- 【視窗\漸層】建立漸層色塊，M100C40、【位置】0%，Y100M40、【位置】100%、角度為 0 度。
- 【矩形】繪製寬 173mm、高 15mm 的漸層矩形。
- 並將該圖對齊描圖檔位置。

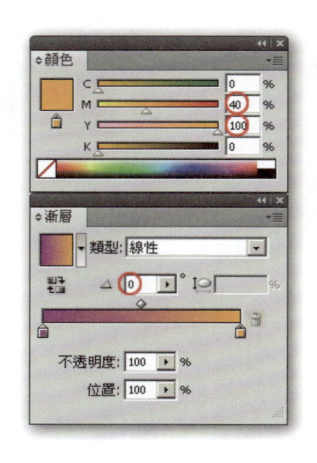

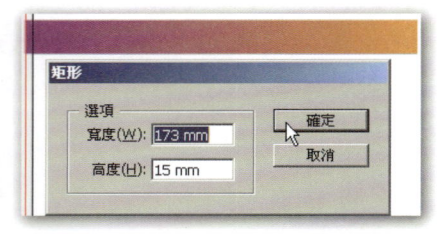

Step 2

- 【矩形】繪製寬 176mm、高 45mm，M100C100 的藍色矩形。
- 並將該圖對齊描圖檔位置。

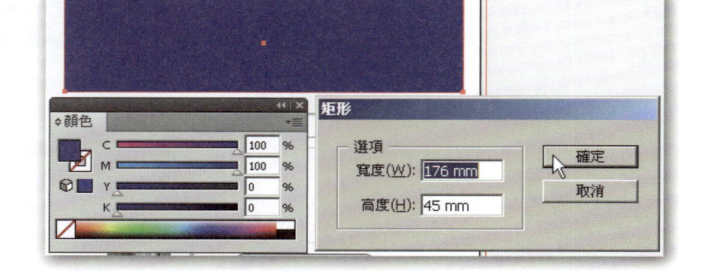

Step 3

- 可先暫時將「底圖」中部份圖層取消圖層可見度，露出「描圖檔」圖層以便對位。
- 請開啟 TEXT 文字檔，如果文字檔中有提供的文字可以直接複製，如果沒有提供就必須自行輸入。
- 【視窗\字元】設定色彩：白色、字型「Arial Black」，字體大小 24pt。
- 並將文字對齊描圖檔位置。

Step 4

- 可先暫時將「底圖」中部份圖層取消圖層可見度，露出「描圖檔」圖層以便對位。
- 【視窗\字元】設定色彩：白色，字型「華康隸書體 W7」，字體大小 46pt，行距 55.2pt，【段落】選擇【置中對齊】，輸入指定字元。
- 並將文字對齊描圖檔位置。
- 請注意！如果沒有「華康隸書體 W7」請依照試場規定選擇對應字型。

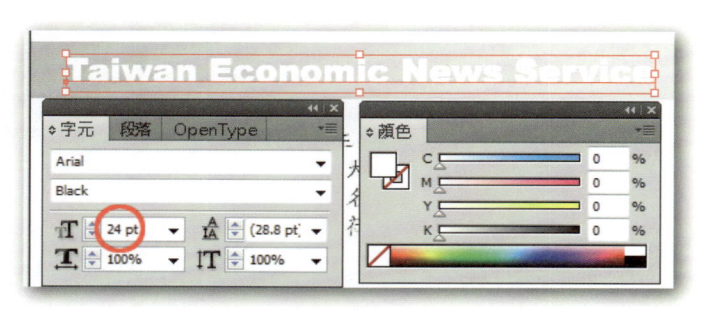

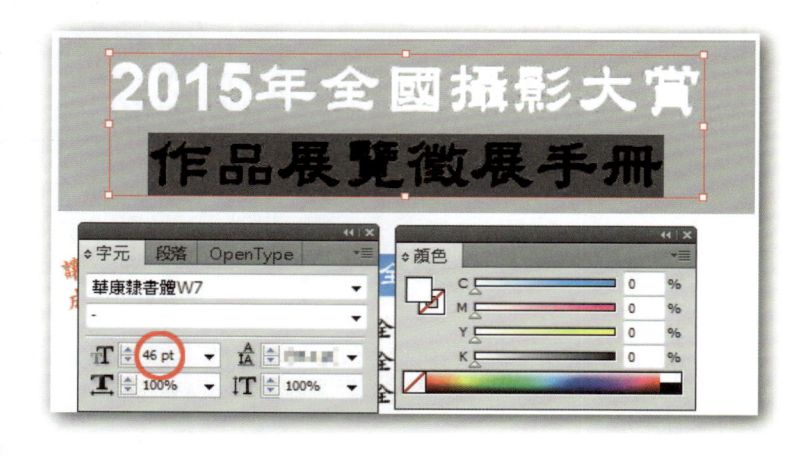

(六)製作左右內文

Step 1

- 【檔案\置入】將「image4.tif」置入，請注意：左下方連結方框不可勾選。

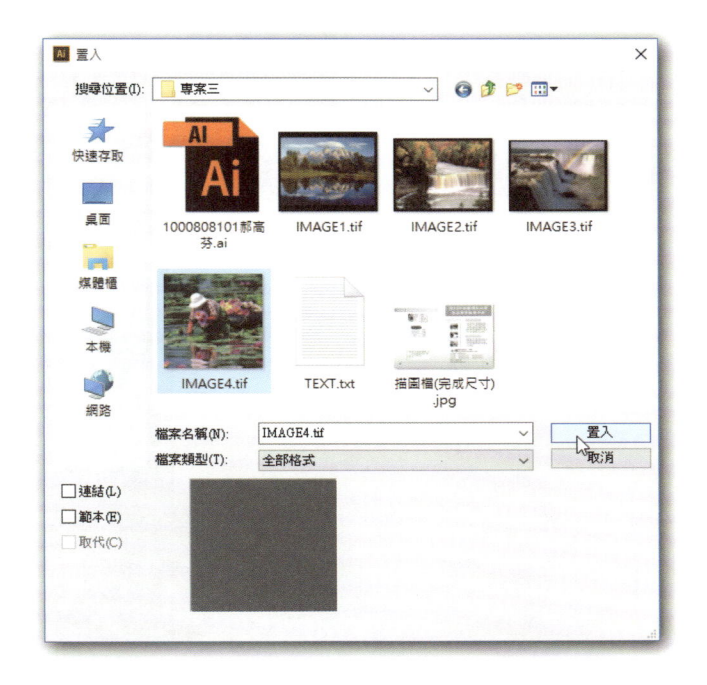

Step 2

- 可以先降低圖片透明度以便參照描圖檔位置、大小，待調整完成再恢復原圖片透明度。

Step 3

- 【矩形工具】繪製色塊，寬 17mm、高 28mm，放置於「image4.tif」上方。
- 可以先降低透明度以便參照描圖檔位置，待調整完成再恢復透明度。

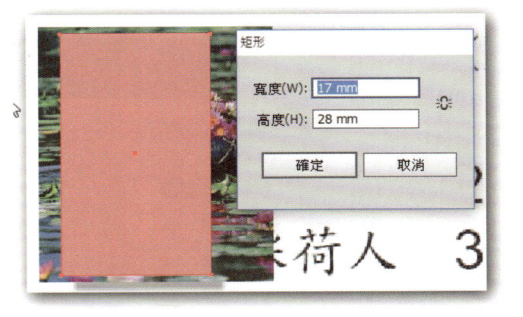

Step 4

- 按 Shift 鍵加滑鼠左鍵加選後方圖檔。
- 滑鼠右鍵【製作剪裁遮色片】。

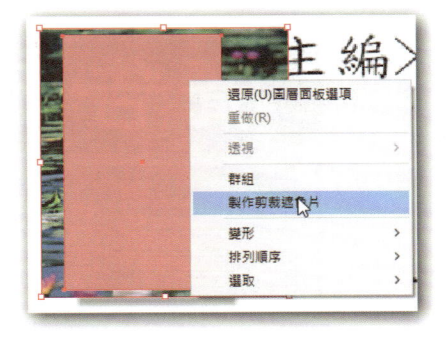

Step 5

- 【矩形工具】繪製 K60、寬 17mm、高 28mm 的矩形。
- 對齊描圖檔位置。
- 滑鼠右鍵【排列順序\移到最後】。

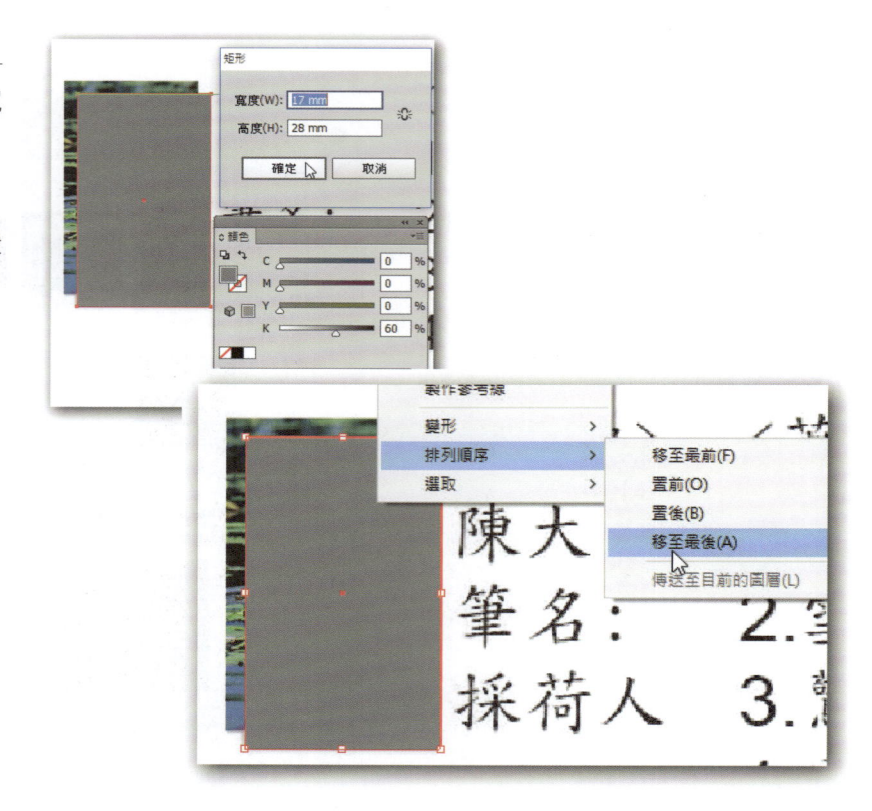

Step 6

- 【視窗\字元】設定色彩:黑色,字型「華康標楷體」,字體大小 18pt,行距 21.6pt。
- 並將文字對齊描圖檔位置。

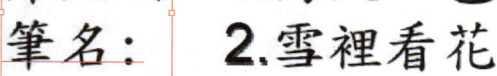

Step 7

- 【圓角矩形】寬度 40mm、高度 10mm、圓角半徑 4mm 繪製黑色圓角矩形。
- 對齊描圖檔位置。

Step 8

- 【視窗\字元】設定色彩:白色,字型「華康隸書體 W7(P)」,字體大小 24pt。
- 並將文字對齊描圖檔位置。

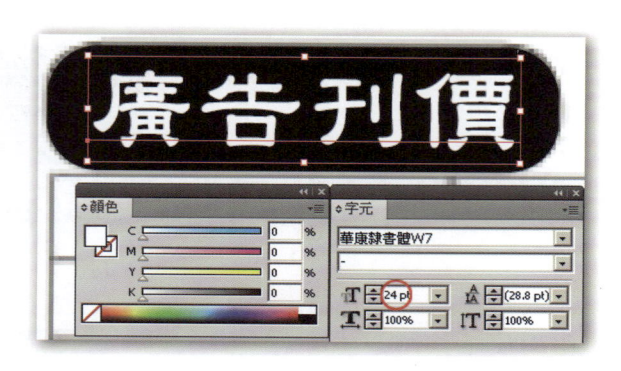

Step 9

- 【線段區段工具】對齊描圖檔位置繪製一條水平線段。
- 長度：56mm、角度：0。
- 【視窗\畫筆】寬度：0.2mm、端點：方端點。

Step 10

- 【線段區段工具】接住剛剛那條水平線的左端點，繪製一條垂直線段。
- 長度：33mm、角度：270。
- 【視窗\畫筆】寬度：0.2mm、端點：方端點。

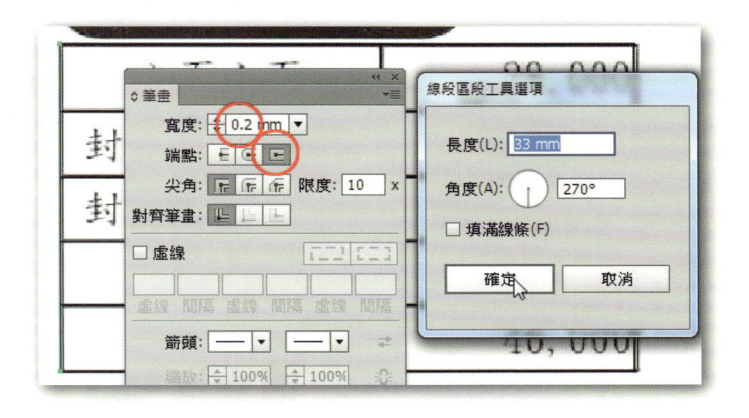

Step 11

- 滑鼠左鍵點選住水平線段 +Shift 鍵 +Alt 鍵。
- 往下拖曳複製出五條線段。
- 最後一條水平線段務必接住垂直線段的下緣。

Step 12

- 滑鼠左鍵點選住垂直線段 +Shift 鍵 +Alt 鍵。
- 往右拖曳複製出兩條線段。
- 最後一條垂直線段務必接住水平線段的端點。

Step 13

- 【視窗\字元】設定色彩：黑色，字型「華康標楷體」，字體大小 12pt，行距 18.5pt、【段落】選擇【置中對齊】。
- 並將文字對齊描圖檔位置。

Step 14

- 可先暫時將「底圖」中部份圖層取消圖層可見度，露出「描圖檔」圖層以便對位。
- 【圓角矩形】寬度 90mm、高度 40mm、圓角半徑 4mm。
- 填色：白色，畫筆黑色、寬度：0.35mm。

Step 15

- 【視窗\字元】設定色彩：黑色，字型「華康標楷體」，字體大小 18pt，行距 21.6pt 輸入指定字元，並將文字置於圓角矩形中央。

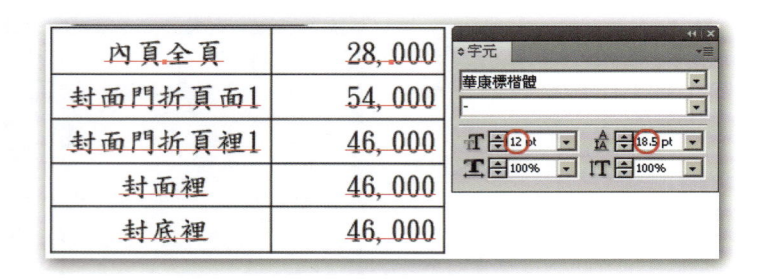

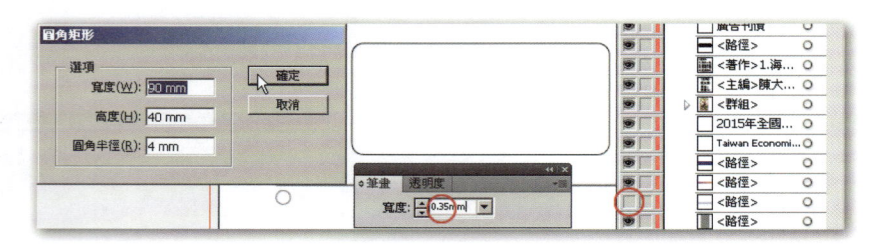

Step 16

- 【檔案\置入】將「image1.tif」置入，請注意：左下方連結方框不可勾選。

Step 17

- 可以先降低圖片透明度以便參照描圖檔位置、大小，待調整完成再恢復原圖片透明度。

Step 18

- 【矩形工具】繪製色塊，寬 28mm、高 21mm，放置於「image1.tif」上方。
- 可以先降低透明度以便參照描圖檔位置，待調整完成再恢復透明度。

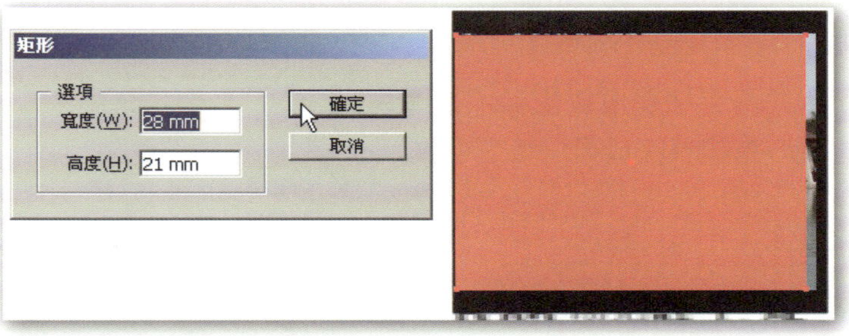

Step 19

- 按 Shift 鍵加滑鼠左鍵加選後方圖檔。
- 滑鼠右鍵【製作剪裁遮色片】。

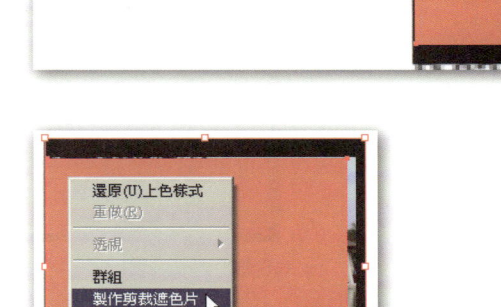

Step 20

- 【檔案\置入】將「image2.tif」置入，請注意：左下方連結方框不可勾選。

Step 21

- 可以先降低圖片透明度以便參照描圖檔位置、大小，待調整完成再恢復原圖片透明度。

Step 22

- 【矩形工具】繪製色塊，寬 28mm、高 21mm，放置於「image2.tif」上方。
- 可以先降低透明度以便參照描圖檔位置，待調整完成再恢復透明度。

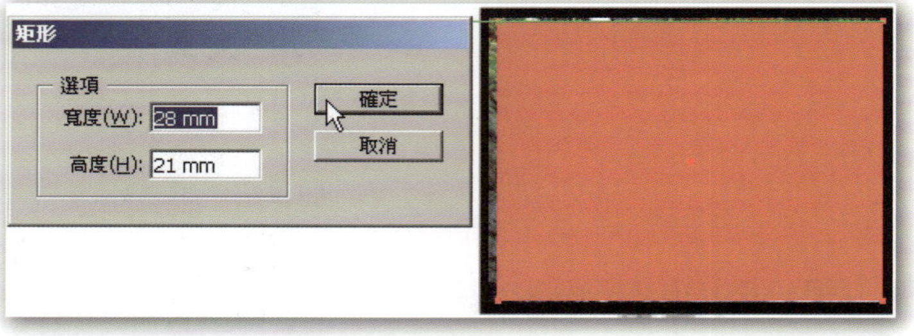

Step 23

- 按 Shift 鍵加滑鼠左鍵加選後方圖檔。
- 滑鼠右鍵【製作剪裁遮色片】。

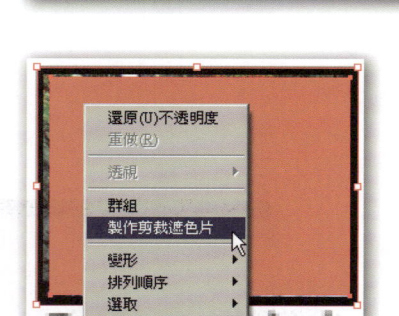

Step 24

- 【檔案\置入】將「image3.tif」置入，請注意：左下方連結方框不可勾選。

Step 25

- 可以先降低圖片透明度以便參照描圖檔位置、大小,待調整完成再恢復原圖片透明度。

Step 26

- 【矩形工具】繪製色塊,寬 28mm、高 21mm,放置於「image3.tif」上方。
- 可以先降低透明度以便參照描圖檔位置,待調整完成再恢復透明度。

Step 27

- 按 Shift 鍵加滑鼠左鍵加選後方圖檔。
- 滑鼠右鍵【製作剪裁遮色片】。

Step 28

- 【視窗\字元】設定色彩:M100Y100,字型「華康標楷體」,字體大小 18pt ,行距 22pt。
- 【段落】選擇【靠左對齊】輸入指定文字。
- 【旋轉】角度設定為 10 度。
- 並將文字對齊描圖檔位置。

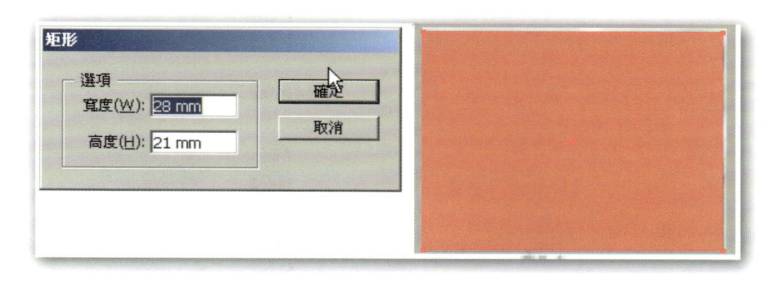

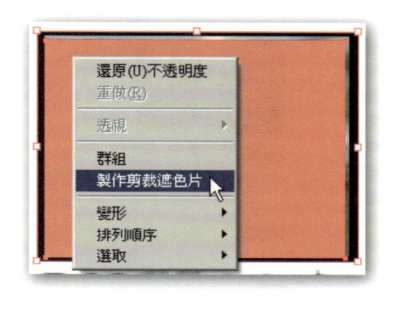

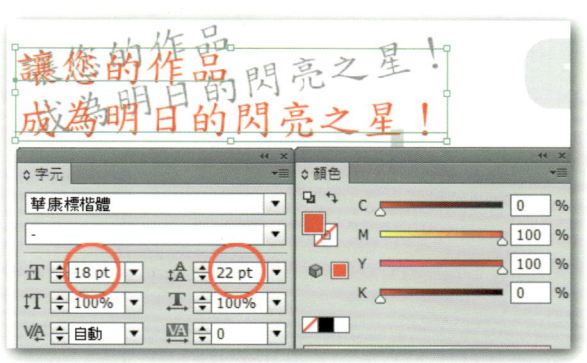

Step 29

- 【視窗 \ 字元】設定色彩：黑色，字型「Arial」，字體大小 12pt，輸入指定文字。
- 並將文字對齊描圖檔位置。

Step 30

- 【視窗 \ 字元】設定色彩：M100 Y100，字型「華康標楷體」，字體大小 8pt，輸入指定文字。
- 並將文字對齊描圖檔位置。

Step 31

- 【視窗 \ 字元】設定色彩：黑色，字型「華康標楷體」，字體大小 12pt，輸入指定文字。
- 並將文字對齊描圖檔位置。

Step 32

- 【矩形工具】繪製 C100Y100、寬 2mm、高 100mm 的矩形。
- 對齊描圖檔位置。

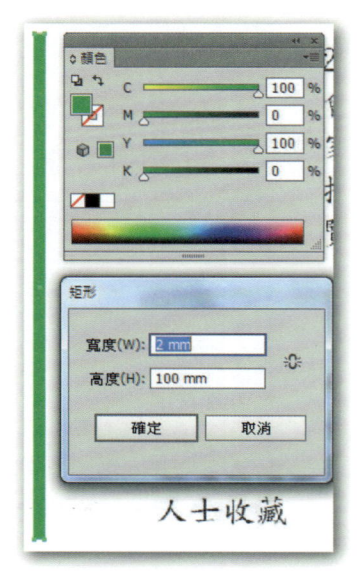

Step 33

- 繪製兩個【圓角矩形】：色彩 C100、寬度 62mm、高度 11mm、圓角半徑 4mm。
- 對齊描圖檔位置。

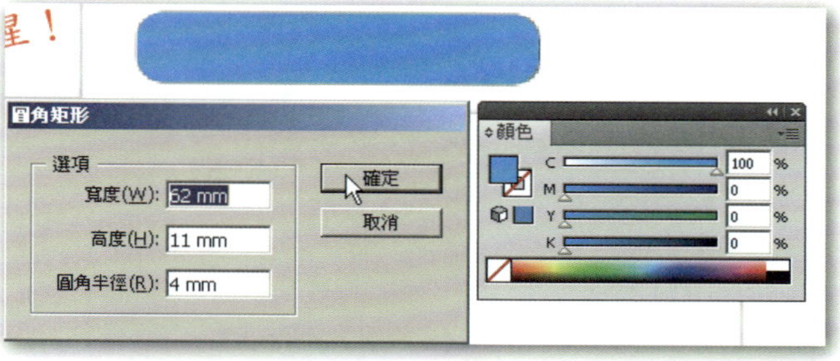

Step 34

- 【視窗\字元】設定色彩：白色，字型「華康隸書體 W7(P)」，字體大小 24pt，輸入指定文字。
- 並將文字對齊描圖檔位置。

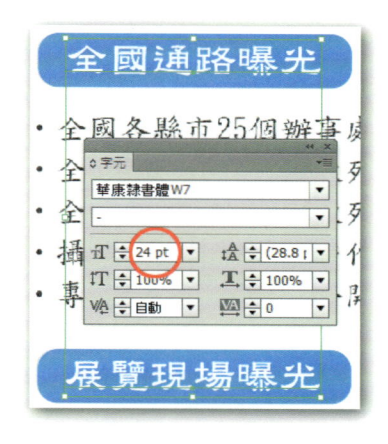

Step 35

- 【視窗\字元】設定字型「華康標楷體」，字體大小 18pt、設定行距 24pt。
- 【段落】選擇【靠左對齊】輸入指定文字。
- 並將文字對齊描圖檔位置。

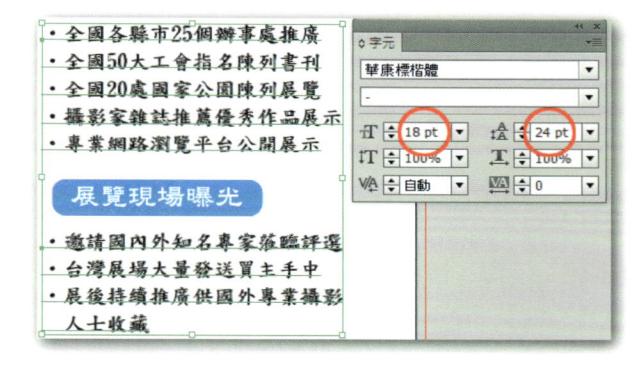

Step 36

- 【視窗\圖層】新增一個圖層命名為「圖層一」。
- 先暫時將「底圖」取消圖層可見度，露出「描圖檔」圖層以便對位。

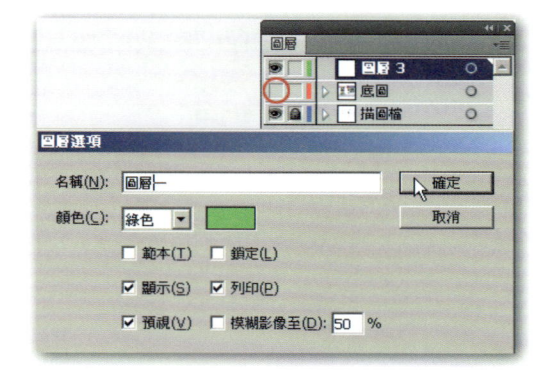

Step 37

- 【視窗\字元】設定字型「華康隸書體 W7(P)」，字體大小 36pt，色彩 C100M100，輸入指定文字。
- 並將文字對齊描圖檔位置。

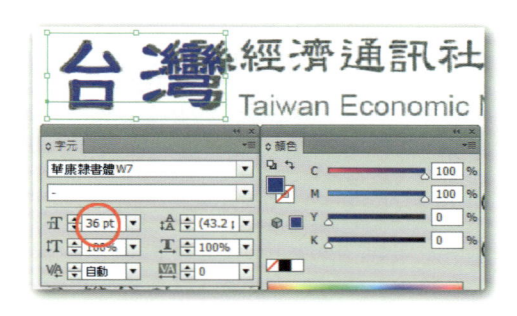

Step 38

- 【視窗\字元】設定字型「華康隸書體 W7(P)」，字體大小 20pt，色彩 C100M100，輸入指定文字。
- 並將文字對齊描圖檔位置。

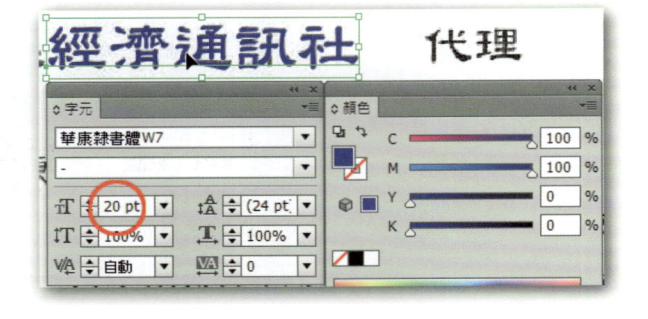

Step 39

- 【視窗\字元】設定字型「華康隸書體 W7(P)」，字體大小 16pt，色彩 K100，輸入指定文字。
- 並將文字對齊描圖檔位置。

Step 40

- 【視窗\字元】設定字型「Arial」，字體大小 12pt，色彩 C100M100，輸入指定文字。
- 並將文字對齊描圖檔位置。

Step 41

- 【視窗\字元】設定字型「標楷體」，字體大小 14pt，行距 20pt，色彩 K100，輸入指定文字。
- 完成之後將文字全選再將字型設為「Times New Roman」，這樣英文和數字部分會變成 Times New Roman 字型。
- 並將文字對齊描圖檔位置。

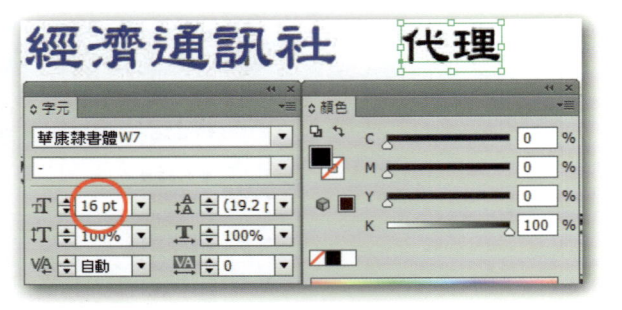

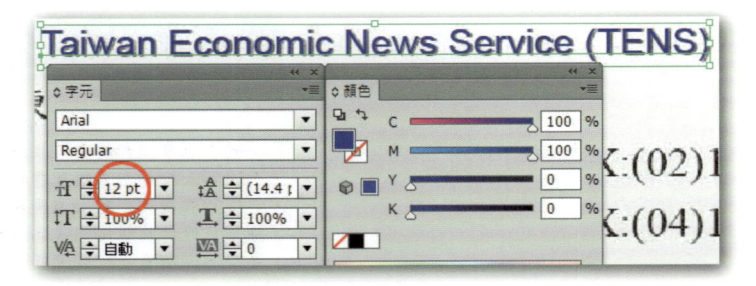

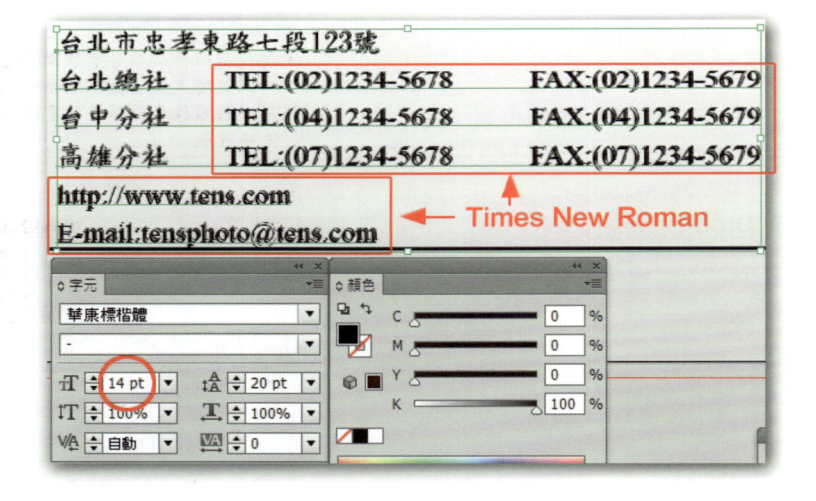

（七）底線及頁碼製作

Step 1

- 【矩形工具】繪製 K100、寬 340mm、高 0.5mm 的矩形。
- 對齊描圖檔位置。

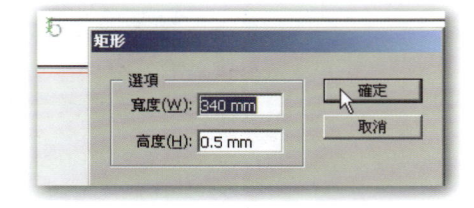

Step 2

- 【橢圓形工具】繪製兩個黑色頁碼底圖，尺寸為：寬度：5mm、高度：5mm。
- 對齊描圖檔位置。

Step 3

- 【視窗\字元】設定字型「Arial」，字體大小 12pt，色彩白色，輸入指定文字。
- 將數字移動到黑色頁碼底圖上。
- 數字與黑色頁碼底圖應置中對齊。

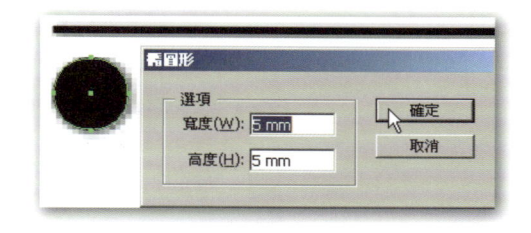

Step 4

- 【視窗\圖層】將「底圖」圖層可見度開啟。
- 請將描圖檔刪除，如未刪除殘留印出將零分計算。
- 大功告成。

（八）輸出設定與轉檔

Step 1

- 【檔案\另存新檔】檔案類型選擇 Adobe PDF。

Step 2

- 【相容性】請選擇【Acrobat 4 (PDF 1.3)】或【Acrobat 5 (PDF 1.4)】，因為如果考場印表機的 PostScript 版本過於低，部分效果將無法列印出來。
- 【標記與出血】選項要勾選【剪裁標記】以及【對齊標記】。
- 【印表機標記類型】請選擇【日式】。
- 【使用文件出血設定】要勾選。

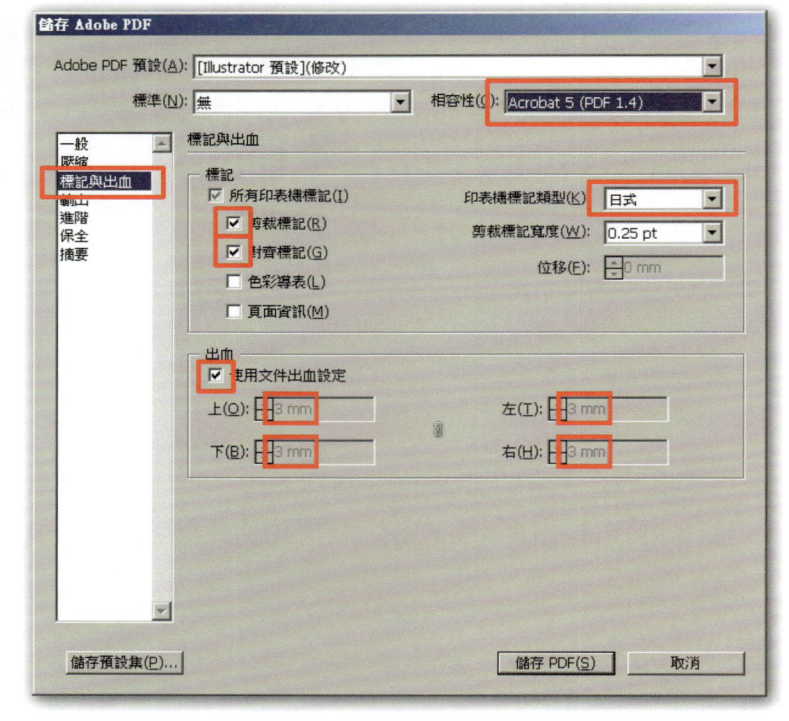

Step 3

- 將「專案三」資料夾複製到隨身碟中,到指定列印崗位進行 PDF 檔案列印。

Step 4

- 【列印 \ 內容】列印 PDF 檔案前務必進行設定,每種印表機介面稍有不同。

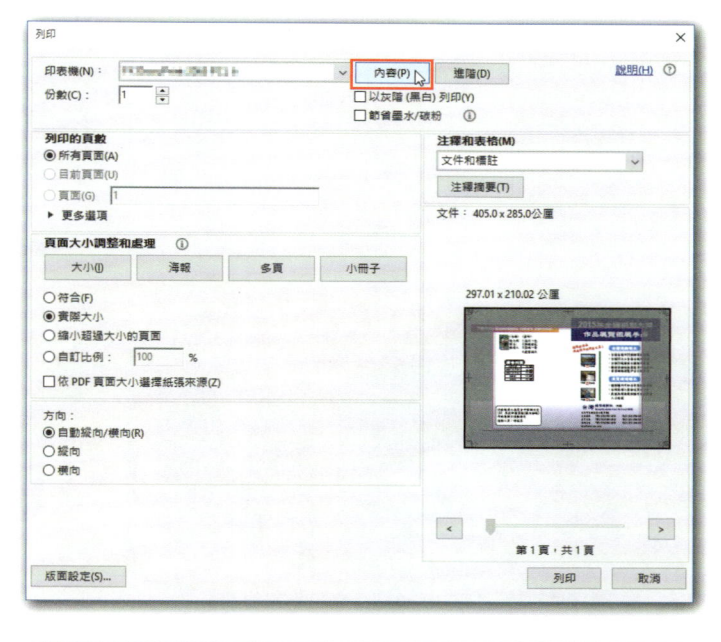

Step 5

- 紙張尺寸:A3、方向:橫向。

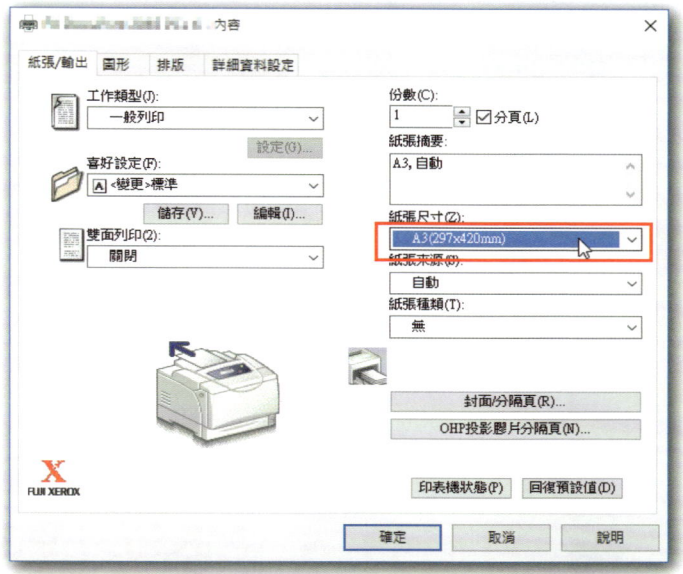

Step 6

- 頁面大小調整和處理:實際大小。※ 不同廠牌列印介面稍有差異,或【縮放類型;無】。
- 進行列印。

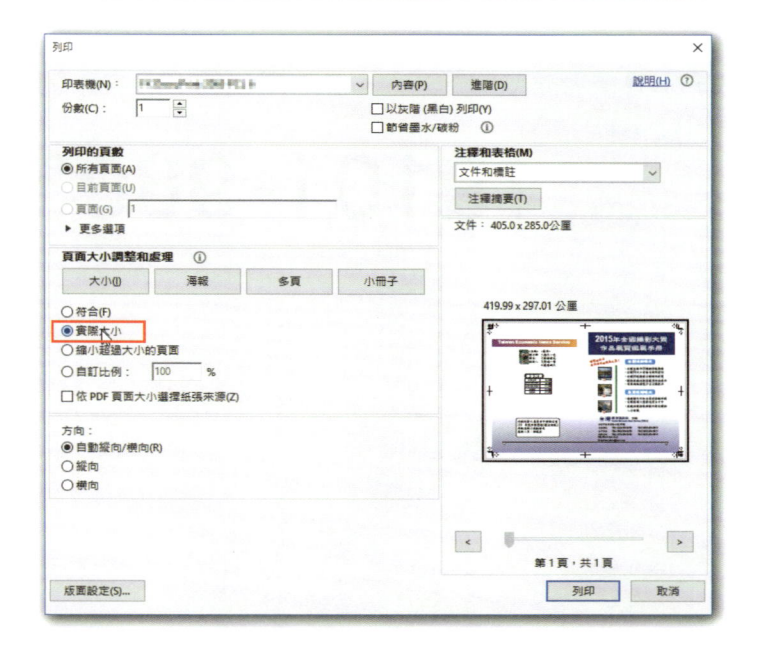

PART 2 術科題庫解析

19101-980304

測試試題

一、試題編號：19101-980304

二、試題名稱：製作 A5 摺頁單面彩色 DM

三、測試時間：90 分鐘

四、測試項目：

（一）版面完成尺寸、版心、分欄與出血尺寸的製作觀念。

（二）四色模式數位圖片解析度辨識與基本裁切、置入、漸層、合成的處理。

（三）基本顏色設定、色塊、陰影設定。

（四）標題、文稿打字與字體樣式設定，以及段落調整應用。

（五）儲存檔案、另附存 PDF 電子檔及檔案列印操作，包含出血標記、裁切標記與十字線印出。

（六）列印後應具備自我品管檢查之責任。

五、測試內容：

（一）試題內容：模擬一份 A5 摺頁 DM，請依照『說明樣式』完稿且符合印刷條件需求。

（二）版面規格：本完成品列印樣張必須輸出一張。

（三）完成尺寸：單面版面左右各為 14.85cm × 天地 21cm，敬請標記居中折頁線，版心及文字欄位請勿超出，並請製作出血為 3mm。

（四）光碟片中包含一份文字檔：檔名為 TEXT.txt 與 TEXT.doc 文字檔，中英文數字混排，自行取用置入。本電子稿中未包含的文字，請依照『說明樣式』自行輸入，共計三處。

（五）光碟片中包含五份圖片檔：檔名分別是 IMAGE01.TIF、IMAGE02.TIF、IMAGE03.TIF、IMAGE04.TIF、IMAGE05.TIF，請依照『說明樣式』選擇正確檔案處理置入。

（六）光碟片中包含 TAIWAN LOGO 黑白完稿：檔名為 TAIWAN_LOGO.AI，請依照『說明樣式』處理顏色設定等。

（七）文字段落樣式及內文樣式、各顏色指定、線條等設定：請依照『說明樣式』設定處理，包括繞圖排文。

（八）除特別指定位置外，各物件位置未特別說明實際距離者，可利用所附之『描圖檔（為完成＋出血尺寸）』參考調整至接近即可，配合『說明樣式』編排。

（九）輸出列印成品上需有出血標記、裁切標記與十字線，線寬 0.3mm 以下可供識別。

（十）術科測試時間包含版面製作、完成作品列印、檔案修改校正及儲存等程序，當監評人員宣布測試時間結束，除了位於列印工作站之應檢人繼續完成列印操作外，所有仍在電腦工作站崗位的應檢人必須立即停止操作。

（十一）作業期間務必隨時存檔，完成檔案命名（檔名為准考證號碼＋應檢人姓名），並轉為 PDF 檔案格式（建議相容版本為 PDF1.3 或 1.4 版本），儲存於隨身碟中，以彩色印表機列印。所有成品檔案含 PDF 檔各乙份需儲存於隨身碟中供檢覈。

（十二）列印時，可參考現場所提供之列印注意事項，以 Acrobat Reader 或 Acrobat 軟體列印輸出，並須自行量測與檢視印樣成品尺寸規格正確性。

（十三）作業完畢須將原稿、隨身碟（內含所有經手處理之電子檔案）、光碟片與成品對摺簽名後一併繳交監評人員評分。

參考成品

試題解析

（一）工作前的認識

一、製作圖文整合稿件時，首先要詳細閱讀完稿的各項規定，例如：版面大小、是否出血、各處文字字型、大小以及是否有其他特殊要求，最重要的是「原稿呈現不要加入個人審美觀念」。

本題製作重點為：

1. 解析度調整、圖檔合成。
2. 嵌入圖檔。
3. 向量檔填色。
4. 文字齊行。

本題評分重點為：

1. 101 建築遮罩漸層去背。
2. 圖檔必須符合規定尺寸。
3. 向量檔正確填色。
4. 文字前後對齊。

二、準備要點：

1. 於桌面上建立一個命名為「專案四」的資料夾。
2. 將試場提供的光碟片放入光碟機中，把製作所需要的圖片檔案及文字檔案全部複製到「專案四」資料夾中。
3. 完成之後請記得先將光碟片取出避免混淆。

（二）影像檔的處理

Step 1

- 執行 Photoshop 程式，開啟「image02.tif」影像檔。

Step 2

- 【筆型工具＼路徑】沿圖形中 101 大樓建立貝茲曲線，要將整幢 101 大樓都圈起來。
- 【視窗＼路徑】Ctrl 鍵＋滑鼠左鍵，點選【工作路徑】。

Step 3

- 【視窗＼圖層】點選「背景」。
- Ctrl 鍵＋J 鍵，複製出「圖層 1」。

Step 4

- 擊點【背景】圖層，將名稱變更為「圖層 0」。

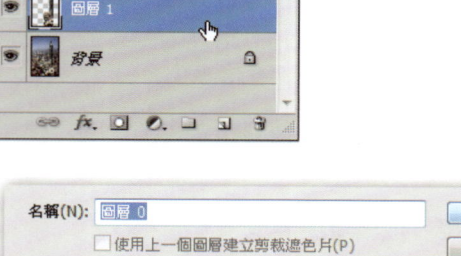

Step 5

- 點選下方【增加圖層遮色片】增加圖層遮色片。

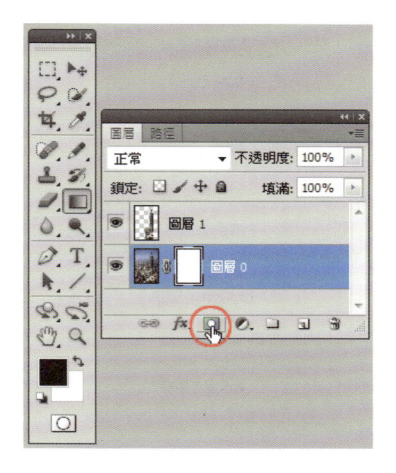

Step 6

- 點選【漸層工具】，預設前景色為黑色、後景色為白色，參考說明樣式由畫面適當位置由左上方向右下方拉出漸層效果。
- 【檔案\儲存檔案】直接儲存在「專案四」資料夾中，完成儲存後【檔案\關閉檔案】將「image02.tif」關閉。

Step 7

- 開啟「IMAGE 03.tif」、「IMAGE 04.tif」、IMAGE 05.tif」影像檔。

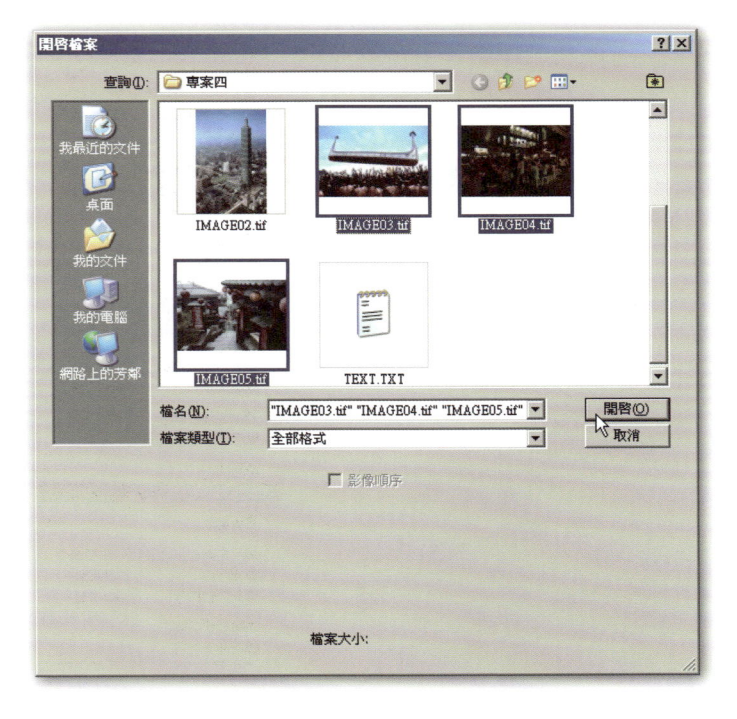

Step 8

- 【影像\影像尺寸】取消勾選「影像重新取樣」，將所有影像檔解析度為 300 像素\英寸。
- 【檔案\儲存檔案】確定每個檔案都完成儲存動作。

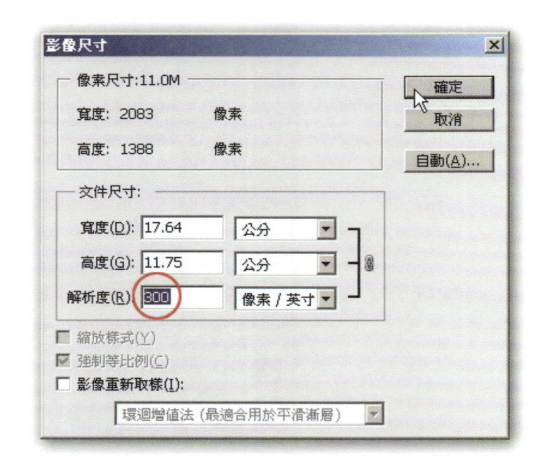

（三）版面設定

Step 1

- 執行 Illustrator 程式，新增【「列印」文件…】，【名稱】請依照規定輸入當天應試的「准考證號碼＋應檢人姓名」，此以「10008080101 郝高芬」為例。
- 【寬度】：297mm、【高度】：210mm、【單位】：公釐，【出血】上方、下方、左方、右方請都設定為 3mm。

Step 2

- 【檢視\智慧型參考線】或使用快速鍵 Ctrl ＋ U 將智慧型參考線開啟。
- 智慧型參考線在製作過程中可以提供使用者各式的抓點模式方便標齊對正。
- 【檔案\文件色彩模式\CMYK 色彩】，確定為 CMYK 色彩。

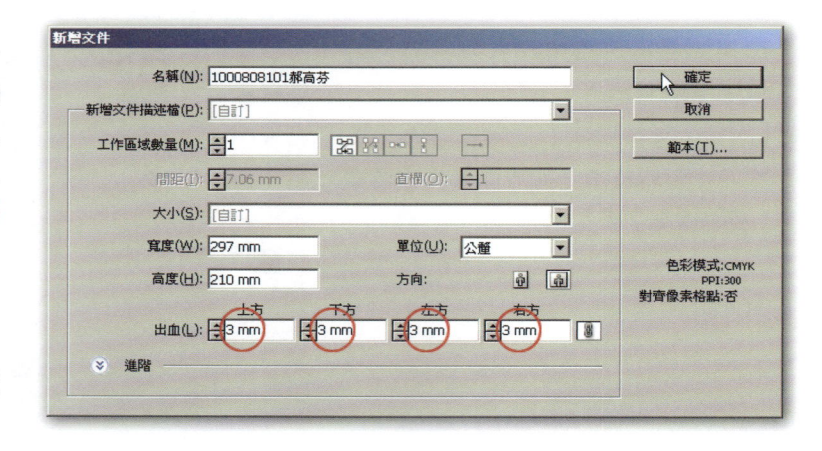

Step 3

- 【檔案\儲存】將檔案儲存在「專案四」資料夾中。
- 【版本】選擇版本 Illustrator CS4 或更高,其餘選項均以預設值就可以,製作過程中要記得常做存檔的動作。

(四)底圖製作

Step 1

- 【視窗\圖層】點選「圖層1」並將該圖層命名為「描圖檔」。

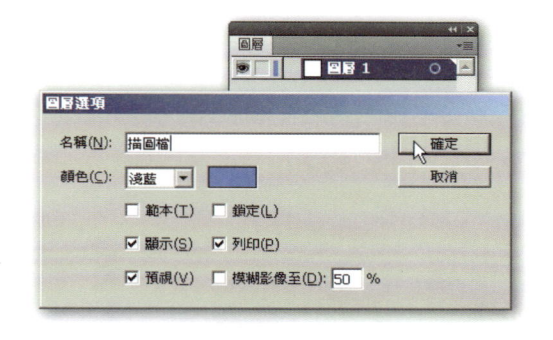

Step 2

- 【檔案\置入】將試場所附的「描圖檔」置入,請注意:左下方連結方框不可勾選。

Step 3

- 將描圖檔對齊版面。
- 新增「圖層 2」並將該圖層更名為「101」。

Step 4

- 在描圖檔右邊選擇幾處關鍵位置，建立參考線。這邊選擇 1. 最左側、2. 白色建築屋頂、3.101 大樓平台以及 4.101 大樓右側，完成之後請將該圖層鎖定。

Step 5

- 首先降低「IMAGE02.tif」的不透明度，約 50%。
- 接著參考剛剛建立的四條參考線，調整「IMAGE02.tif」的比例。
- 調整完成後，恢復「IMAGE02.tif」的不透明度為 100%。

Step 6

- 建立一個矩形，大小必須大於 101 大樓。
- 調整矩形右方以及下方的大小，務必使其對齊版面出血區域。

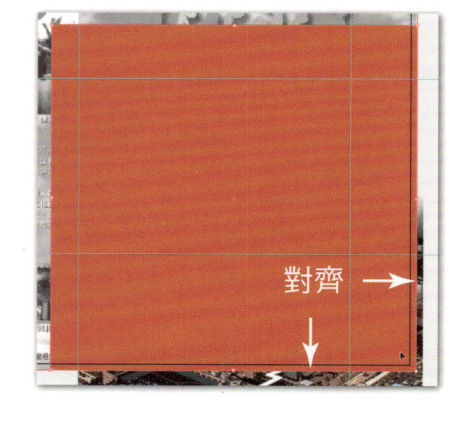

Step 7

- 按 Shift 鍵以及滑鼠左鍵加選後方 101 圖檔。
- 滑鼠右鍵【製作剪裁遮色片】。

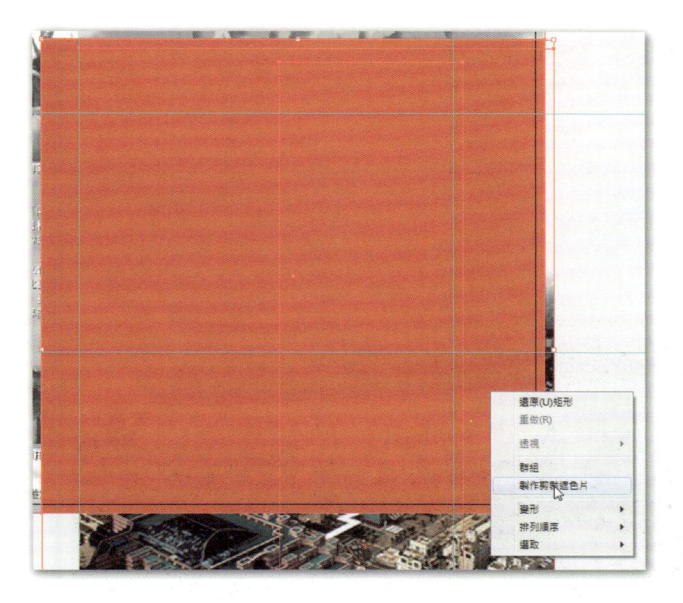

Step 8

- 於圖層「101」下方新增「圖層 2」並將該圖層更名為「底圖」。

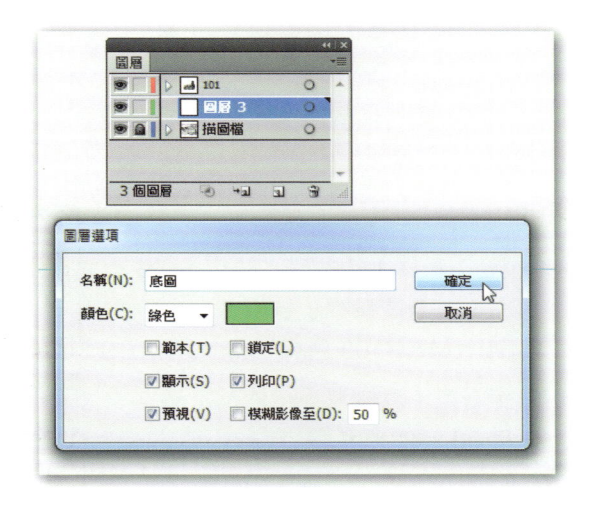

Step 9

- 【檔案\置入】將「IMAGE01.tif」置入，請注意：左下方連結方框不可打勾。並將該圖對齊描圖檔。

Step 10

- 【視窗\圖層】新增一個圖層命名為圖層一。
- 先暫時將「底圖」取消圖層可見度，露出「描圖檔」圖層以便對位。

Step 11

- 可以先降低圖片透明度以便參照描圖檔位置、大小，待調整完成再恢復原圖片透明度。

（五）漸層色塊製作及圖片置入

Step 1

- 【視窗\漸層】、【視窗\顏色】，點選左方「漸層滑桿」依指定建立角度 90、M70Y100 色塊。
- 點選右方「漸層滑桿」依指定建立角度 90、Y100 色塊。

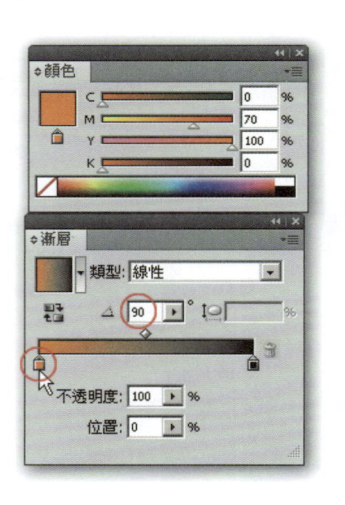

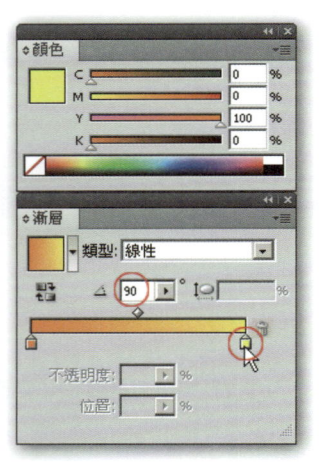

Step 2

- 【矩形工具】繪製漸層色塊，寬 303mm、高 10mm。

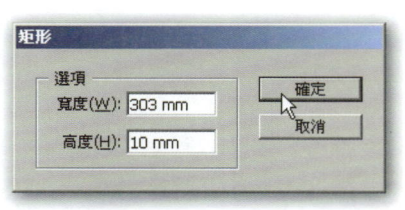

Step 3

- 對齊描圖檔位置。

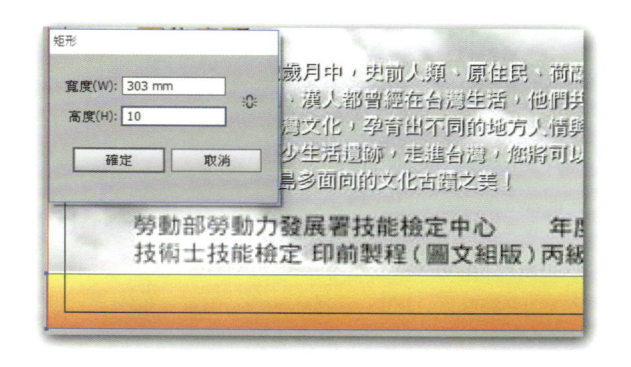

Step 4

- 【檔案\置入】將「IMAGE04.tif」置入，請注意：左下方連結方框不可勾選。

Step 5

- 可以先降低圖片透明度以便參照描圖檔位置、大小，待調整完成再恢復原圖片透明度。

Step 6

- 【矩形工具】繪製色塊，寬 44mm、高 34mm，放置於「IMAGE04.tif」上方。
- 可以先降低透明度以便參照描圖檔位置，待調整完成再恢復透明度。

Step 7

- 按 Shift 鍵加滑鼠左鍵加選後方圖檔。
- 滑鼠右鍵【製作剪裁遮色片】。

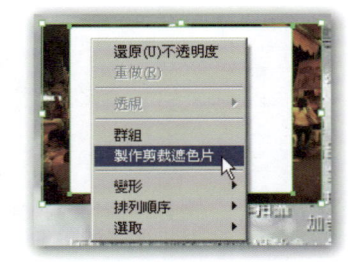

Step 8

- 【視窗\畫筆】、【視窗\顏色】設定圖片畫筆色彩：Y100、畫筆寬度：0.5mm。

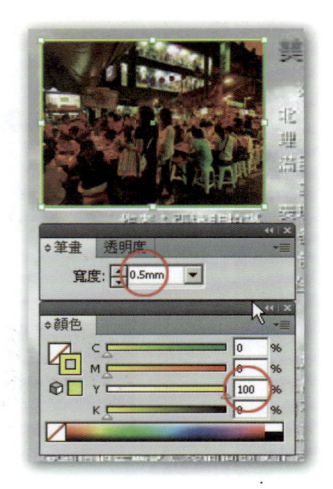

Step 9

- 【檔案\置入】將「IMAGE05.tif」置入，請注意：左下方連結方框不可勾選。

Step 10

- 可以先降低圖片透明度以便參照描圖檔位置、大小，待調整完成再恢復原圖片透明度。

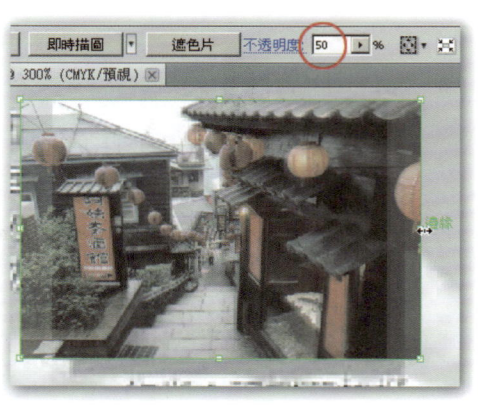

Step 11

- 【矩形工具】繪製色塊，寬 33mm、高 26mm，放置於「IMAGE05.tif」上方。
- 可以先降低透明度以便參照描圖檔位置，待調整完成再恢復透明度。

Step 12

- 按 Shift 鍵加滑鼠左鍵加選後方圖檔。
- 滑鼠右鍵【製作剪裁遮色片】。

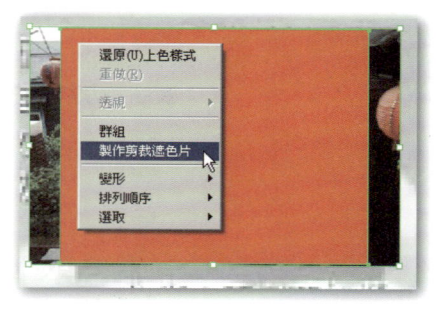

Step 13

- 【矩形工具】繪製 K100、透明度 70％、寬 33mm、高 26mm 的矩形。
- 對齊描圖檔位置。
- 滑鼠右鍵【排列順序＼移到最後】。

（六）向量檔填色與內文製作

Step 1

- 【檔案＼開啟】開啟「taiwan_logo.ai」。

Step 2

- 【檔案 \ 文件色彩模式 \CMYK 色彩】將本檔案調整為 CMYK 色彩模式。
- 【直接選取工具】點選著色部分，【視窗 \ 顏色】依照指定色彩將色彩填入。
- M100Y100、M51Y100、M68Y19K32、C37Y53K33、C54M19K25、M93Y44K6。

Step 3

- 全選填色物件。
- 【物件 \ 組成群組】將全部物件組成群組。

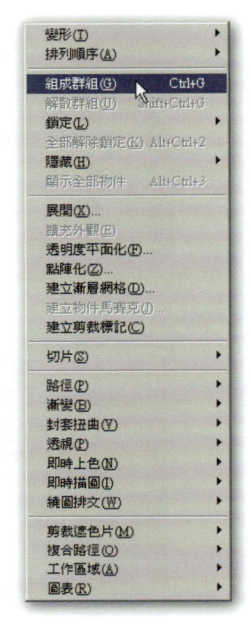

Step 4

- 【編輯 \ 拷貝】複製群組物件，貼到檢定工作的 ai 檔中。
- 參照描圖檔位置、大小進行調整。

Step 5

- 【效果 \ 風格化 \ 製作陰影】模式：色彩增值、不透明度：75%、X 位移：2.47mm、Y 位移：2.47mm、模糊：1.76mm。

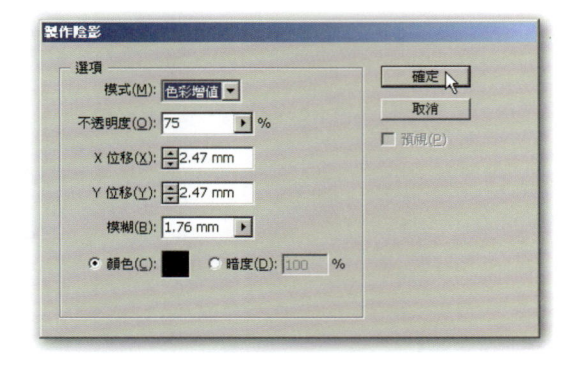

Step 6

- 請開啟 TEXT 文字檔，如果文字檔中有提供的文字可以直接複製，如果沒有提供就必須自行輸入。
- 【視窗\字元】或快速鍵 Ctrl＋T，設定字型「華康粗黑體」，字體大小 10pt、水平縮放 80%。
- 【視窗\顏色】K100 輸入指定文字。
- 對齊描圖檔位置。
- 請注意！如果沒有該字型請依照試場規定選擇對應字型，但務必依照樣張進行調整。

Step 7

- 【視窗\字元】字型「Trebuchet MS Blod」，字體大小 12pt。
- 【視窗\顏色】0 輸入指定文字。
- 對齊描圖檔位置。

Step 8

- 可先暫時將「圖層一」中部份圖層取消圖層可見度，露出「描圖檔」圖層以便對位。
- 【視窗\字元】字型「華康粗黑體」，字體大小 30pt。
- 【視窗\顏色】0 輸入指定文字。
- 對齊描圖檔位置。

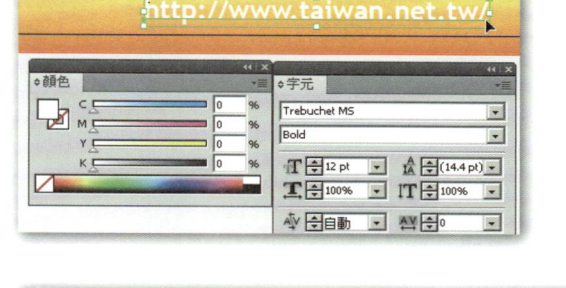

Step 9

- 【視窗\字元】字型「華康粗黑體」，字體大小 12pt、行距 14.4pt。
- 【視窗\顏色】0 輸入指定文字。
- 對齊描圖檔位置。

Step 10

- 【視窗 \ 字元】字型「華康粗黑體」，字體大小 10pt。
- 【視窗 \ 顏色】Y100 輸入指定文字。
- 對齊描圖檔位置。
- 【效果 \ 風格化 \ 製作陰影】模式：色彩增值、不透明度：100%、X 位移：0.2mm、Y 位移：0.2mm、模糊：0mm。

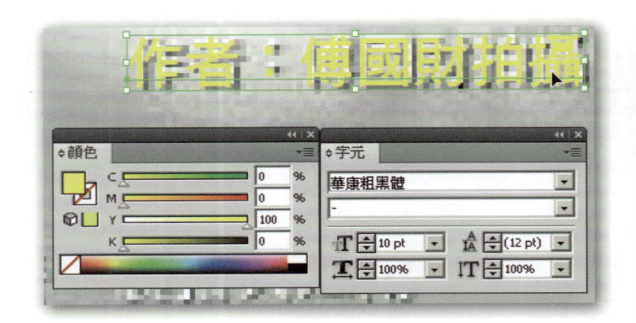

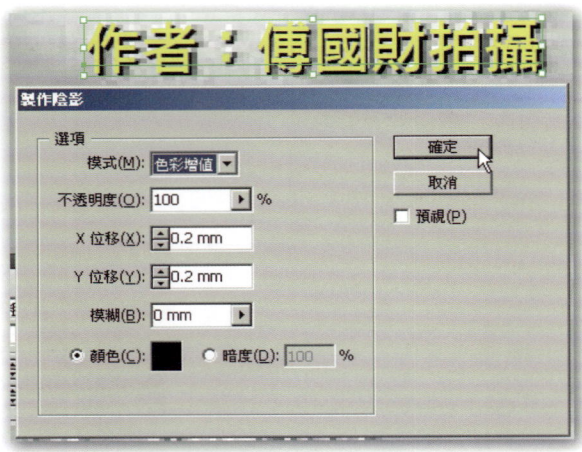

Step 11

- 【視窗 \ 字元】字型「華康粗黑體」，字體大小 10pt。
- 【視窗 \ 顏色】Y100 輸入指定文字。
- 對齊描圖檔位置。
- 【效果 \ 風格化 \ 製作陰影】模式：色彩增值、不透明度：100%、X 位移：0.2mm、Y 位移：0.2mm、模糊：0mm。

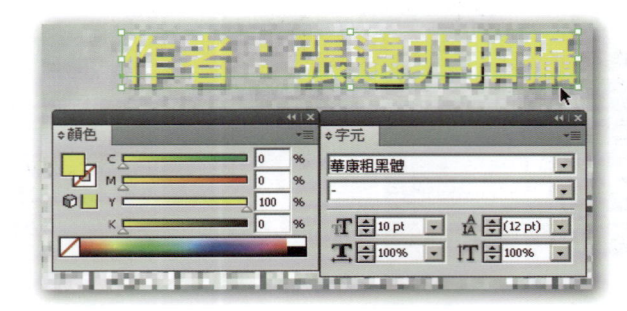

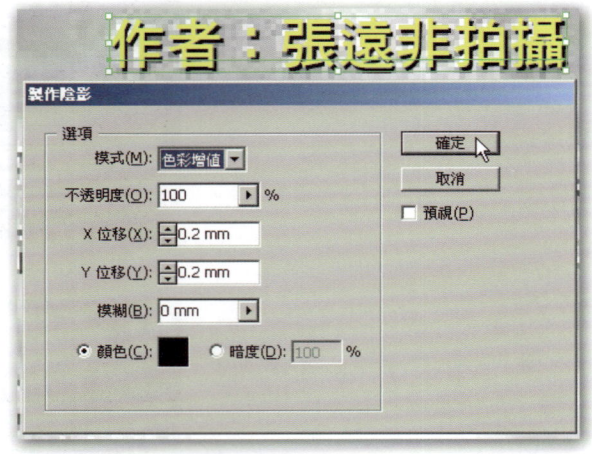

Step 12

- 【視窗\字元】字型「華康粗黑體」，字體大小 10pt。
- 【視窗\顏色】Y100 輸入指定文字。
- 對齊描圖檔位置。
- 【效果\風格化\製作陰影】模式：色彩增值、不透明度：100%、X 位移：0.2mm、Y 位移：0.2mm、模糊：0mm。

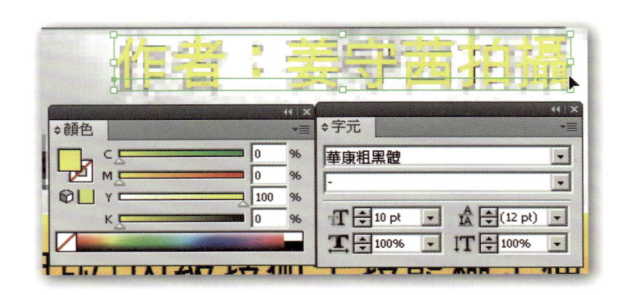

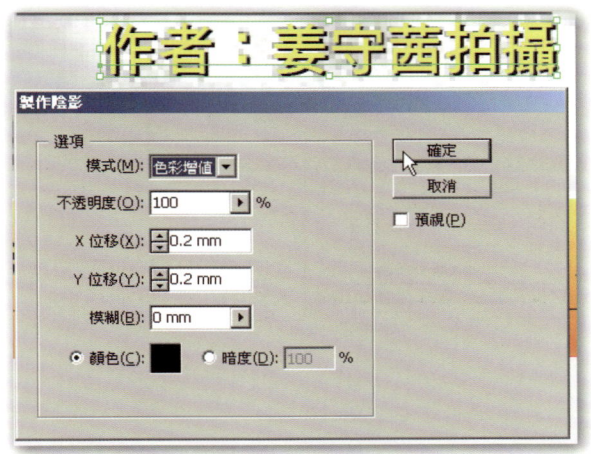

Step 13

- 【視窗\字元】字型「華康粗黑體」，字體大小 10pt。
- 【視窗\顏色】Y100 輸入指定文字。
- 對齊描圖檔位置。
- 本圖說文字不製作陰影。

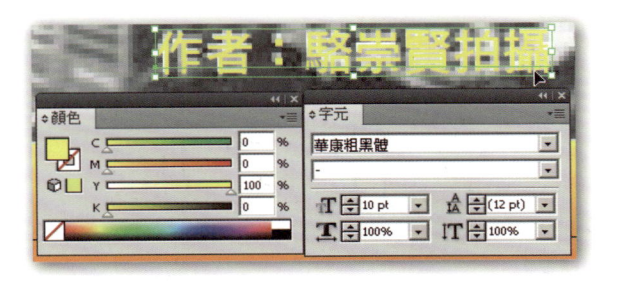

Step 14

- 【視窗 \ 字元】字型「華康粗黑體」，字體大小 14pt。
- 【視窗 \ 顏色】M100Y100 輸入指定文字。
- 對齊描圖檔位置。
- 【效果 \ 風格化 \ 製作陰影】模式：色彩增值、不透明度：100%、X 位移：0.2mm、Y 位移：0.2mm、模糊：0mm。

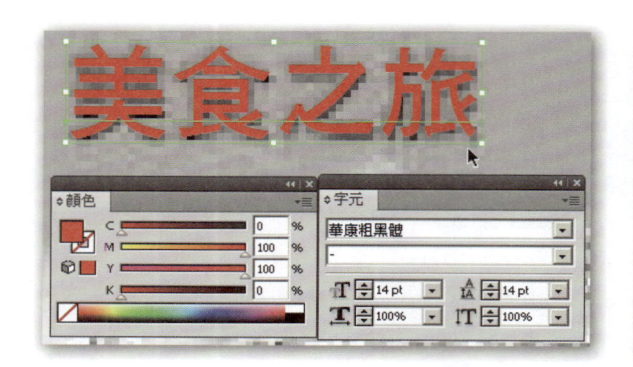

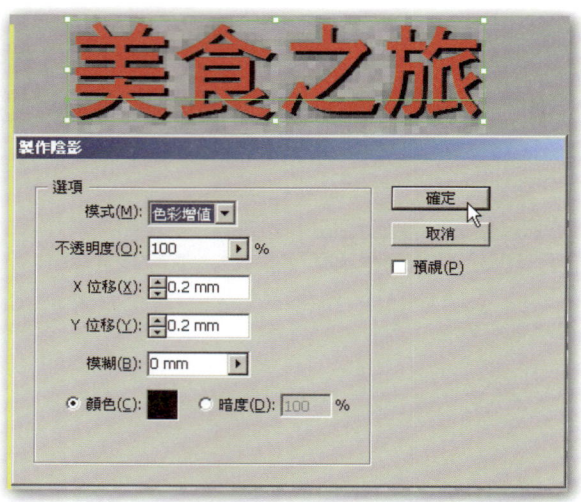

Step 15

- 【視窗 \ 字元】字型「華康粗黑體」，字體大小 14pt。
- 【視窗 \ 顏色】M50Y100 輸入指定文字。
- 對齊描圖檔位置。
- 【效果 \ 風格化 \ 製作陰影】模式：色彩增值、不透明度：100%、X 位移：0.2mm、Y 位移：0.2mm、模糊：0mm。

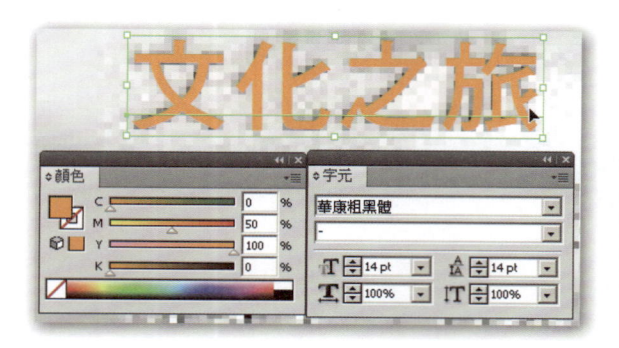

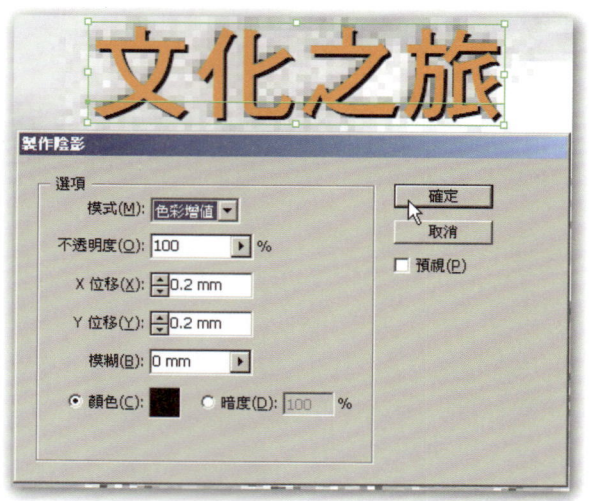

Step 16

- 【視窗\字元】字型「華康粗黑體」，字體大小 12pt。
- 【視窗\顏色】K100 輸入指定文字。
- 對齊描圖檔位置，進行「字元字距微調」設定。

Step 17

- 【視窗\字元】字型「華康中黑體」，字體大小 10pt、行距 14。
- 【視窗\顏色】0 輸入指定文字。
- 依照描圖檔位置及文字格式斷行（Enter）。

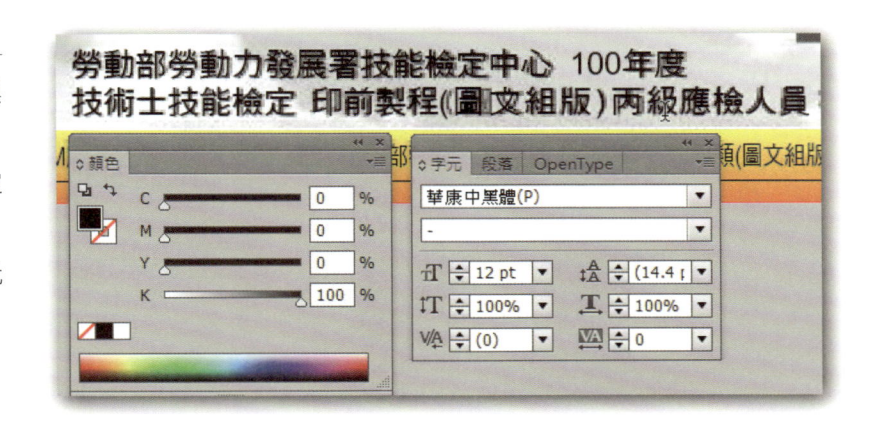

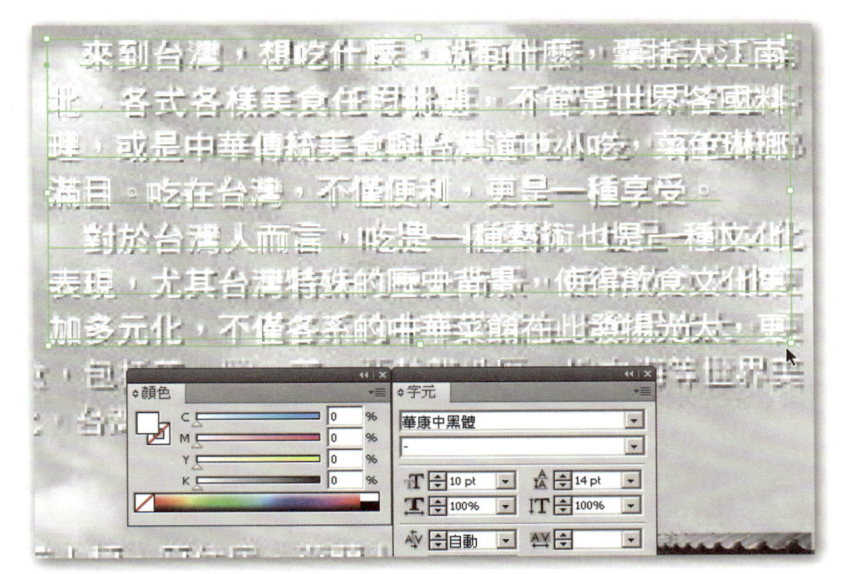

Step 18

- 【效果\風格化\製作陰影】模式：色彩增值、不透明度：100％、X 位移：0.2mm、Y 位移：0.2mm、模糊：0mm。

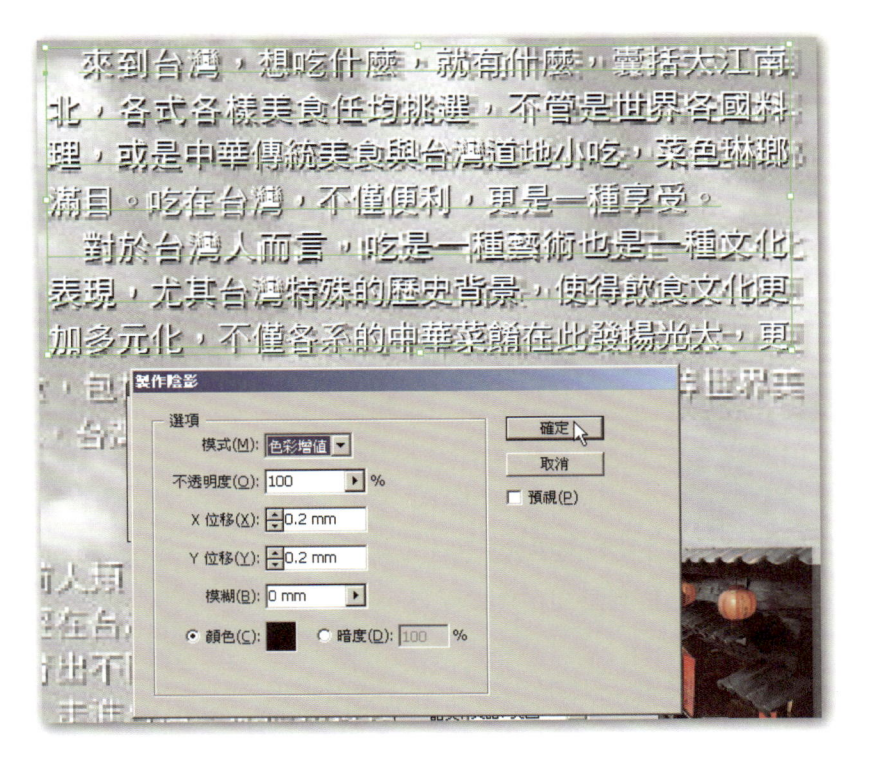

Step 19

- 逐一將每行文字選取，調整「字元字距微調」設定。

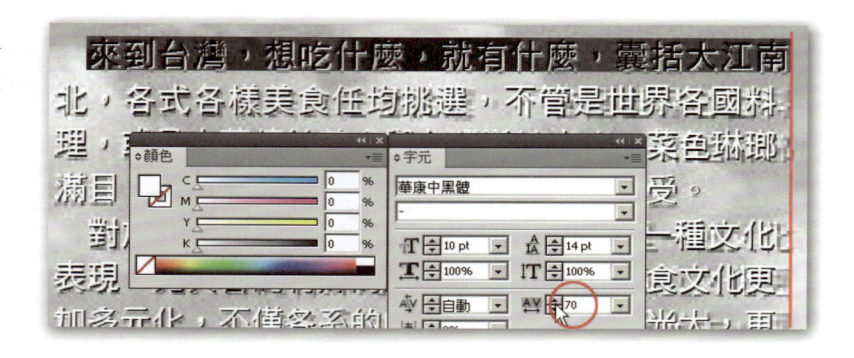

Step 20

- 【視窗\字元】字型「華康中黑體」，字體大小 10pt、行距 14。
- 【視窗\顏色】0 輸入指定文字。
- 依照描圖檔位置及文字格式斷行（Enter）。

Step 21

- 【效果\風格化\製作陰影】模式：色彩增值、不透明度：100％、X 位移：0.2mm、Y 位移：0.2mm、模糊：0mm。

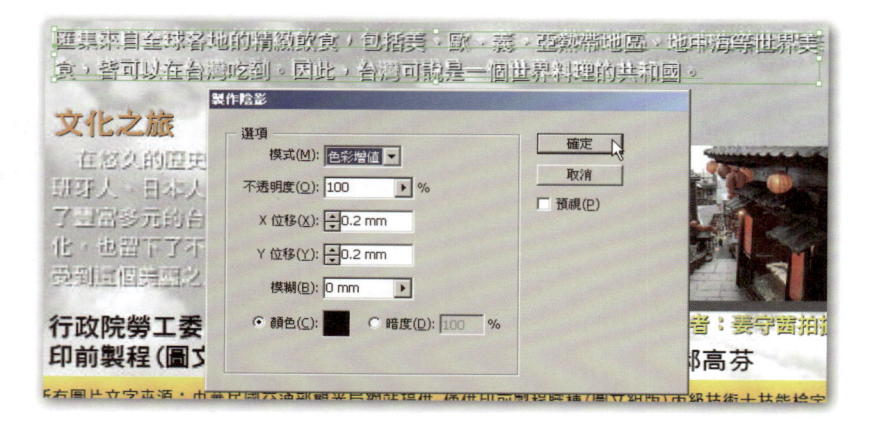

Step 22

- 逐一將每行文字選取，調整「字元字距微調」設定。

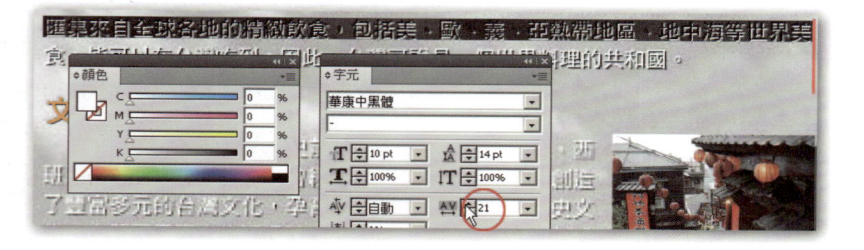

Step 23

- 【視窗\字元】字型「華康中黑體」，字體大小 10pt、行距 14。
- 【視窗\顏色】0 輸入指定文字。
- 依照描圖檔位置及文字格式斷行（Enter）。

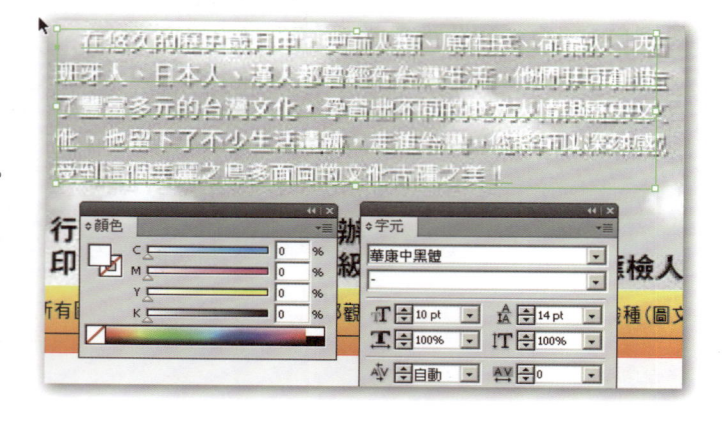

Step 24

- 【效果\風格化\製作陰影】模式：色彩增值、不透明度：100%、X 位移：0.2mm、Y 位移：0.2mm、模糊：0mm。

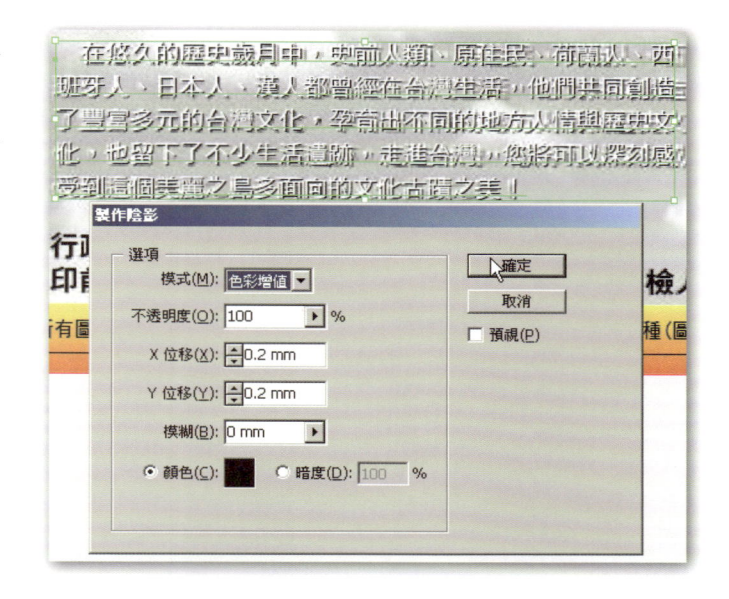

Step 25

- 逐一將每行文字選取，調整「字元字距微調」設定。

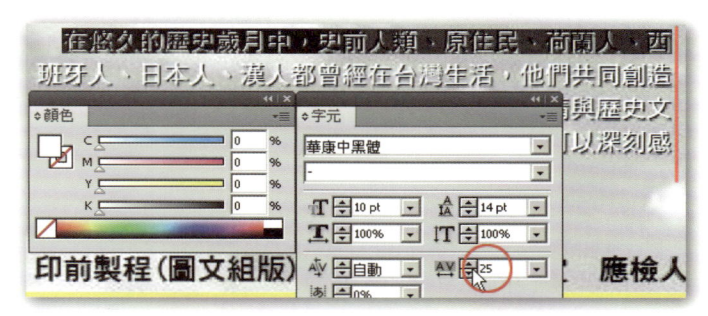

Step 26

- 【視窗\圖層】將「底圖」圖層可見度開啟。
- 請將描圖檔刪除，如未刪除殘留印出將零分計算。
- 大功告成。

（七）輸出設定與轉檔

Step 1

- 【檔案\另存新檔】檔案類型選擇 Adobe PDF。

Step 2

- 【相容性】請選擇【Acrobat 4 (PDF 1.3)】或【Acrobat 5 (PDF 1.4)】，因為如果考場印表機的 PostScript 版本過於低，部分效果將無法列印出來。
- 【標記與出血】選項要勾選【剪裁標記】以及【對齊標記】。
- 【印表機標記類型】請選擇【日式】。
- 【使用文件出血設定】要勾選。

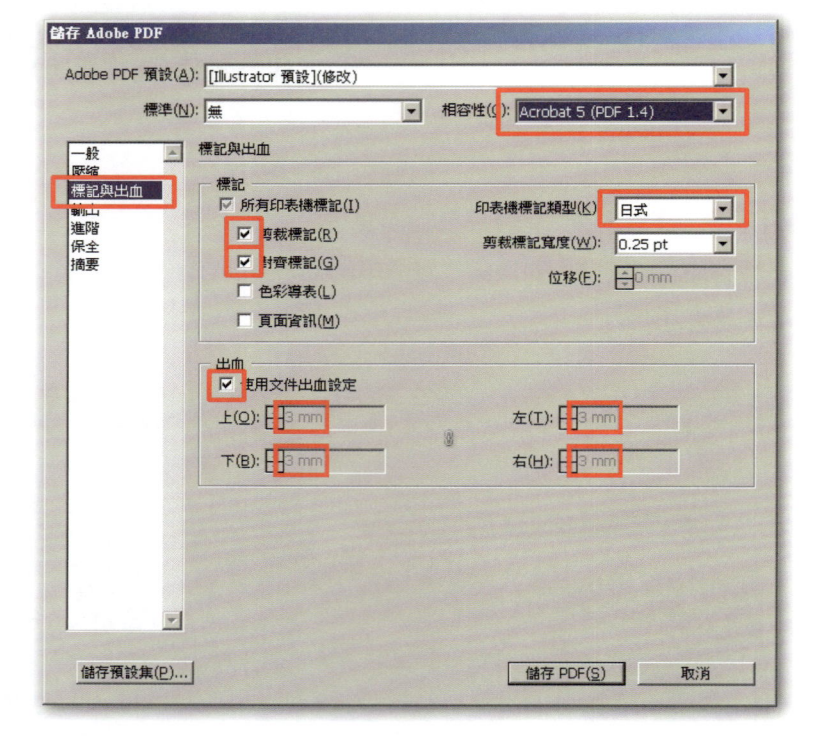

Step 3

- 將「專案四」資料夾複製到隨身碟中，到指定列印崗位進行 PDF 檔案列印。

Step 4

- 【列印\內容】列印 PDF 檔案前務必進行設定，每種印表機介面稍有不同。

Step 5

- 紙張尺寸：B4（或 A3 也可以）、方向：橫向。

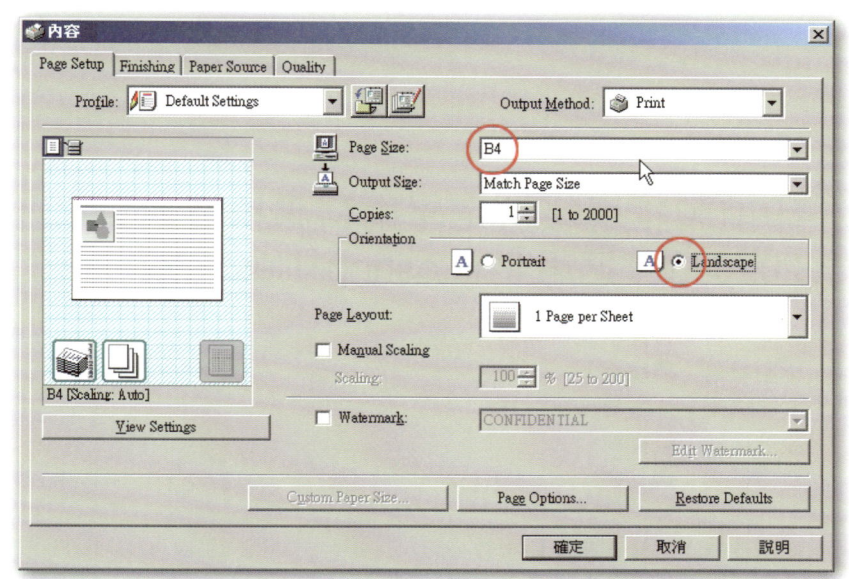

Step 6

- 頁面大小調整和處理：實際大小。※ 不同廠牌列印介面稍有差異，或【縮放類型；無】。
- 進行列印。

印前製程丙級檢定學術科應檢寶典
2025 版｜適用 Photoshop‧Illustrator

作　　者：技能檢定研究室
企劃編輯：郭季柔
文字編輯：江雅鈴
設計裝幀：張寶莉
發 行 人：廖文良

發 行 所：碁峰資訊股份有限公司
地　　址：台北市南港區三重路 66 號 7 樓之 6
電　　話：(02)2788-2408
傳　　真：(02)8192-4433
網　　站：www.gotop.com.tw
書　　號：AER062100
版　　次：2025 年 04 月初版
建議售價：NT$490

商標聲明：本書所引用之國內外公司各商標、商品名稱、網站畫面，其權利分屬合法註冊公司所有，絕無侵權之意，特此聲明。

版權聲明：本著作物內容僅授權合法持有本書之讀者學習所用，非經本書作者或碁峰資訊股份有限公司正式授權，不得以任何形式複製、抄襲、轉載或透過網路散佈其內容。
版權所有‧翻印必究

本書是根據寫作當時的資料撰寫而成，日後若因資料更新導致與書籍內容有所差異，敬請見諒。若是軟、硬體問題，請您直接與軟、硬體廠商聯絡。

國家圖書館出版品預行編目資料

印前製程丙級檢定學術科應檢寶典. 2025 版：適用 Photoshop.
Illustrator / 技能檢定研究室著. -- 初版. -- 臺北市：碁峰資訊,
2025.04
　面；　公分
ISBN 978-626-425-047-4(平裝)

1.CST：印刷術　2.CST：問題集

477.022　　　　　　　　　　　　　　　　　114003510